高等学校精品规划教材

电路与电子技术的Multisim10.0仿真

崔建明　陈惠英　温卫中　主编

内 容 提 要

本书详细地介绍了 Multisim10.0 仿真软件，并通过大量实例讲述了 Multisim10.0 在电路和电子技术中的应用。全书共 9 章，主要内容包括 Multisim10.0 的界面和菜单；Multisim10.0 的各种元器件；Multisim10.0 提供的 20 余种仪器仪表的使用；Multisim10.0 的 18 种电路仿真方法，特别是 6 种基本分析方法；结合电路、模拟电子技术和数字电子技术的主要内容，讲述了 Multisim10.0 在其中的应用；以及基于 Multisim10.0 的单片机仿真。

本书可作为高等学校电子类、电气类及非电类专业的学生学习电路、电子技术和电工学课程的仿真教材，也可作为从事系统设计和开发的工程技术人员的参考书。

图书在版编目（CIP）数据

电路与电子技术的 Multisim10.0 仿真/崔建明，陈惠英，温卫中主编．—北京：中国水利水电出版社，2009.11（2017.7 重印）

21 世纪高等学校精品规划教材

ISBN 978-7-5084-6973-7

Ⅰ.①电… Ⅱ.①崔…②陈…③温… Ⅲ.①电子电路-电路设计：计算机辅助设计-应用软件，Multisim 10.0-高等学校-教材 Ⅳ.①TN702

中国版本图书馆 CIP 数据核字（2009）第 208534 号

书　　名	21 世纪高等学校精品规划教材 **电路与电子技术的 Multisim10.0 仿真**
作　　者	崔建明　陈惠英　温卫中　主编
出版发行	中国水利水电出版社 （北京市海淀区玉渊潭南路 1 号 D 座　100038） 网址：www.waterpub.com.cn E-mail：sales@waterpub.com.cn 电话：（010）68367658（营销中心）
经　　售	北京科水图书销售中心（零售） 电话：（010）88383994、63202643、68545874 全国各地新华书店和相关出版物销售网点
排　　版	中国水利水电出版社微机排版中心
印　　刷	北京瑞斯通印务发展有限公司
规　　格	184mm×260mm　16 开本　13.75 印张　326 千字
版　　次	2009 年 11 月第 1 版　2017 年 7 月第 3 次印刷
印　　数	6001—8000 册
定　　价	**32.00** 元

前言

Multisim10.0 是美国 NI（National Instruments）公司 2008 年最新推出的仿真软件，是目前各种仿真软件中最理想的一种。它以界面形象友好、操作简单方便、分析功能强大和易学易用等优点，不仅深受广大电子设计人员的喜爱，为他们设计电子产品提供了重要工具，真正做到了省时、省力、节约设计费用，优化产品质量，而且也非常适合电路和电子课程的辅助教学，因此，世界上许多大学都将其作为电子类课程的辅助教材使用。

编写本书的目的在于通过不同电路的仿真，加强学生的动手能力，提高学生对所学理论知识的理解和掌握，培养学生的创新意识和竞争能力，以适应 21 世纪科学技术飞速发展的需要。

本书是在参考许多优秀教材、在原版《电工电子 EDA 仿真技术》的基础上编写的。本书主要围绕电路、模拟电子技术、数字电子技术和单片机原理课程的主要内容，除仿真了大量的基础电路外，还列举了许多小巧、新颖、实用的小设计，如报警器、抢答器、交通灯等，这既可以丰富学生的学习兴趣，又可以提高学生的实际操作能力。

本书具有以下特点：

（1）实用性。将计算机仿真引入电路、电子课程的学习中，使理论又向实践迈进了一步。

（2）趣味性。Multisim10.0 友好的界面，加上生活中的小制作，使学生尽可在电路工作窗口任意发挥自己的想象空间，而不感到乏味。

（3）逻辑性。每章前有基本要求、仿真注意事项，然后是各种典型电路的详细仿真过程，最后是本章小结，并附有练习与思考。

（4）易学性。书中内容循序渐进，通俗易懂，便于自学。

全书共 9 章。第 1～5 章由太原理工大学崔建明编写，第 6 章、第 8 章由太原理工大学陈惠英编写，第 7 章由太原科技大学温卫中编写，第 9 章由太原理工大学吴飞编写。太原理工大学刘谆、刘华博对每一章例题和习题逐一进行了仿真。全书由崔建明统稿。

由于作者水平有限，加之时间仓促，对书中的错误和不妥，敬请广大读者批评指正。

编 者

2009 年 9 月

目录

前言

第1章　概　述

1.1　Multisim　简　介

Multisim是Electronics Workbench（简称EWB）的升级版本。1988年，加拿大Interactive Image Technologies Ltd.公司（简称 IIT 公司）开发了一种电子电路计算机仿真设计软件EWB。该软件设计功能完善，操作界面友好、形象，非常易于掌握，这不仅给电子产品设计人员带来了极大的方便和实惠，也非常适合于电子课程的辅助教学。因此，世界上许多大学都将EWB纳入了电路及电子类课程的教学当中。20世纪90年代国内外较流行的版本是EWB5.0。21世纪初，EWB5.0升级为EWB6.0，并更名为Multisim2001，此后陆续推出Multisim7.0和Multisim8.0。继Multisim9.0后，美国National Instruments公司（简称NI公司，已兼并加拿大IIT公司）2008年又推出最新的Multisim10.0版本。Multisim10.0界面更友好，功能更强大，更便于学习和掌握。

目前，NI公司的电子虚拟工作台包括电子电路仿真设计模块Multisim、PCB设计软件Ultiboard、布线引擎Ultiroute和通信电路分析设计模块CommSIM四部分，四部分相互独立，可分别使用。每个模块又分为增强专业版、专业版、个人版、教育版、学生版和演示版等版本。

1.2　Multisim10.0的特点

Multisim10.0具有以下主要特点。

1. 集成化、一体化的设计环境

Multisim将组成电路的元器件数据库、测试电路的虚拟仪器仪表库、仿真分析的各种操作命令以及原理图的创建、电路测试分析结果等全部集成到一个工作窗口，使用者可任意地在系统中集成元件，完成原理图输入、测试和数据波形图显示等。当用户进行仿真时，原理图、波形图同时出现。当改变电路连线或元件参数时，波形即时显示变化。

2. 界面友好、操作简单

单击鼠标，用户可以轻松地选择元件；拖动鼠标，可将元件放入原理图中。调整电路连线、改变元件位置、修改元件属性也非常简单。此外，Multisim还有自动排列连线的功能，使画原理图更加美观、快捷。

3. 真实的仿真平台

Multisim提供了一个庞大的元器件数据库，各种电路元器件达数千种之多，即有无源元件也有有源元件，即有模拟元件也有数字元件，即有分立元件也有集成元件，还可以新建或扩充已有的元器件数据库。此外，Multisim 还提供了种类齐全的虚拟仪器，如各种示波器、信号发生器、万用表、波特图仪、频谱仪和逻辑分析仪等。用这些元器件和仪器仪表仿真电子电路，就如同在实验室做实验，非常真实，可不必担心损坏仪器和元件，也不必为仪器过时、测量精度不够而一筹莫展。

4. 分析方法多而强

Multisim 不但可以完成电路的稳态分析和瞬态分析、时域分析和频域分析、器件的线性分析和非线性分析、电路的噪声分析和失真分析等常规分析，而且还提供了离散傅里叶分析、电路的零极点分析、交直流灵敏度分析和电路的容差分析等 18 种分析方法。用户可以通过这些分析方法，即可对模拟电路、数字电路和模数混合电路进行分析，也可对高频电路、RF 电路、电力电子电路和部分微机接口电路进行分析，从而清楚而准确地了解电路的工作状态。

5. 具有 VHDL 的设计和仿真功能

Very-High-Spead Integrated Circait Hardware Descriptien Languagel Veriley 的缩写为 VHDL。Multisim 包含了 VHDL/Verilog 的设计和仿真功能，使得大规模可编程逻辑器件的设计和仿真与模拟、数字电路的设计和仿真融为一体。

6. 多种输入输出接口

Multisim 可以输入由 Spice 等其他电路仿真软件所创建的 Spice 网表文件，并自动生成相应的电路原理图，也可以把在 Multisim 环境下创建的电路原理图文件，输出给 Protel 等常见的 PCB 软件，进行印制电路板设计。Ultiboard 可以实现从电路图到 PCB 布线工具包的无缝数据传输，因此，备受广大电路设计人员的喜爱。

1.3　Multisim10.0 的安装

1.3.1　安装环境

Multisim10.0 安装和运行的最低要求如下。

操作系统：Windows98/NT/2000/XP

CPU：Pentium III

内存：128MB

光驱：CD-ROM(没有光驱可通过网络安装)

显示器分辨率：800 像素×600 像素

硬盘：可用空间≥250MB

1.3.2　安装步骤

安装前关闭 Windows 其他应用程序。

（1）安装光盘放入光驱，安装程序自动运行。

（2）安装程序初始化后，单击 Next 按钮执行下一步安装。

（3）在弹出“用户信息”对话框中填写“用户全名”、“单位名称”和软件产品“序列号”，没有序列号，可选择后面的备选项，安装评估板。单击 Cancel 取消安装，单击 Next 执行下一步安装，单击 Back 回到上一步安装。

（4）输入序列号验证通过后，桌面上弹出“选择程序安装地址”对话框，用户可以选择默认的安装路径，也可以单击 Browse 按钮选择新的安装路径。

（5）弹出“安装特性选择”对话框中有两个备选模块：一个是 Support and Upgrade Utility；另一个是 NI Circuit Design Suite 10.0.1，前者允许程序自动检测并支持产品升级，后者为主要程序。Restore Defaults 为可恢复默认设置按钮，Disk Cost 为剩余安装空间分析按钮。

（6）在弹出的“NI 软件许可协议”对话框中, 先单击 I accept the License Agreement(s) 按钮, 再单击 Next 按钮执行下一步操作。

（7）仍然是两个协议，先单击 I accept the above 2 License Agreement(s),然后点击 Next。

（8）弹出“安装信息确认”对话框，已安装的模块显示在对话框中间的空白栏，若需重新选择安装其他模块（Multisim10.0 共有 16 个功能模块需要安装），可单击 Adding or Changing 按钮。

（9）软件安装完毕后，弹出“安装完毕”对话框，单击对话框中的复选框，可对支持和升级单元进行配置，如不需要配置，则单击 Next 按钮结束安装。

（10）重启计算机。

1.4 Multisim10.0 的操作界面

单击系统“开始”菜单, 在“所有程序”中选择 National Instruments/Circuit Design Suite 10.0/Multisim 命令，启动 Multisim10.0 程序，显示操作界面如图 1-1 所示。操作界面主要包括：菜单栏、工具栏、元件库、仪器仪表库、电路工作区等。第 2～第 4 章将对各部分作详细介绍。

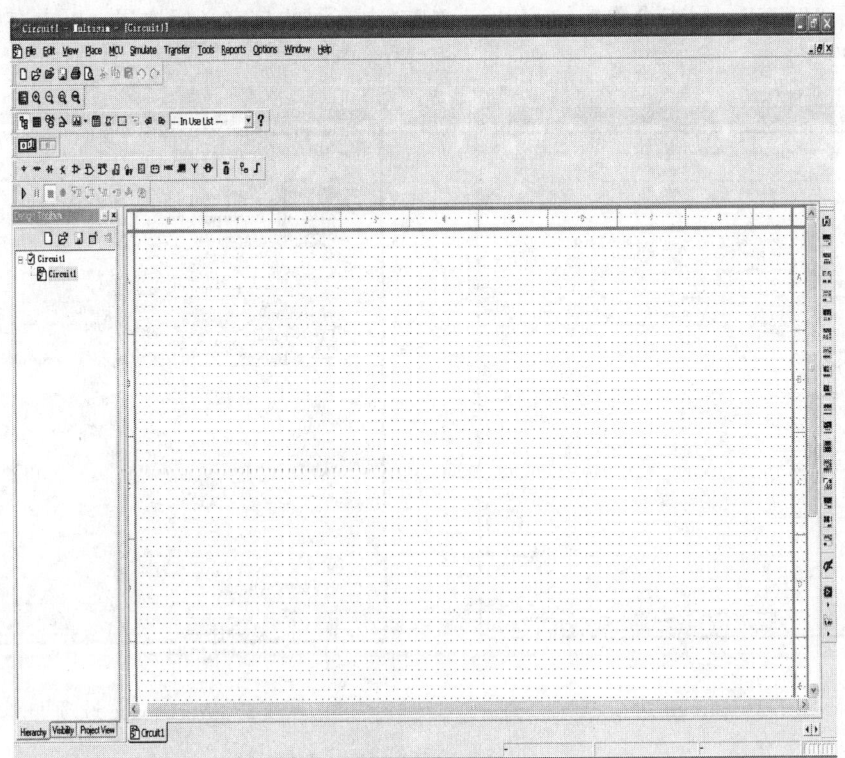

图 1-1 Multisim10.0 的操作界面

1.5　电路原理图的输入方法

启动 Multisim10.0 后，操作界面上会自动建立一个名为 Circuit1 的空白电路文件，即可在电路工作区画电路原理图了。应如何画原理图、怎样才能设计出自己满意的原理图呢？这应了解以下操作。

1. 画图前页面的设置

画图前，需要对页面进行一些简单的设置。

（1）元件符号标准的选择。Multisim10.0 中有两套符号标准可供选择。一套是美国符号标准 ANSI；另一套是欧洲符号标准 DIN。打开 Options 菜单下的 Global Preferences 子菜单，在 Symbol standard 选项区中选择元件符号标准。由于我国电气符号标准与欧洲国家符号标准相近，因此选择 DIN 比较好。

（2）元件参数及页面设置。单击菜单 Options 下的 Sheet Properties 子菜单，在 Circuit 选项卡中设置电路原理图中各元件参数的显示项，如图 1-2 所示，其中 Show 区设置元件及连线上所要显示的文字项目等，Color 区设置编辑窗口内各元件和背景颜色；在 Workspace 选项卡中设置电路显示窗口图纸的形式，如图 1-3 所示，其中 Show 区设置窗口图纸格式，Sheet size 和 Custom size 区设置窗口图纸的规格大小和摆向；另外，Wiring 选项卡用于设置导线宽度和连线方式，Fout 选项卡用于设置元器件属性等文字，PCB 用来设置要生成的 PCB 属性，Visibility 用来设置增加 Multisim10.0 中有用的自定义标注层。以上有些项可以采用默认设置。

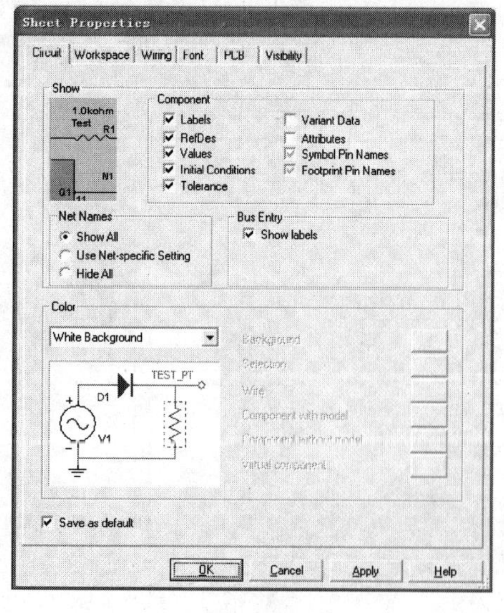

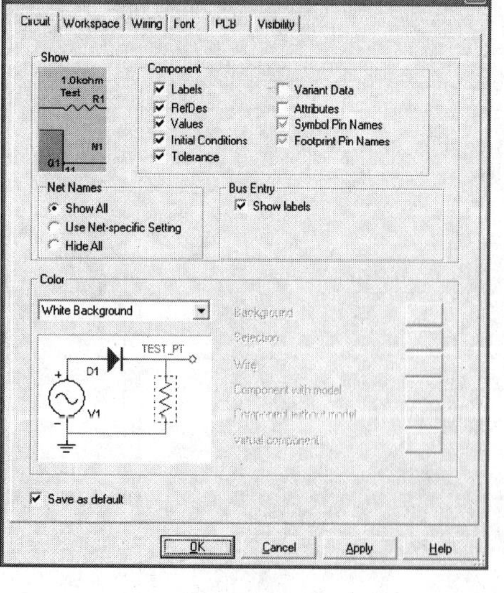

图 1-2　Circuit 选项卡

图 1-3　Workspace 选项卡

2. 元件的选取及操作

（1）选取元件。元件可以在工具栏里的元器件库中选取，也可以单击 Place 下拉菜单中的 Component 命令，在打开的“元件选择”对话框中选取，如图 1-4 所示。通过 Group 栏选择待选元件所在的元件库，通过 Family 栏选择待选元件的类型，类型选定后，Component 栏中显示该类型元件的各种型号，选中某型号，Symbol 栏下会出现该元件的图形符号。单击 OK 按钮选取该元件。

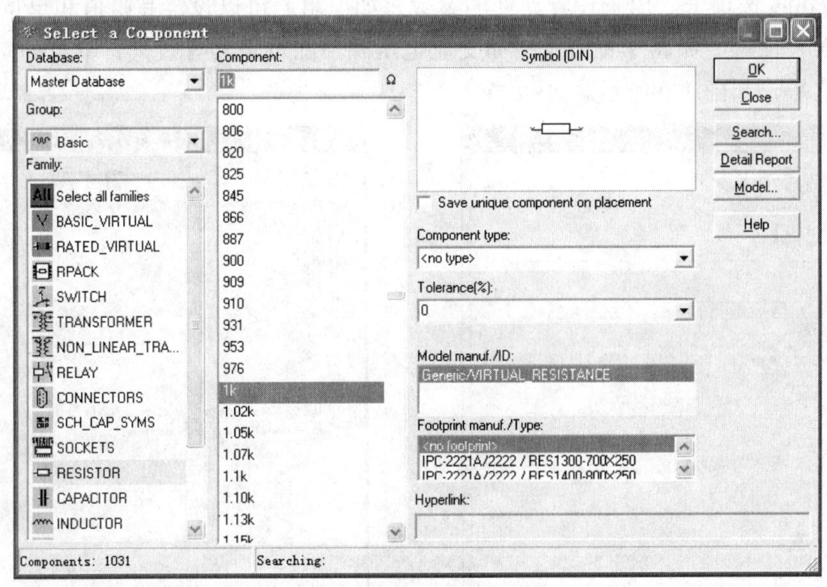

图 1-4　元件选择对话框

（2）移动元件。按住鼠标左键，将所选元件拖至电路工作区的任何位置。

（3）调整元件的方向。右键单击要调整的元件，弹出一个菜单，如图 1-5 所示。菜单栏中有 4 种元件调整操作：水平翻转（Flip Horizontal）、垂直翻转（Flip Vertical）、顺时针旋转 90°（90 Ciockwise）和逆时针旋转 90°（90 CounterCW）。

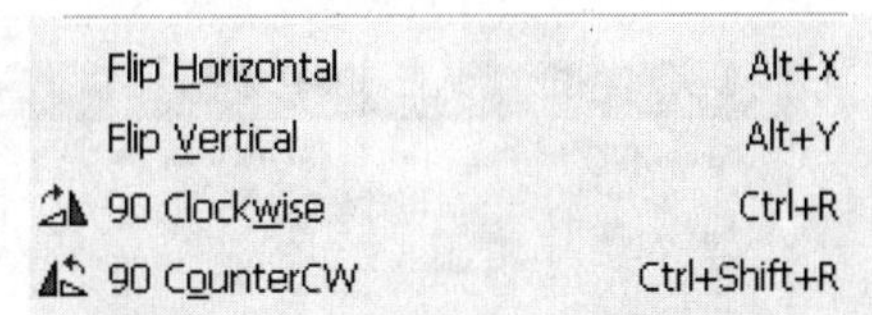

图 1-5　元件方向的调整

（4）复制和粘贴元件。有三种方法可供选择。

方法 1：右击要复制的元件，在弹出的下拉菜单中选择“复制”和“粘贴”命令。

方法 2，单击要复制的元件，在菜单栏中 Edit(编辑)主菜单下选择“复制”,然后再在 Edit 主菜单下选择“粘贴”。

方法 3：选中要复制的元件，在工具栏中单击“复制”图标，再单击“粘贴”图标。

（5）删除元件。删除元件也有三种方法：①选中要删除的元件，按键盘上 Delete 键删除；②在 Edit 主菜单下选择“Delete”命令删除；③右击要删除的元件，在弹出的下拉菜单中选择 “Delete”命令删除。

3. 元件属性的设置

双击电路工作区中的元件，弹出元件属性对话框，对话框包含 7 个选项卡，通过这些选项卡可以设置元件的属性。

（1）Label 选项卡。如图 1-6 所示，用于设置元件的编号（RefDes）和标号（Label）。编号即元件的序号，是元件唯一的识别码，由程序自动生成，不重复，必须设置（除个别不需要设置编号的元件外）。标号是用户赋予元件的标记，可以不设置。

（2）Display 选项卡。如图 1-7 所示，用于设置元件的显示方式。

（3）Value 选项卡。用于设置元件的参数。如电阻，可以设定其阻值和单位,还可以设定电阻的误差值等，如图 1-8 所示；如交流电压源，除设定其有效值、单位外，还可设定频率和相位等，如图 1-9 所示。

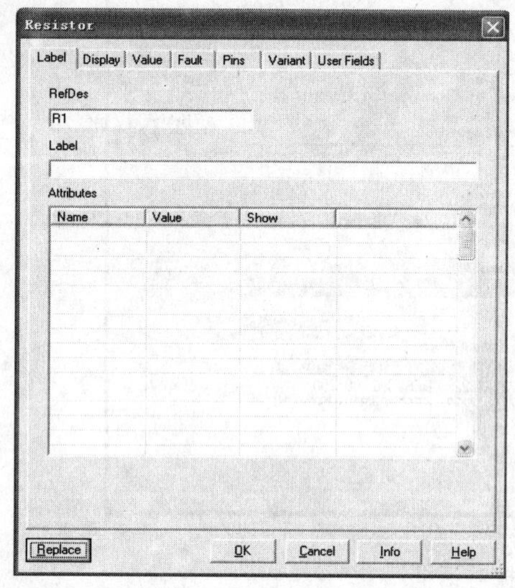

图 1-6　Label 选项卡

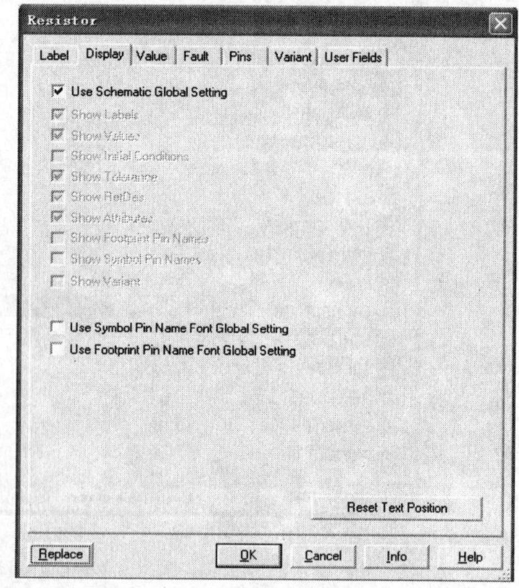

图 1-7　Display 选项卡

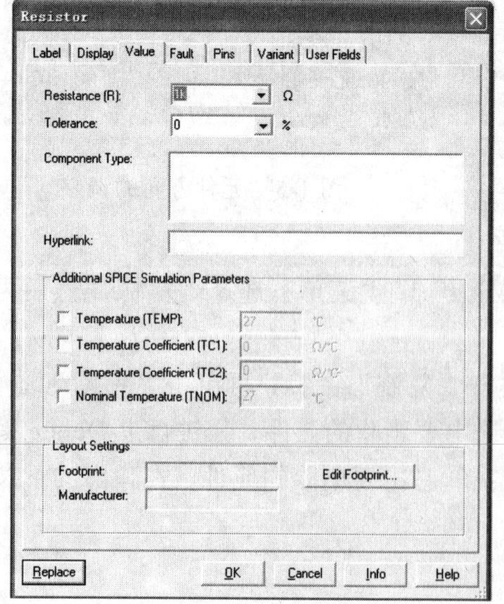

图 1-8　电阻的 Value 选项卡

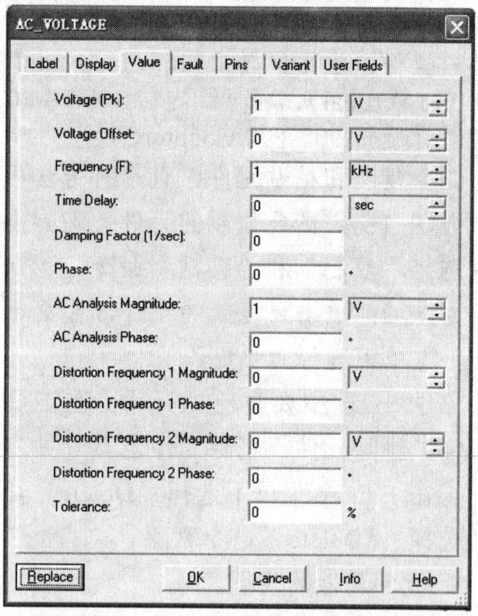

图 1-9　交流电压源的 Value 选项卡

（4）Fault 选项卡。Fault 选项卡如图 1-10 所示，用于设置元件的故障方式。包括 4 个选项：无故障、开路、短路和漏电。默认设置为 None，即不设置故障。

此外，元件属性对话框中还包含 Pins 选项卡、Variant 选项卡和 User Fields 选项卡，由于不常使用，故在此不做介绍。

4. 元件的连接

建立电路时元器件之间需要连线。在 Multisim10.0 中，线路的连接十分方便。

（1）两个元件之间的连接。将鼠标指向所要连接元件的管脚，当出现十字光标时，单击鼠标左键，拖出一根导线，当导线接近另一个元件的管脚时，再次单击鼠标左键，即完成两个元件的自动连接。

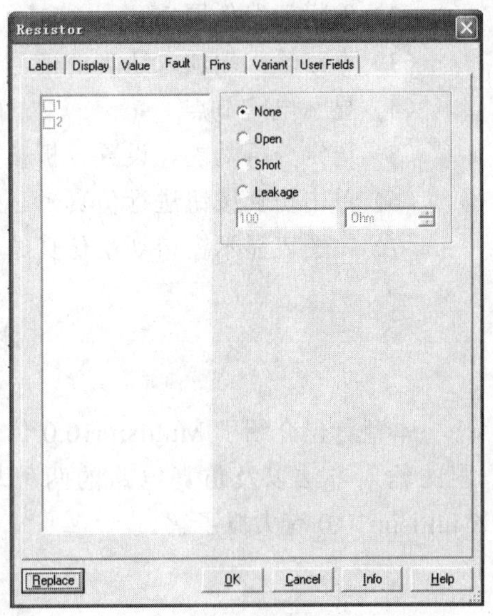

图 1-10　Fault 选项卡

（2）连线上插入元件。要在两个已连接元件的导线上插入新元件时，只需拖动待插入元件并将其放到导线上即可。

（3）移动连线。先用鼠标单击要移动的连线，当光标变成上下方向或左右方向的箭头时，拖动鼠标就可移动连线。

（4）删除连线。有两种方法：①右击要删除的连线，在弹出的快捷菜单中选择“Delete”命令删除；②选中要删除的连线，按键盘上 Delete 键删除。

（5）检查元件是否与连线相连。移动元件，若连线与元件引脚同时移动，则证明元件与连线可靠连接。

（6）元件与仪表的连接。仪表与电路测试点的连接办法与两个元件之间的连接方法相同。

5. 节点的使用

当电路中需要节点（实心小圆点）时，可通过以下两种方法获取：①执行菜单命令 Place/Junction，将节点拖放至电路工作区；②右击电路工作区空白处，在弹出的快捷菜单中选择 Place Schematic/Junction 命令。

1.6　电路的仿真方法和步骤

用 Multisim10.0 软件对电子电路进行仿真有两种基本方法：一种方法是使用 Multisim10.0 元器件库中的仪器仪表直接测量电路，即测量法；另一种是使用 Multisim10.0 提供的分析方法来分析电路，即分析法。

1. 测量法

用该方法分析电路就像在实验室做电子电路实验。具体步骤如下：

（1）在电路工作区构建所要分析的电路原理图。

（2）编辑元器件属性，使元器件的数值和参数与所要分析的电路一致。

（3）在电路输入端加入适当的信号。

（4）放置并连接测试仪器。

（5）接通仿真电源开关进行仿真。

2. 分析法

Multisim10.0 软件共提供了 18 种分析方法，仿真电子电路的步骤如下：

（1）在电路工作区画电路原理图。

（2）编辑元器件属性。

（3）电路输入端加入适当的信号。

（4）显示电路节点。

（5）选定分析功能、设置分析参数。

（6）单击仿真按钮进行仿真。

（7）在图表显示窗口观察仿真结果。

本章小结

本章首先介绍了 Multisim10.0 仿真软件的特点、安装和操作界面，并介绍了电路原理图的输入方法以及仿真电路的两种基本方法和步骤。通过对本章的学习，希望读者对 Multisim10.0 有大概了解。

练习与思考

1-1　熟悉 Multisim10.0 的操作界面。

1-2　练习电路元件的操作及原理图的连接。

1-3　如何设置元件的属性？

1-4　如何检查电路中的元器件是否可靠连接？

1-5　如何设置元件符号标准？

1-6　在电路工作区放置一个 100kΩ 电位器，设置其控制键为“R”,调整率为 1%，试调整电位器，观察其变化。

第 2 章　Multisim10.0 的操作界面和菜单

打开 Multisim10.0，屏幕上出现图 1-1 所示的操作界面。操作界面主要包括标题栏、菜单栏、工具栏、元件库、电路工作区、状态栏、仿真电源开关、暂停按钮等部分。

2.1　标　题　栏

工作界面的最上方是标题栏，标题栏显示当前的应用程序名：Circuit1-Multisim-[Circuit1]。

2.2　菜　单　栏

标题栏的下面是菜单栏，如图 2-1 所示。与所有 Windows 应用程序类似，Multisim10.0 菜单栏集中了该软件的所有功能命令。菜单栏的左侧有一个控制菜单框 ，单击该菜单框可以打开一个命令窗口，执行如下操作：还原（R）、移动（M）、大小（S）、最小化（N）、最大化（X）、关闭（C）和下一个（I）。下面分别介绍菜单栏中的 12 个菜单。

File　Edit　View　Place　MCU　Simulate　Transfer　Tools　Reports　Options　Window　Help

图 2-1　Multisim10.0 菜单栏

1. File（文件）菜单

该菜单主要用于管理所创建的电路文件，如打开、保存、打印等，如图 2-2 所示。其中的大多数命令与一般 Windows 应用程序类似，故在此不再赘述。

2. Edit（编辑）菜单

编辑菜单如图 2-3 所示。该菜单主要用于对电路或元件的编辑，如剪切、复制、粘贴、删除等。其大多数命令也与一般 Windows 应用程序类似，所以不再赘述。

3. View（视图）菜单

视图菜单主要用于设置仿真界面的显示及电路原理图的缩放显示，如图 2-4 所示。其主要命令和功能如下。

Full Screen：电路图全屏显示。

Parent Sheet：总电路显示切换。

Zoom In：放大电路工作区。

Zoom Out：缩小电路工作区。

Zoom Area：放大所选元件。

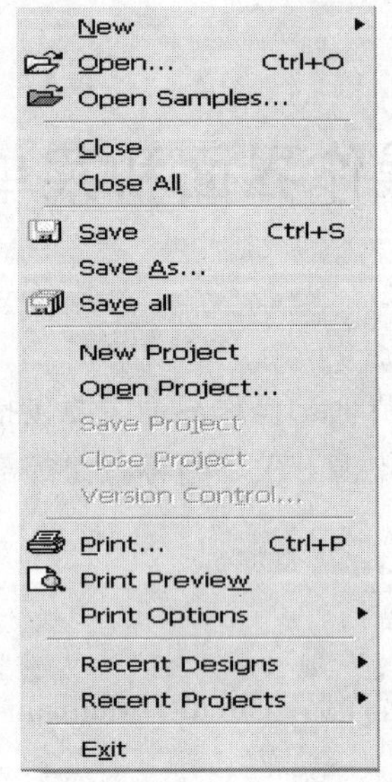

图 2-2　文件菜单

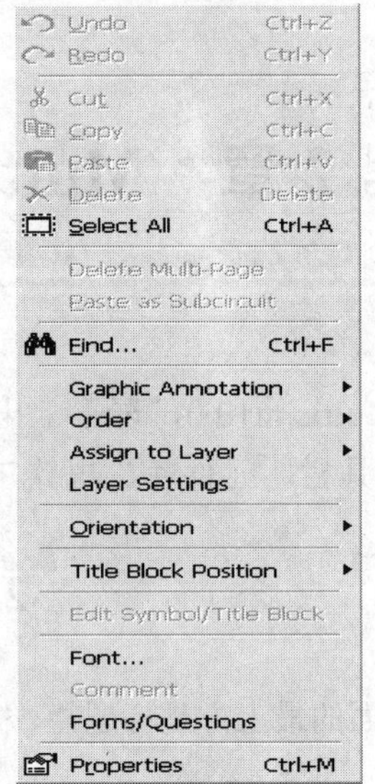

图 2-3　编辑菜单

Zoom Fit to Page：使电路图大小适合电路工作区。

Zoom to magnification：设置放缩电路。

Zoom Selection：对所选电路进行放大。

Show Grid：显示栅格。

Show Border：显示边界。

Show Page Bounds：显示纸张边界。

Ruler Bars：显示或隐藏电路工作区上边或左边的尺度条。

Statusbar：显示或隐藏电路工作区下面的状态栏。

Design Toolbox：显示或隐藏设计工具箱。

Spreadsheet View：显示或隐藏电子表格视窗。

Circuit Description Box：显示或隐藏电路描述窗口。

Toolbars：选择将在软件界面中显示的工具栏。

Show Comment/Probe：显示或隐藏已选注释或静态探针的信息窗口。

Grapher：显示或隐藏仿真结果的图表。

4. Place（放置）菜单

放置菜单如图 2-5 所示。该菜单主要用于在电路工作区放置仿真电路所需的元器件、节点、导线、子电路和文本框等，具体命令及功能如下。

Component：放置一个元件。

Junction：放置一个节点。

Wire：放置一根导线。

Bus：放置一根总线。

Connectors：放置一个连接器。

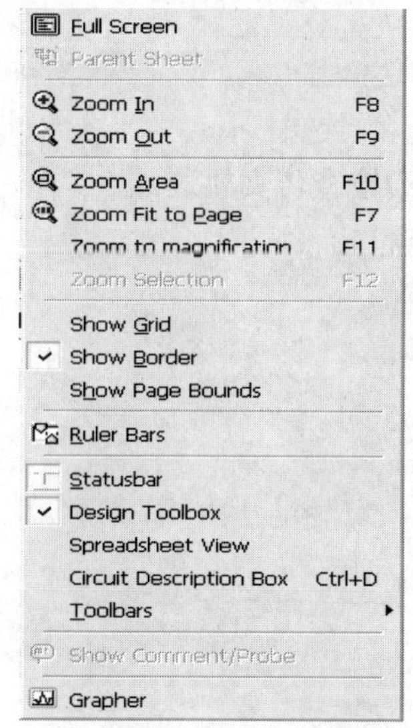

图 2-4　视图菜单

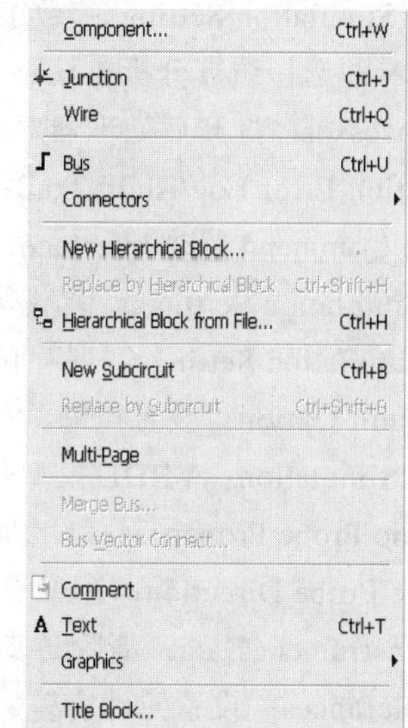

图 2-5　放置菜单

New Hierarchical Block：放置一个新的层次化电路模块。

Replace by Hierarchical Block：用一个层次化电路模块代替已选的电路。

Hierarchical Block from File：从已有电路文件中选择一个作为层次化电路模块。

New Subcircuit：放置一个新的子电路。

Replace by Subcircuit：用一个子电路模块代替所选的电路。

Multi-Page：新建一个平行设计页。

Merge Bus：使两条总线名相同。

Bus Vector Connect：放置总线矢量连接器。

Comment：放置注释。

Text：放置文本框。

Graphics：放置图形。

Title Block：放置标题栏。

5. MCU 菜单

MCU 菜单用于微处理器的编译和调试，如图 2-6 所示。由于 MCU 菜单的主要功能与一般编译调试软件类似，故在此不作介绍。

6. Simulate（仿真）菜单

仿真菜单如图 2-7 所示。该菜单主要提供电路的仿真设置和操作命令。

Run：运行电路仿真。

Pause：暂停仿真。

Stop：停止仿真。

Instruments：选择仿真仪表。

Interactive Simulation Settings：交互式仿真设置。

Digital Simulation Settings：数字电路仿真设置。

Analyses：选择仿真分析方法。

Postprocessor：打开后处理器对话框。

Simulation Error Log/Audit Trail：显示仿真错误记录/检查仿真轨迹。

XSpice Command Line Interface：打开 XSpice 命令窗口。

Load Simulation Settings：装载仿真设置。

Save Simulation Settings：保存仿真设置。

Auto Fault Option：设置电路故障。

VHDL Simulation：VHDL 模型仿真。

Dynamic Probe Properties：设置动态探针属性。

Reverse Probe Direction：改变探针方向。

Clear Instrument Data：清除仿真仪器数据。

Use Tolerances：设置元件容差。

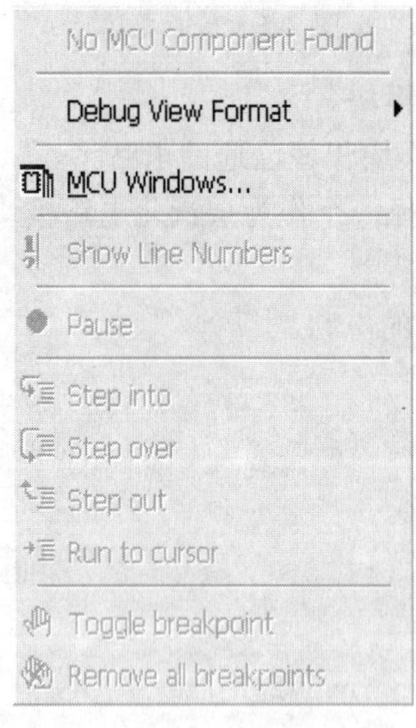

图 2-6　MCU 菜单

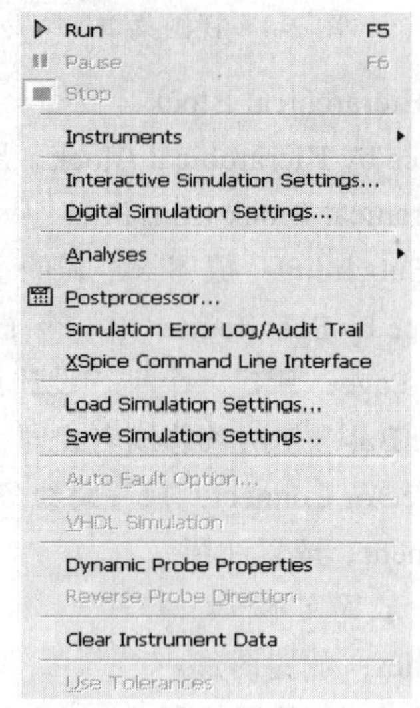

图 2-7　仿真菜单

7. Transfer（文件输出）菜单

文件输出菜单提供将仿真结果输出给其他软件的功能，如图 2-8 所示。

Transfer to Ultiboard10：将仿真结果传送给 Ultiboard 10。

Transfer to Ultiboard 9 or earlier：将仿真结果传送给 Ultiboard 9 或更早的版本。

Export to PCB Layout：将格式文件传送到 PCB 设计软件中。

Forward Annotate to Ultiboard10：把 Multisim 原理图文件的变化标注到 Ultiboard10 文件中。

Forward Annotate to Ultiboard 9 or earlier：把 Multisim 原理图文件的变化标注到 Ultiboard 9 或更早版本的文件中。

Backannotate from Ultiboard：把 Ultiboard 设计图的变化反标到 Multisim 原理图文件中。

Highlight Selection in Ultiboard：Multisim 原理图中选择的元件，在 Ultiboard 中将高亮显示。

Export Netlist：输出网格表。

图 2-8　文件输出菜单

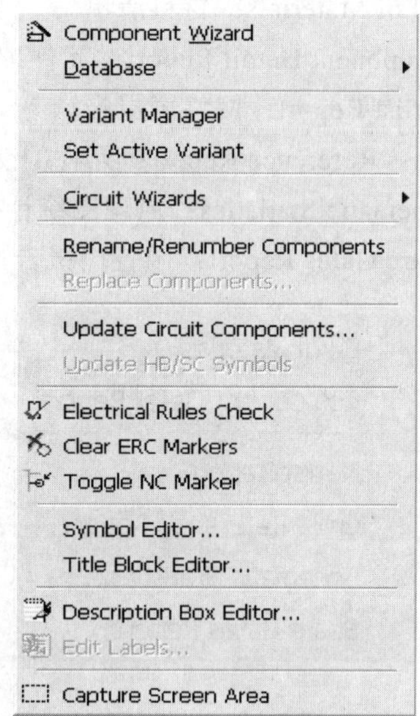

图 2-9　工具菜单

8. Tools（工具）菜单

工具菜单如图 2-9 所示。该菜单主要提供一些管理元器件或电路的常用工具。

Component Wizard：新元件创建向导。

Database：数据库菜单。

Variant Manager：可变电路管理窗口。

Set Active Variant：激活指定的可变电路。

Circuit Wizards：电路创建向导。

Rename/Renumber Components：对元件重新命名或重新编号。

Replace Components：替换已选元件。

Updata Circuit Components：更新电路元件。

Updata HB/SC Symbols：更新 HB/SC 符号。

Electrical Rules Check：电气规则检查。

Clear ERC Markers：清除 ERC 错误标志。

Toggle NC Marker：在无需连接的管脚处放置一个无连接标志。

Symbol Editor：打开符号编辑器。

Title Block Editor：打开标题栏编辑器。

Description Box Editor：打开描述窗口编辑器。

Edit Labels：编辑描述窗口内的标签。

Capture Screen Area：捕捉屏幕上特定区域的图形，并将其放到剪贴板上。

9. Reports（报告）菜单

报告菜单如图 2-10 所示，用于输出仿真电路的各种统计报告。

Bill of Materials：材料清单。

Component Detail Report：元件细节报告。

Netlist Report：网络表报告。

Cross Reference Report：元件的交叉相关报告。

Schematic Statistics：原理图统计报告。

Spare Gates Report：闲置门报告。

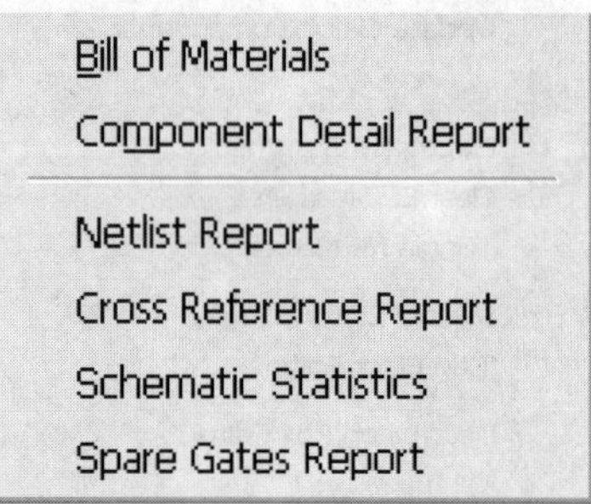

图 2-10　报告菜单

图 2-11　选项菜单

10. Options（选项）菜单

选项菜单如图 2-11 所示，用于界面及电路功能的设定。

Global Preferences：打开整体电路参数设置对话框。

Sheet Properties：打开页面属性设置对话框。

Customize User Interface：自定义用户界面。

11. Window（窗口）菜单

窗口菜单提供对文件窗口的一些操作，如图 2-12 所示。

New Window：打开一个和当前窗口相同的新窗口。

Close：关闭当前窗口。

Close All：关闭所有打开的文件。

Cascade：层叠显示窗口。

Tile Horizontal：水平排列所有打开的电路窗口，使其方便用户浏览。

Tile Vertical：垂直排列所有打开的电路窗口，使其方便用户浏览。

Windows：打开窗口对话框。

12. Help（帮助）菜单

帮助菜单主要为用户提供在线技术帮助和使用须知，其主要命令如图 2-13 所示。

Multisim Help：显示关于 Multisim 的帮助目录。

Component Reference：显示 Multisim 元件的相关帮助信息。

Release Notes：显示版本信息。

Check For Updates：运行支持升级单元。

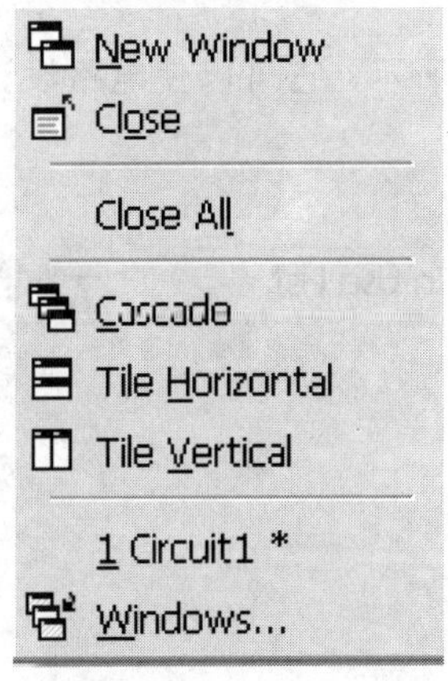

图 2-12　窗口菜单

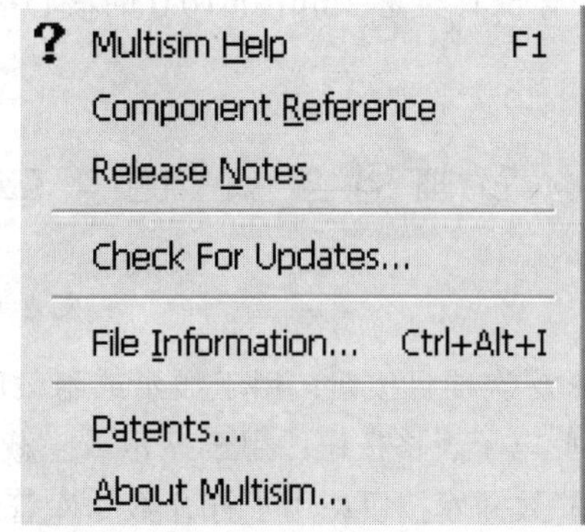

图 2-13　帮助菜单

File Information：打开文件信息对话框。

Patents：打开专利对话框。

About Multisim：显示有关 Multisim 的信息。

2.3 工 具 栏

Multisim10.0 的工具栏，如图 2-14 所示。工具栏提供了编辑电路所需要的一系列工具，使用该栏目下的工具按钮，可以更方便地操作菜单。工具栏自上而下分为 4 部分：系统工具栏、视图工具栏、设计工具栏和仿真开关。

图 2-14　Multisim10.0 工具栏

1. 系统工具栏

系统工具栏如图 2-15 所示，它包含了常用的基本功能按钮，按钮从左到右依次是：新建文件、打开文件、打开设计实例、文件保存、打印、打印预览、剪切、复制、粘贴、撤销和恢复。

2. 视图工具栏

视图工具栏如图 2-16 所示，按钮的功能从左到右分别为：全屏显示、放大、缩小、对选定区域进行放大和工作区域显示整个电路。

图 2-15　系统工具栏

图 2-16　视图工具栏

3. 设计工具栏

设计工具栏是 Multisim10.0 的核心部分，如图 2-17 所示，它可以使电路设计更加方便快捷。

图 2-17　设计工具栏

层次项目按钮：用于显示或隐藏层次项目栏。

电子表格按钮：用于显示或隐藏电子表格视窗。

数据库按钮：用于打开数据库管理窗口。

元器件编辑器按钮：用于调整或增加新元器件。

图形编辑器分析按钮：从下拉菜单中选择将要进行的分析方法。

后分析按钮：对仿真结果进行后处理。

电气性能测试按钮：ERC 电路规则检测。

屏幕区域电路截获按钮。

切换至总电路按钮。

打开 Ultiboard Log Files 按钮。

保存 Ultiboard PCB 按钮。

--- In Use List --- 元器件列表按钮：将正在使用的所有元器件列表。

? 帮助按钮。

4. 仿真开关

Multisim10.0 仿真开关：左边为开始仿真/停止仿真开关，右边为暂停仿真开关。

2.4　元　件　库

Multisim10.0 的元件库位于工具栏的下方，如图 2-18 所示。库中存放着各种各样的元件，用户可以根据需要随时调用。元件库中的元件按类别存放在不同的库中，每个库都设置了图标，从左至右分别是：电源库、基本元件库、二极管库、晶体管库、模拟集成元件库、TTL 数字集成元件库、COMS 数字集成元件库、其他数字集成元件库、混合集成元件库、显示器类元件库、功率类元件库、杂合类元件库、高级外围元件库、射频类元件库、机电类元件库、微处理器模块元件库、层次化模块和总线模块元件库。有关元件库的详细内容将在第 3 章中介绍。

图 2-18　元件库

2.5 仪 器 仪 表 库

Multisim10.0 的仪器仪表库位于桌面最右一列，如图 2-19 所示。库中存放着各种测试电路工作状态的仪器和仪表，从左至右依次为：数字万用表、失真度分析仪、函数信号发生器、瓦特表、双通道示波器、频率计、安捷伦信号发生器、四通道示波器、波特图仪、伏安特性分析仪、字信号发生器、逻辑转换仪、逻辑分析仪、安捷伦示波器、安捷伦万用表、频谱分析仪、网络分析仪、泰克示波器、电流探针、LabVIEW 虚拟仪器和测量探针。各仪器仪表的功能将在第 4 章中做详细介绍。

图 2-19　仪器仪表库

2.6 电 路 工 作 区

电路工作区是操作界面最主要的部分。在电路工作区可以进行电路编辑、仿真分析和波形数据显示等操作，根据需要还可以添加文字说明等。

2.7 其 他 部 分

1. 设计工具箱

设计工具箱位于电路工作区的左边，如图 2-20 所示，其主要功能是用于层次电路的显示。

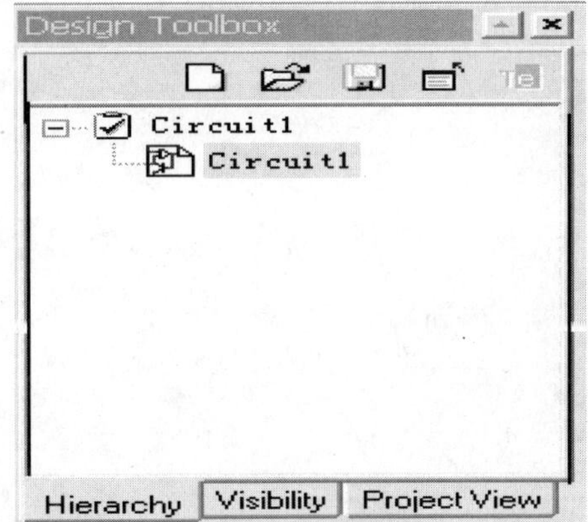

图 2-20　设计工具箱

视窗上方 5 个按钮，从左到右分别是：新建原理图、打开原理图、保存、关闭当前电路图和重命名。下方有 3 个选项卡，依次是：层次化选项卡、显示选项卡和方案选项卡。层次化选项卡用于不同电路的分层显示，显示选项卡用于是否显示电路的各种参数标示，方案选项卡用于显示同一个电路的不同工程文件，如原理图文件、PCB 文件、仿真文件等。

2. 仿真工具条

仿真工具条  提供了电路仿真过程中的一些简单操作按钮，如运行、暂停等。

3. 绘图工具条

绘图工具条  为电路描述提供了一些形象的符号，其本身不代表任何电气意义。

4. 状态栏

状态栏位于操作界面的最下方，用于显示有关当前操作或者鼠标所指条目的相关信息等。

本 章 小 结

本章详细地介绍了 Multisim10.0 的操作界面及主要功能。

Multisim10.0 仿真类似在一个实际的电子实验室做实验。元件库好像是一个材料库，里边存放着许多的元器件，而且还可以不断“购进”新“材料”，不用担心用尽；仪器仪表库里放着各种各样最先进、最精密的仪器仪表，而不用担心用坏；工具条类似于实验过程中所用到的一些工具；菜单栏更像操作说明书；而电路工作区就是一个实验台，用户可以在这个窗口尽情地作各种实验和设计。对 Multisim10.0 越熟悉，实验和设计就会做得越完美。

练 习 与 思 考

2-1　试编辑元器件属性。

2-2　试设置电路原理图的背景颜色、导线颜色、元件颜色和文本颜色。

2-3　试显示电路原理图的节点。

2-4　如何层叠显示多个电路？

2-5　分别将直流电压源、交流电压源、直流电流源和交流电流源拖入电路工作区，双击其图标，在弹出的参数设置对话框中练习设置参数。

2-6　如何设置电路标题栏内容？

第 3 章　Multisim10.0 的元件库

本章将详细介绍图 3-1 所示的 Multisim10.0 的元件库。

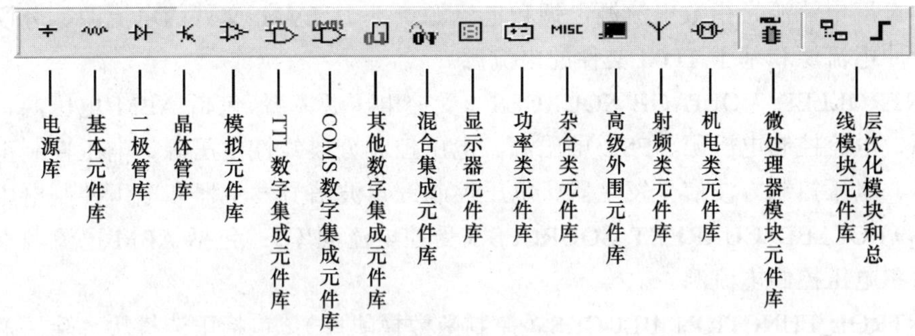

图 3-1　Multisim10.0 的元件库

3.1　电源库（Sources）

单击电源库图标，弹出电源库下拉菜单，如图 3-2 所示。Family 选项栏中有 7 项操作可供选择，它们分别是：

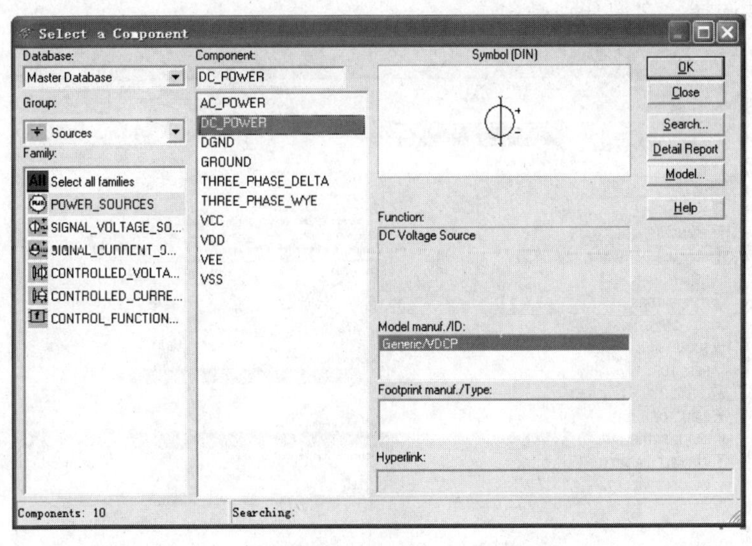

图 3-2　电源库

Select all families（显示所有元件）：电源库中所有的元件全部显示在对话框中间的 component（元件）栏中。

POWER_SOURCES（功率源库）：包括交流电源、直流电源、数字地、公共地、三角形连接的三相电源、星形连接的三相电源、VCC 电源、VDD 电源、VEE 电源和 VSS 电源。

SIGNAL_VOLTAGE_SOURCES（电压源库）：包括交流电压源、调幅电压源、双极性电压源、时钟电压源、指数电压源、调频电压源、基于 LVM 文件的电压源、分段线性电压源、脉冲电压源、基于 TDM 文件的电压源和热噪声源。

SIGNAL_CURRENT_SOURCES（电流源库）：包括交流电流源、双极性电流源、时钟电流源、直流电流源、指数电流源、调频电流源、基于 LVM 文件的电流源、分段线性电流源、脉冲电流源和基于 TDM 文件的电流源。

CONTROLLED_VOLTAGE_SOURCES（受控电压源库）：包括 ABM 电压源、受控单脉冲电源、电流控制电压源、FSK 电压源、电压控制分段线性电压源、电压控制正弦波信号发生器、电压控制方波信号发生器、电压控制三角波信号发生器和电压控制电压源。

CONTROLLED_CURRENT_SOURCES（受控电流源库）：包括 ABM 电流源、电流控制电流源和电压控制电流源。

CONTROL_FUNCTION_BLOCKS（控制函数模块库）：包括限流模块、除法器、增益模块、乘法器、非线性相关模块、电压多项式模块、传递函数模块、受控电压限幅器、电压微分器、电压增益模块、电压滞回模块、电压积分器、电压限幅器、电压变化率模块和电压加法器。

3.2　基本元件库（Basic）

单击基本元件库图标，弹出基本元件库下拉菜单，如图 3-3 所示。Family 选项栏中有 18 项操作可供选择，它们分别是：

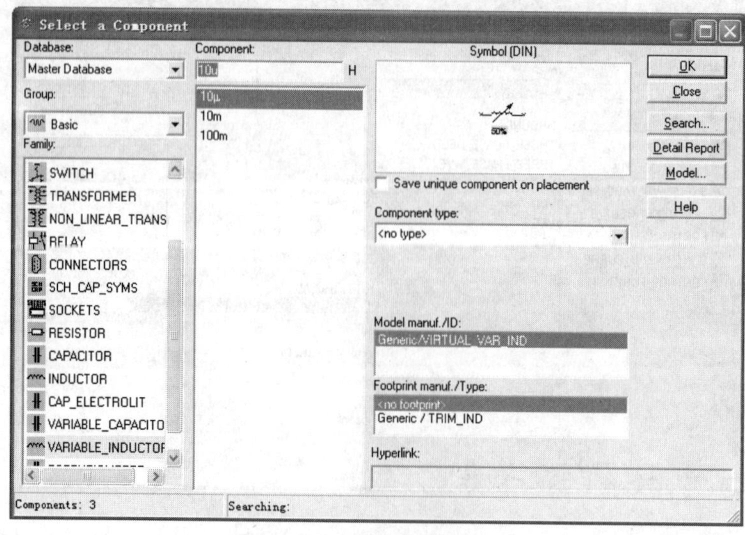

图 3-3　基本元件库

Select all families（显示所有元件）：基本元件库中所有的元件全部显示在对话框中间的元件栏中。

BASIC_VIRTUAL（基本虚拟元件库）：包括电阻、电感、电容、变压器、继电器、铁芯线圈、压控电阻等虚拟元件等。注意，虚拟元件无封装信息，虚拟元件的参数值、编号等可由使用者自行定义。

RATED_VIRTUAL（额定虚拟元件库）：包括555定时器、晶体管、电容、二极管、熔断器、电感、LED、直流电动机、继电器、运算放大器、发光二极管、光电三极管、电位器、上拉电阻、电阻、变压器、可变电容、可变电感等。

RPACK（电阻排库）：包括多种封装的电阻排。

SWITCH（开关库）：包括电流控制开关、电压控制开关、单刀单掷开关、单刀双掷开关、按键开关、延时开关等。

TRANSFORMER（变压器库）：包括各类线性变压器。使用时注意原副边要接地。

NON_LINEAR_TRANSFORMER(非线性变压器库)：包括各类非线性变压器。

RELAY（继电器库）：包括各类继电器。

CONNECTORS（连接器库）：包括各类连接器。用于输入/输出插座。

SCH_CAP_SYMS（杂元件库）：包括熔断器、灯泡、LED、发光二极管、光电三极管、电位器、按钮、继电器、可变电阻、开关、MOSFET、可变电容、可变电感等。

SOCKETS（插座库）：包括各种标准插座。

RESISTOR（电阻库）：包括各种不同标称值的电阻。

CAPACITOR（电容库）：包括各种不同标称值的电容。

INDUCTOR（电感库）：包括各种不同标称值的电感。

CAP_ELECTROLIT（电解电容库）：包括各种不同标称值的电解电容。

VARIABLE_ CAPACITOR（可变电容库）：包括各种不同标称值的可变电容。

VARIABLE_ INDUCTOR（可变电感库）：包括各种不同标称值的可变电感。

POTENTIOMETER（电位器库）：包括各种不同标称值的电位器。

3.3　二极管元件库（Diodes）

单击二极管元件库图标，弹出二极管元件库下拉菜单，如图3-4所示。Family选项栏中有12项操作可供选择，它们分别是：

Select all families（显示所有元件）：二极管元件库中所有的元件全部显示在对话框中间的元件栏中。

DIODES_VIRTUAL（虚拟二极管元件库）：包括虚拟二极管和虚拟稳压管。同样，虚拟二极管元件也无封装信息，其参数值、编号等可自行设置。

DIODE（普通二极管元件库）：库中包括了许多厂商提供的不同型号的二极管。

ZENER（稳压管库）：库中包括了许多厂商提供的不同型号的稳压管。

LED（LED库）：库中包括各种类型的LED。

FWB（整流桥堆库）：库中包括各种不同型号的全波桥式整流堆。

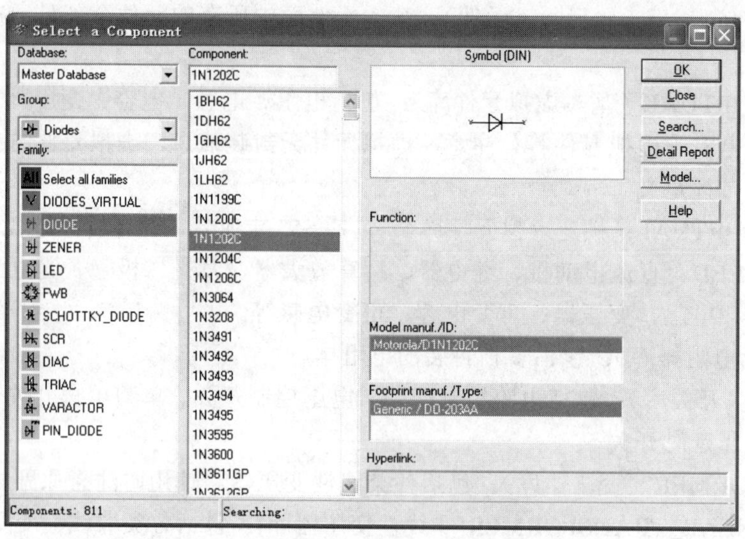

图 3-4　二极管元件库

SCHOTTKY_DIODE（肖特基二极管库）：库中包括许多厂商提供的不同型号的肖特基二极管。

SCR（可控硅元件库）：库中包括各种型号的可控硅元件。

DIAC（双向开关二极管元件库）：库中存有各种不同型号的双向开关二极管。

TRIAC（可控硅开关库）：库中包括各种不同型号的可控硅开关元件。

VARACTOR（变容二极管元件库）：库中存放着各种不同型号的变容二极管元件。

PIN_DIODE（PIN 二极管元件库）：库中存放着各种不同型号的 PIN 二极管元件。

3.4　晶体管元件库（Transistors）

单击晶体管元件库图标，弹出晶体管元件库下拉菜单，如图 3-5 所示。Family 选项栏中有 21 项操作可供选择，它们分别是：

Select all families（显示所有元件）：晶体管元件库中所有的元件全部显示在对话框中间的元件栏中。

TRANSISTORS_VIRTUAL（虚拟晶体管元件库）：库中存放着各种虚拟的晶体管元件。

BJT_NPN（NPN 晶体管元件库）：包括许多厂商提供的不同型号的 NPN 晶体管。

BJT_PNP（PNP 晶体管元件库）：包括许多厂商提供的不同型号的 PNP 晶体管。

DARLINGTON_NPN（达林顿 NPN 晶体管元件库）：包括各种型号的达林顿 NPN 晶体管。

DARLINGTON_PNP（达林顿 PNP 晶体管元件库）：包括各种型号的达林顿 PNP 晶体管。

DARLINGTON_ARRAY（达林顿晶体管阵列库）：包括各种型号的达林顿晶体管阵列。

BJT_NRES（双极性 NPN 晶体管元件库）：包括各种型号的内部集成偏置电阻的 NPN 晶体管。

BJT_PRES（双极性 PNP 晶体管元件库）：包括各种型号的内部集成偏置电阻的 PNP

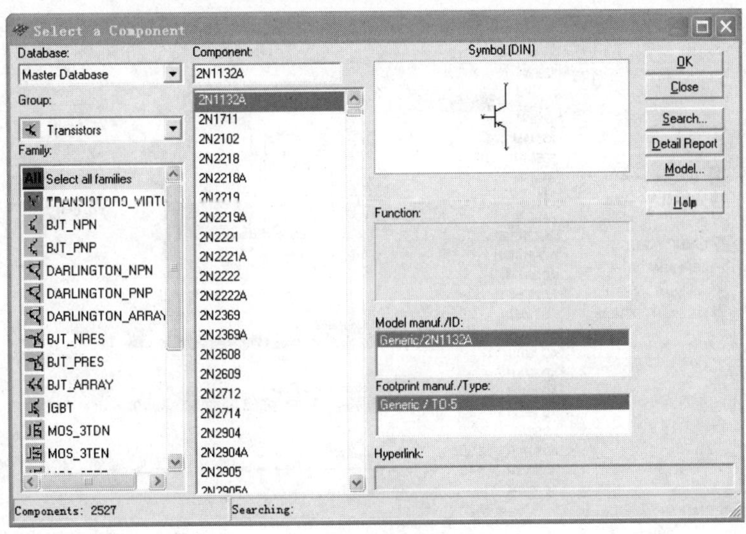

图 3-5 晶体管元件库

晶体管。

BJT_ARRAY（晶体管阵列库）：包括各种型号的晶体管阵列。

IGBT（IGBT 器件库）：包括各种型号的绝缘栅双极晶体管 IGBT。

MOS_3TDN（耗尽型 NMOSFET 元件库）：包括各种型号的三端耗尽型 NMOSFET。

MOS_3TEN（增强型 NMOSFET 元件库）：包括各种型号的三端增强型 NMOSFET。

MOS_3TEP（增强型 PMOSFET 元件库）：包括各种型号的三端增强型 PMOSFET。

JFET_N（N 沟道 JFET 元件库）：包括各种型号的 N 沟道结型场效应管（JFET）。

JFET_P（P 沟道 JFET 元件库）：包括各种型号的 P 沟道结型场效应管（JFET）。

POWER_MOS_N（功率 NMOSFET 元件库）：包括各种型号的功率 NMOSFET。

POWER_MOS_P（功率 PMOSFET 元件库）：包括各种型号的功率 PMOSFET。

POWER_MOS_COMP（复合型功率 MOSFET 元件库）：包括各种型号的复合型功率 MOSFET。

UJT（单结晶体管元件库）：有两种型号单结晶体管。

THERMAL_MODELS（热膜 NMOSFET 元件库）：热膜 NMOSFET。

3.5 模拟元件库（Analog）

单击模拟元件库图标，弹出模拟元件库下拉菜单，如图 3-6 所示。Family 选项栏中有 7 项操作可供选择，它们分别是：

Select all families（显示所有元件）：模拟元件库中所有的元件全部显示在对话框中间的元件栏中。

ANALOG_VIRTUAL（模拟虚拟元件库）：包括虚拟比较器、虚拟 3 端运算放大器和虚拟 5 端运算放大器。

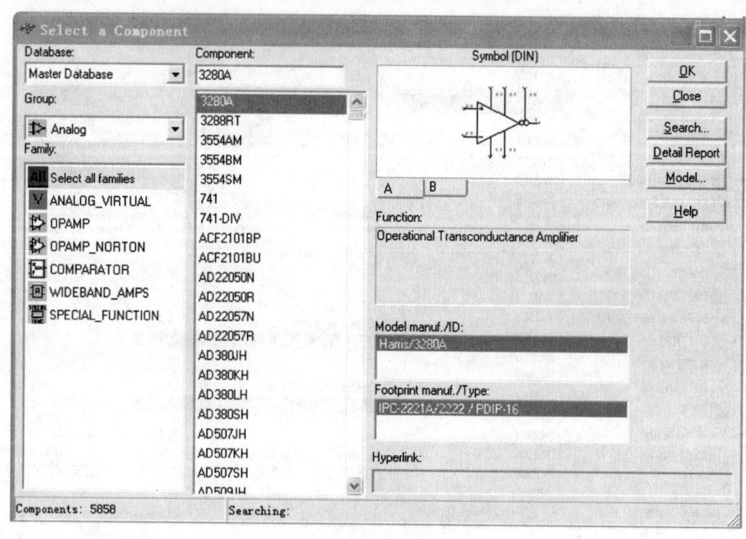

图 3-6　模拟元件库

OPAMP（运算放大器库）：包括各种型号的运算放大器。

OPAMP_NORTON（诺顿运算放大器库）：包括各种型号的诺顿运算放大器。

COMPARATOR（比较器库）：包括各种型号的比较器。

WIDEBAND_AMPS（宽频带运算放大器库）：包括各种型号的宽频带运算放大器。

SPECIAL_FUNCTION（特殊功能运算放大器库）：包括各种型号的特殊功能的运算放大器。

3.6　TTL 数字集成元件库（TTL）

单击 TTL 数字集成元件库图标，弹出 TTL 数字集成元件库下拉菜单，如图 3-7 所示。Family 选项栏中有 10 项操作可供选择，它们分别是：

Select all families（显示所有元件）：TTL 数字集成元件库中所有的元件全部显示在对话框中间的元件栏中。

74STD_IC（标准 74 系列集成电路芯片）：包括各种标准型 74 系列集成电路芯片。

74STD（标准 74 系列集成电路）：包括各种标准型 74 系列集成电路。

74S_IC（肖特基 74 系列集成电路芯片）：包括各种肖特基型 74 系列集成电路芯片。

74S（肖特基 74 系列集成电路）：包括各种肖特基型 74 系列集成电路。

74LS_IC（低功耗肖特基 74 系列集成电路芯片）：包括各种低功耗肖特基型 74 系列集成电路芯片。

74LS（低功耗肖特基 74 系列集成电路）：包括各种低功耗肖特基型 74 系列集成电路。

74F（高速 74 系列集成电路）：包括各种高速型 74 系列集成电路。

74ALS（先进低功耗肖特基 74 系列集成电路）：包括各种先进的低功耗肖特基型 74 系列集成电路。

74AS（先进肖特基 74 系列集成电路）：包括各种先进的肖特基型 74 系列集成电路。

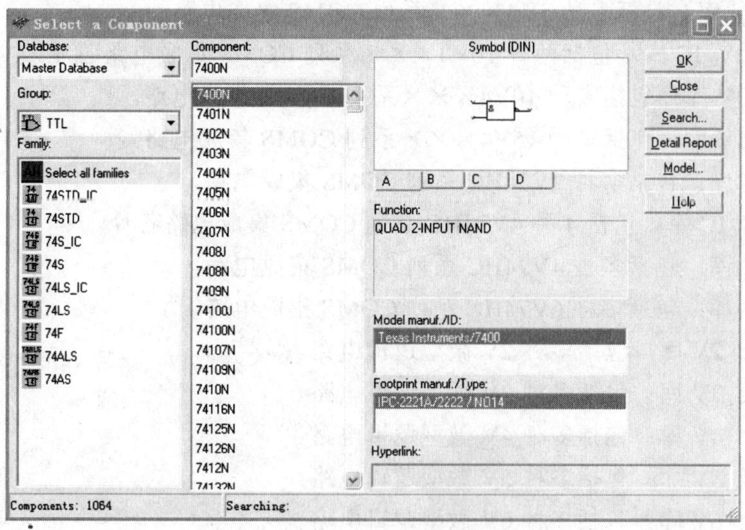

图 3-7　TTL 数字集成元件库

3.7　COMS 数字集成元件库（COMS）

单击 COMS 数字集成元件库图标，弹出 COMS 数字集成元件库下拉菜单，如图 3-8 所示。Family 选项栏中有 15 项操作可供选择，它们分别是：

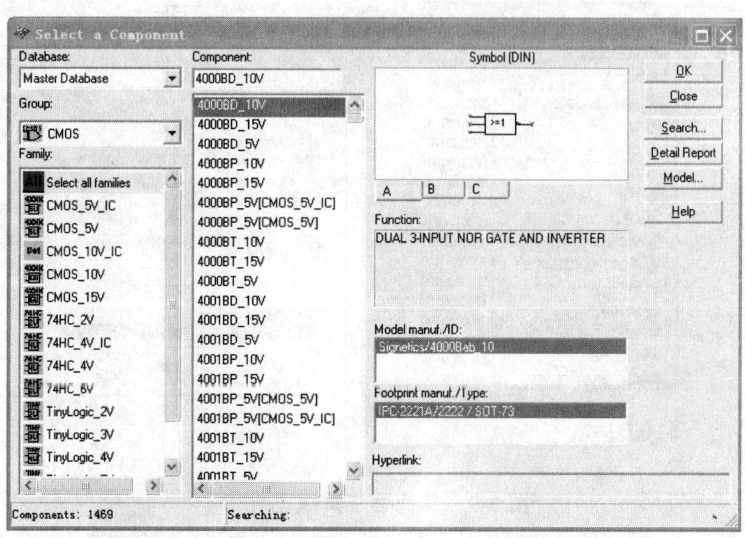

图 3-8　COMS 数字集成元件库

Select all families（显示所有元件）：COMS 数字集成元件库中所有的元件全部显示在对话框中间的元件栏中。

COMS_5V_IC 库：包括多种 5V4×××系列 COMS 集成电路芯片。

COMS_5V 库：包括多种 5V4×××系列 COMS 集成电路。

COMS_10V_IC 库：包括两种 10V4×××系列 COMS 集成电路芯片。

COMS_10V 库：包括多种 10V4×××系列 COMS 集成电路。

COMS_15V 库：包括多种 15V4×××系列 COMS 集成电路。

74HC_2V 库：包括多种 2V74HC 系列 COMS 集成电路。

74HC_4V_IC 库：包括 4 种 4V74HC 系列 COMS 集成电路芯片。

74HC_4V 库：包括多种 4V74HC 系列 COMS 集成电路。

74HC_6V 库：包括多种 6V74HC 系列 COMS 集成电路。

TinyLogic_2V 库：包括多种 2V 微型逻辑电路。

TinyLogic_3V 库：包括多种 3V 微型逻辑电路。

TinyLogic_4V 库：包括多种 4V 微型逻辑电路。

TinyLogic_5V 库：包括多种 5V 微型逻辑电路。

TinyLogic_6V 库：包括多种 6V 微型逻辑电路。

3.8　其他数字集成元件库（Misc Digital）

单击其他数字集成元件库图标，弹出其他数字集成元件库下拉菜单，如图 3-9 所示。Family 选项栏中有 13 项操作可供选择，它们分别是：

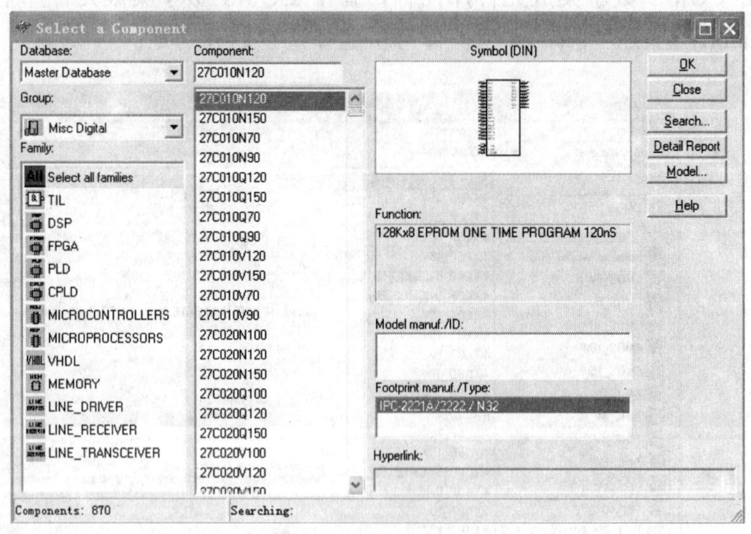

图 3-9　其他数字集成元件库

Select all families（显示所有元件）：其他数字集成元件库中所有的元件全部显示在对话框中间的元件栏中。

TIL（TIL 元件库）：包括各种型号的与门、或门、非门、与非门、或非门、与或非门、异或门、同或门、RS 触发器、JK 触发器、D 触发器、T 触发器、三态门等数字逻辑器件。

DSP（DSP 元件库）：包括各种型号的 DSP 芯片。

FPGA（FPGA 元件库）：包括各种型号的 FPGA 芯片。

PLD（PLD 元件库）：包括各种型号的 PLD 芯片。

CPLD（CPLD 元件库）：包括各种型号的 CPLD 芯片。

MICROCONTROLLERS（微控制器元件库）：包括各种型号的微控制器。

MICROPROCESSORS（微处理器元件库）：包括各种型号的微处理器。

VHDL（VHDL 逻辑器件库）：包括各种用 VHDL 语言编写的数字逻辑器件。

MEMORY（存储器元件库）：包括各种型号的存储器。

LINE_DRIVER（线性驱动元件库）：包括各种线性驱动元件。

LINE_RECEIVER（线性接收元件库）：包括各种线性接收元件。

LINE_TRANSCEIVER（线性无线电收发元件库）：包括各种线性无线电收发元件。

3.9　混合集成元件库（Mixed）

单击混合集成元件库图标，弹出混合集成元件库下拉菜单，如图 3-10 所示。Family 选项栏中有 7 项操作可供选择，它们分别是：

Select all families（显示所有元件）：混合集成元件库中所有的元件全部显示在对话框中间的元件栏中。

MIXED_VIRTUAL（混合虚拟元件库）：库中包括各种混合虚拟元件，分别是虚拟 555 定时器、虚拟模拟开关、虚拟频分器、虚拟单稳态触发器和虚拟锁相环。

TIMER（定时器库）：库中包括各种不同型号的定时器。

ADC_DAC（AD / DA 转换器库）：库中包括各种不同型号的 AD / DA 转换器。

ANALOG_SWITCH_IC（模拟开关芯片）：库中只有一片 MC74HC4066D 模拟开关芯片。

ANALOG_SWITCH（模拟开关库）：库中包括各种不同型号的模拟开关。

MULTIVIBRATORS（多频振荡器库）：库中包括各种不同型号的多频振荡器。

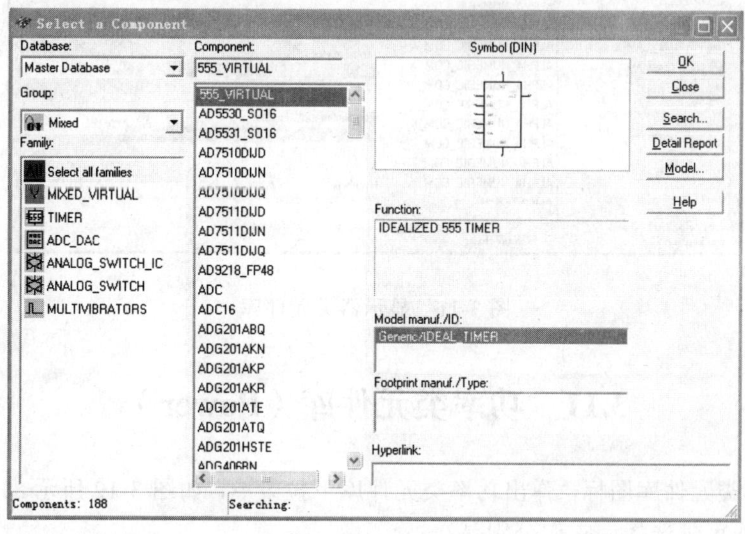

图 3-10　混合集成元件库

3.10　显示器类元件库（Indicators）

单击显示器类元件库图标，弹出显示器类元件库下拉菜单，如图 3-11 所示。Family 选项栏中有 9 项操作可供选择，它们分别是：

Select all families（显示所有元件）：显示器类元件库中所有的元件全部显示在对话框中间的元件栏中。

VOLTMETER（电压表库）：4 种不同接法的电压表。

AMMETER（电流表库）：4 种不同接法的电流表。

PROBE（发光显示器库）：包括各种可以发出红、黄、绿、蓝等不同颜色的发光显示器。

BUZZER（蜂鸣器库）：库中有蜂鸣器和固体音调发生器可供选择。

LAMP（灯泡库）：库中有 9 种不同电压和功率的灯泡。

VIRTUAL_LAMP（虚拟灯泡）：虚拟灯泡的工作电压和功率可任意设置。

HEX_DISPLAY（十六进制显示器库）：包括各种不同型号的十六进制数码显示器。

BARGRAPH（光柱显示器库）：包括几种不同型号的光柱显示器。

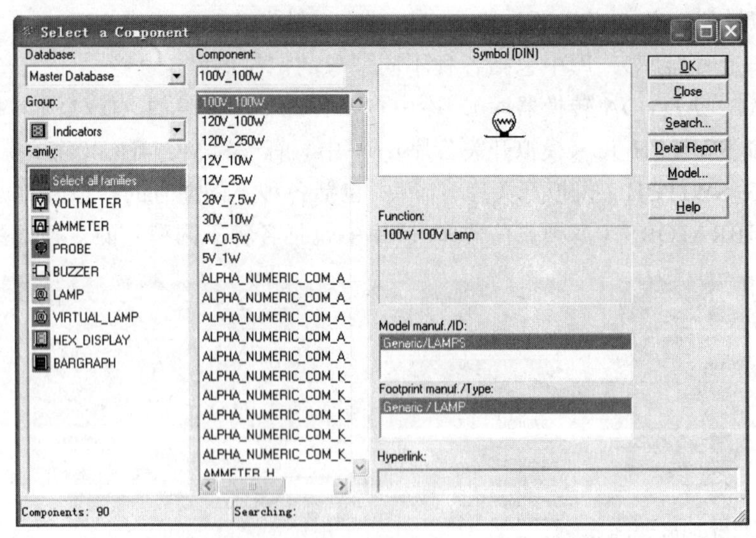

图 3-11　显示器类元件库

3.11　功率类元件库（Power）

单击功率类元件库图标，弹出功率类元件库下拉菜单，如图 3-12 所示。Family 选项栏中有 10 项操作可供选择，它们分别是：

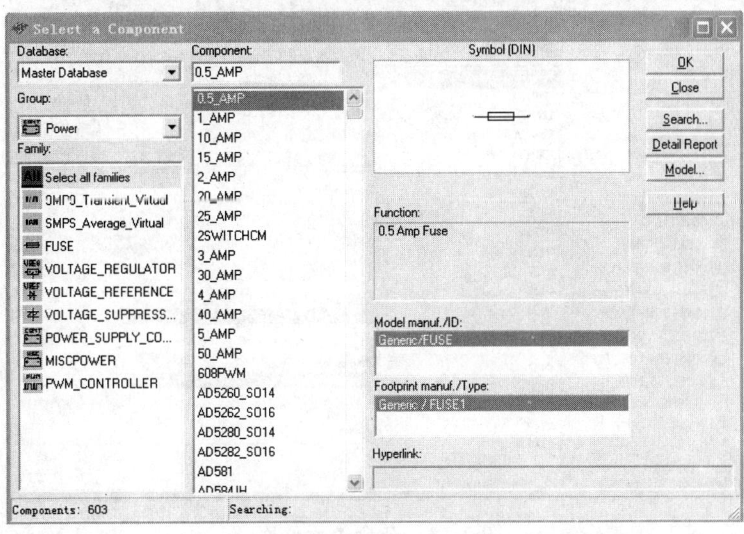

图 3-12 功率类元件库

Select all families（显示所有元件）：功率类元件库中所有的元件全部显示在对话框中间的元件栏中。

SMPS_Transient_Virtual（虚拟瞬态开关电源库）：包括各种虚拟的瞬态开关电源。

SMPS_Average_Virtual（虚拟普通开关电源库）：包括各种虚拟的普通开关电源。

FUSE（熔断器库）：包括各种额定电流值的熔断器。

VOLTAGE_REGULATOR（稳压元件库）：包括各种型号的 3 端稳压元件。

VOLTAGE_REFERENCE（基准电压元件库）：包括各种型号的基准电压元件。

VOLTAGE_SUPPRESSOR（电压抑制器库）：包括各种型号的电压抑制器。

POWER_SUPPLY_CONTROLLER（电源控制器库）：包括各种型号的电源控制器。

MISCPOWER（其他功率类元件库）：包括各种其他功率类元件。

PWM_ CONTROLLER（PWM 控制器库）：包括各种型号的 PWM 控制器。

3.12 杂合类元件库（Mise）

单击杂合类元件库图标，弹出杂合类元件库下拉菜单，如图 3-13 所示。Family 选项栏中有 15 项操作可供选择，它们分别是：

Select all families（显示所有元件）：杂合类元件库中所有的元件全部显示在对话框中间的元件栏中。

MISC_VIRTUAL（虚拟杂元件库）：包括虚拟晶振、虚拟熔断器、虚拟电动机、虚拟光电耦合器和虚拟三极管。

OPTOCOUPLER（光耦库）：包括各种型号的光电耦合器。

CRYSTAL（晶振库）：包括各种频率的晶振。

VACUUM_TUBE（真空管库）：包括各种型号的真空管。

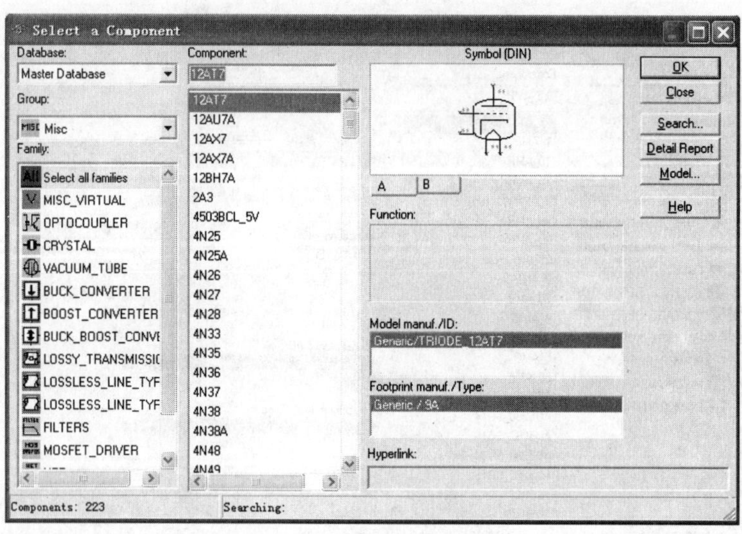

图 3-13　杂合类元件库

BUCK_CONVERTER：降压变换器。

BOOST_CONVERTER：升压变换器。

BUCK_BOOST_CONVERTER：升降压变换器。

LOSSY_TRANSMISSION_LINE：有损传输线。

LOSSLESS_LINE_TYPE1：一类无损传输线。

LOSSLESS_LINE_TYPE2：二类无损传输线。

FILTERS（滤波器库）：包括各种型号的滤波器芯片。

MOSFET_DRIVER（MOSFET 驱动芯片）：包括各种型号的 MOSFET 驱动芯片。

NET（可导入网表）：包括各种管脚的可导入网表模型。

MISC（其他杂元件库）：包括各种型号的其他杂元件。

3.13　高级外围元件库（Advanced_Peripherals）

单击高级外围元件库图标，弹出高级外围元件库下拉菜单，如图 3-14 所示。Family 选项栏中有 4 项操作可供选择，它们分别是：

Select all families（显示所有元件）：高级外围元件库中所有的元件全部显示在对话框中间的元件栏中。

KEYPADS（键盘库）：包括各种键盘。

LCDS（液晶显示器库）：包括各种液晶显示器。

TERMINALS（串行终端库）：只包含一个串行终端。

3.14　射频类元件库（RF）

单击射频类元件库图标，弹出射频类元件库下拉菜单，如图 3-15 所示。Family 选项栏

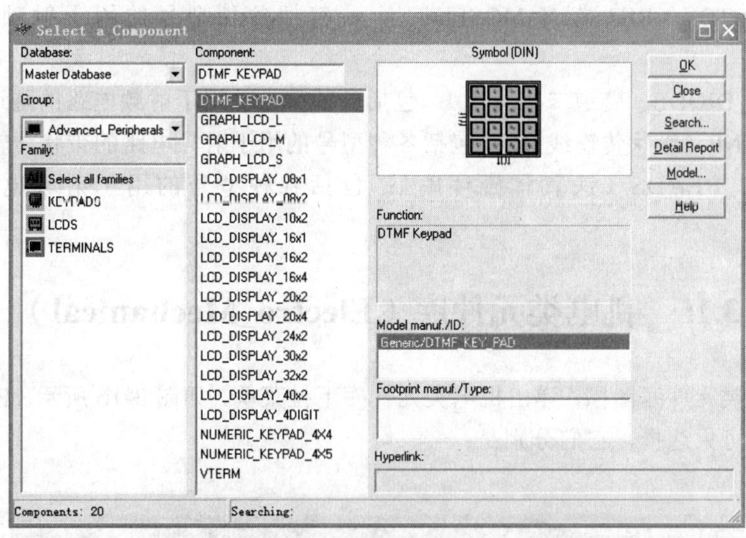

图 3-14 高级外围元件库

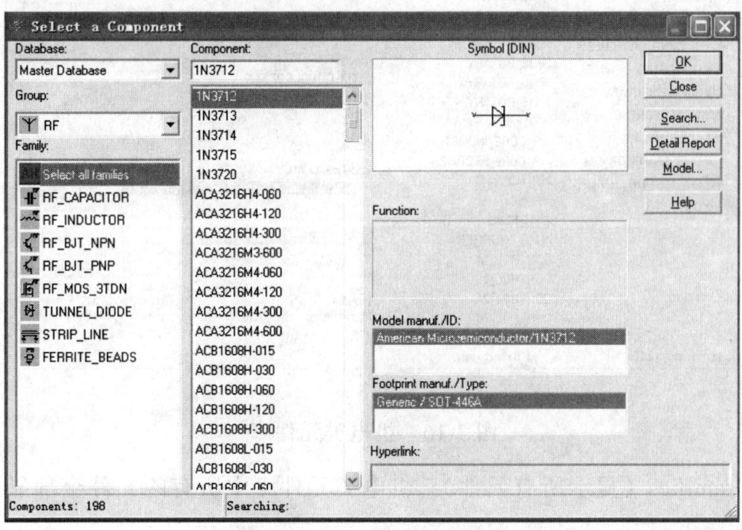

图 3-15 射频类元件库

中有 9 项操作可供选择，它们分别是：

Select all families（显示所有元件）：射频类元件库中所有的元件全部显示在对话框中间的元件栏中。

RF_CAPACITOR（RF 电容库）：只包含一个射频电容。

RF_INDUCTOR（RF 电感库）：只包含一个射频电感。

RF_BJT_NPN（RF NPN 晶体管库）：包括各种型号的用于射频电路的 NPN 晶体管。

RF_BJT_PNP（RF PNP 晶体管库）：包括各种型号的用于射频电路的 PNP 晶体管。

RF_MOS_3TDN（RF3 端 N_MOSFET 库）：包括各种型号的用于射频电路的三端 N_MOSFET。

TUNNEL_DIODE（隧道二极管库）：包括各种型号的用于射频电路的隧道二极管。

STRIP_LINE（带状传输线库）：包括各种型号的用于射频电路的带状传输线。

FERRITE_BEADS（铁氧体磁环库）：包括各种型号的用于射频电路的铁氧体磁环。

3.15　机电类元件库（Electro_Mechanical）

单击机电类元件库图标，弹出机电类元件库下拉菜单，如图 3-16 所示。Family 选项栏中有 9 项操作可供选择，它们分别是：

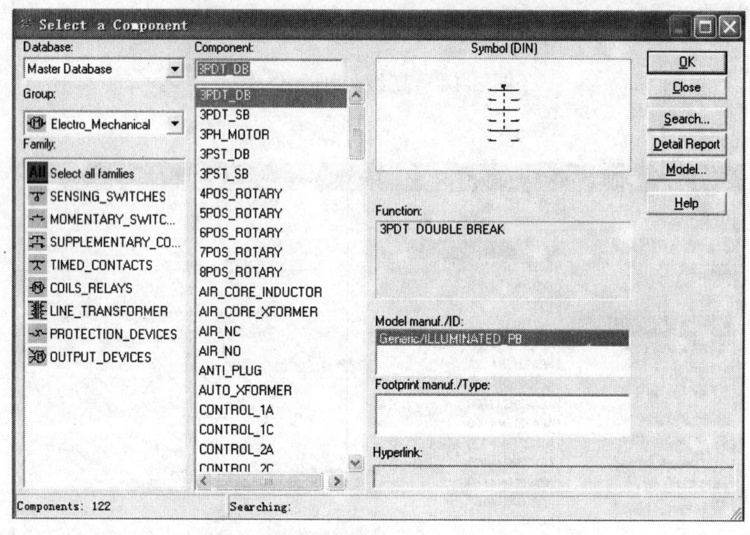

图 3-16　机电类元件库

Select all families（显示所有元件）：机电类元件库中所有的元件全部显示在对话框中间的元件栏中。

SENSING_SWITCHES（传感器开关库）：包括各种型号的传感器开关。

MOMENTARY_SWITCHES（瞬时开关库）：包括各种型号的瞬时开关。

SUPPLEMENTARY_CONTACTS（辅助继电器库）：包括各种辅助继电器。

TIMED_CONTACTS（时间继电器库）：包括各种时间继电器。

COILS_RELAYS（保护继电器库）：包括各种保护继电器。

LINE_TRANSFORMER（线性变压器库）：包括各种线性变压器。

PROTECTION_DEVICES（保护器件库）：包括各种保护器件。

OUTPUT_DEVICES（输出设备库）：包括各种输出设备。

3.16 微处理器模块元件库（MCU_Module）

单击微处理器模块元件库图标，弹出微处理器模块元件库下拉菜单，如图 3-17 所示。Family 选项栏中有 5 项操作可供选择，它们分别是：

Select all families（显示所有元件）：微处理器模块元件库中所有的元件全部显示在对话框中间的元件栏中。

805×（805×系列微处理器）：包括 8051 和 8052 单片机。

PIC（PIC 单片机）：包括 PIC 单片机芯片 PIC16F84 和 PIC16F84A。

RAM（RAM 存储器）：包括各种型号的 RAM 存储器芯片。

ROM （ROM 存储器）：包括各种型号的 ROM 存储器芯片。

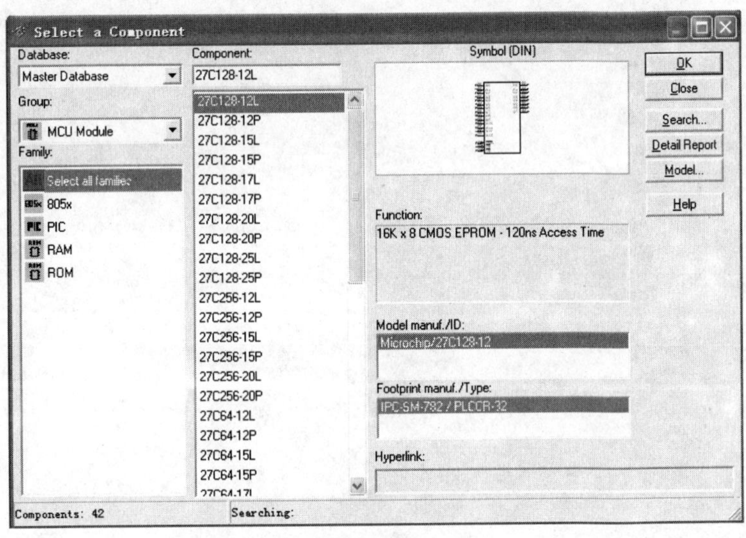

图 3-17 微处理器模块元件库

3.17 层次化模块与总线模块元件库

层次化模块用于将已有电路作为一个子模块添加到当前电路中；总线模块用于建立总线结构。

本 章 小 结

本章较详细地介绍了 Multisim10.0 元件库中的 17 个分库，以及每个分库中所包含的元器件。熟悉这些元器件对于分析和设计电子电路具有非常重要的意义。

练习与思考

3-1　理想元件与实际元件有何不同？

3-2　试选择灯泡、电源和开关，组成一个最简单的电路。

3-3　用仿真开关运行 3-2 题电路，观察灯是否亮。如不亮，请调整电源参数使灯亮。

3-4　请在元件库中找出一台三相交流电动机。

3-5　试选择不同元件，搭建一个单相桥式整流、电容滤波、稳压管稳压的直流稳压电源。

第 4 章　Multisim10.0 的分析仪器

Multisim10.0 的仪器仪表库位于界面最右一列，如图 4-1 所示。库中存放着各种电路分析仪器和仪表。下面将分别予以详细介绍。

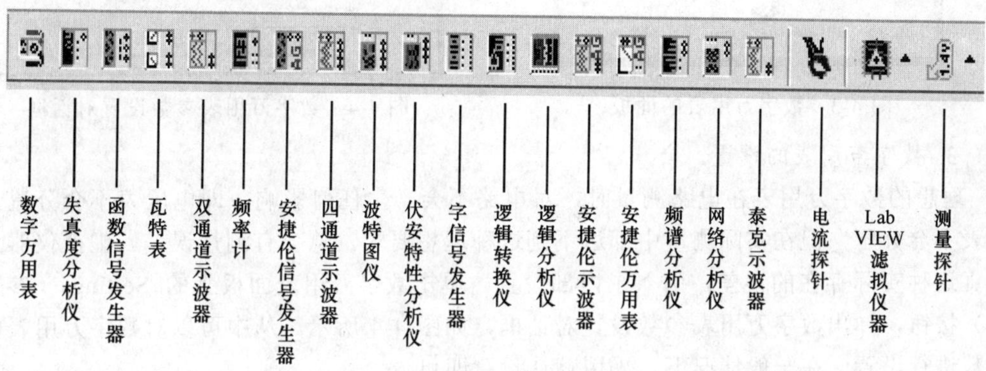

图 4-1　仪器仪表库

4.1　数字万用表 (Multimeter)

数字万用表可以用来测量交、直流电压、电流和电阻，也可以以分贝（dB）形式显示电压或电流。数字万用表的图标如图 4-2 所示。

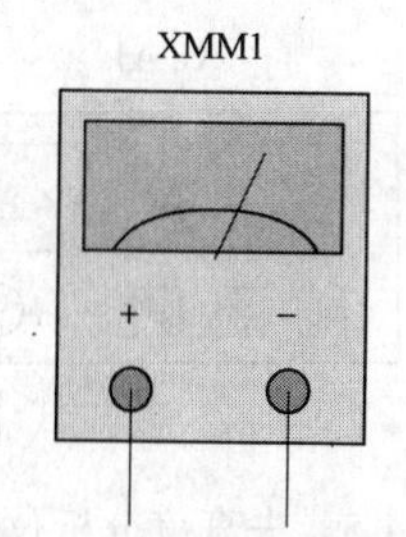

图 4-2　数字万用表的图标

1. 数字万用表的面板

双击数字万用表图标，窗口出现如图 4-3 所示的数字万用表面板。从面板可见，数字万用表可以测电压 V、电流 A、电阻 Ω 和分贝值 dB。当需要选择某项功能时，只需在数字万用表面板上单击相应测量挡位即可。被选中挡与其他挡位颜色不同，如图 4-3 所示选中电压挡。

2. 数字万用表的使用

电压表、电流表的使用方法与实际的电压表、电流表相同，电压表要并接在被测元件两端，电流表要串接在被测支路中。当数字万用表作为电压表使用时，表的内阻应非常大，而作电流表时，则内阻应非常小。

欧姆表也是并接在被测网络两端使用的。注意：当被测网络为无源网络时，所测网络必须接地。

图 4-3　数字万用表的面板

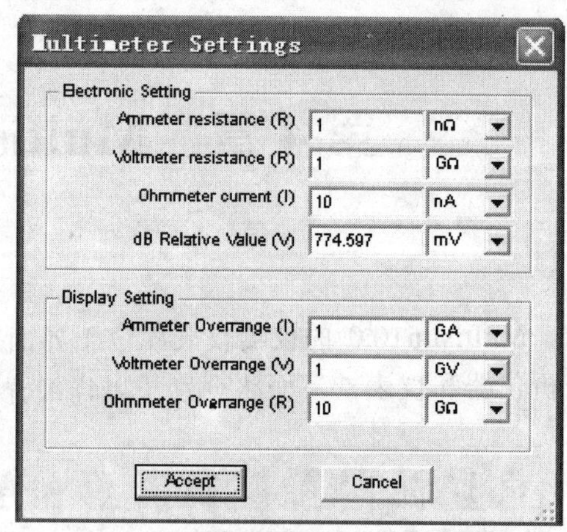

图 4-4　数字万用表参数设置对话框

3. 数字万用表的设置

理想的数字万用表在电路测量时，对电路不会产生任何影响，即电压表不会分流，电流表不会分压，但在实际测量中都达不到这种理想要求，总会有测量误差。虚拟仪器为了仿真这种实际存在的误差，引入了内部设置。单击数字万用表面板上的 Settings（参数设置）按钮，弹出数字万用表参数设置对话框，如图 4-4 所示。从中可以对数字万用表内部参数进行设置。在一般情况下，采用默认设置即可。

4.2　失真度分析仪（Distortion Analyzer）

失真度分析仪用来测量电路的总谐波失真和信噪比，其图标如图 4-5 所示。

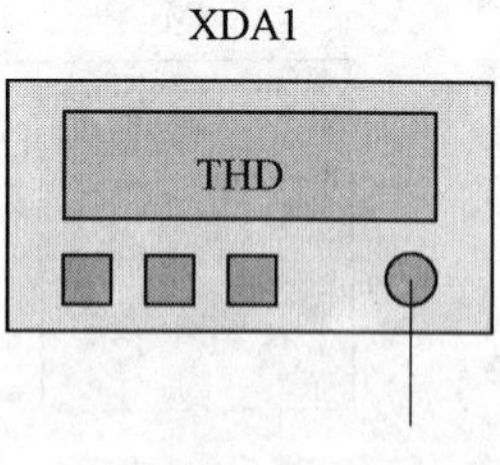

XDA1

THD

图 4-5　失真度分析仪的图标

1. 失真度分析仪的面板

双击失真度分析仪图标，窗口出现如图 4-6 所示的失真度分析仪面板。从面板可见，失真度分析仪由 5 部分组成。

（1）显示区。用于显示测量数据。

（2）参数设置区。用于设置参数。其中：

1）Fundamental Frequency：用来设置基频。

2）Resolution Frequency：用来设置分辨频率，最小可设为基频的 1/10。

（3）Controls 区。包含 3 个按钮：

1）THD 按钮：选择测量电路的总谐波失真。

2）SINAD 按钮：选择测量信噪比。

3）Set 按钮：单击该按钮，在弹出的如图 4-7 所示的测试参数设置对话框中，选择总谐波失真的定义方式；设置谐波次数；设置分析点数。设置完毕单击 Accept 按钮保存设置。

（4）显示方式设置区。用于设置以“%”或“dB”形式表示数据。

（5）启停按钮。Start 开始测试，Stop 停止测试。

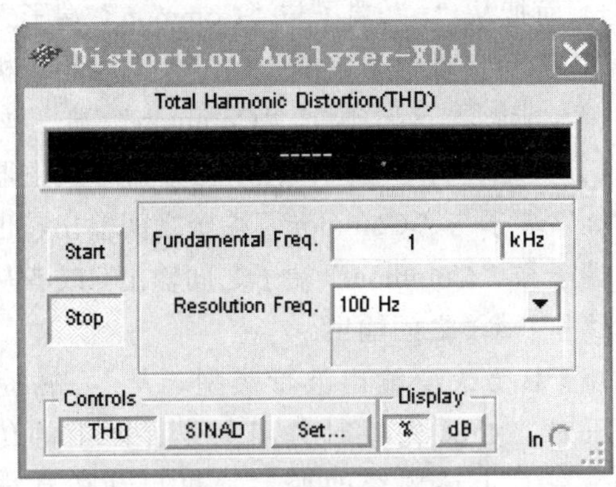

图 4-6 失真度分析仪的面板

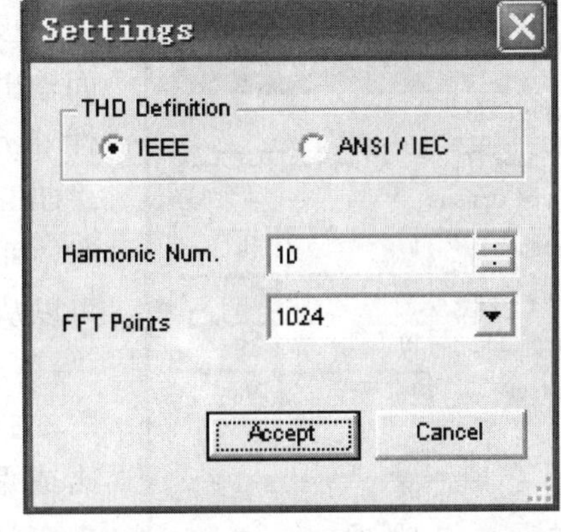

图 4-7 测试参数对话框

2. 失真度分析仪的使用

将失真度分析仪接测试电路的输出端。

根据电源频率在参数设置区适当设置基频和分辨频率；在 Controls 区选择要测试的参数；在显示方式设置区选择表示数据的形式；其他参数可选择默认设置。

启动仿真按钮。

4.3 函数信号发生器 (Function Generator)

函数信号发生器是用来产生正弦波、锯齿波、矩形波信号的仪器，其图标如图 4-8 所示。

1. 函数信号发生器的面板

双击函数信号发生器的图标，窗口出现如图 4-9 所示的函数信号发生器的面板。面板上方为 Waveforms 选项区，有 3 个功能按钮，分别是正弦波输出、矩形波输出和锯齿波输出按钮。面板中部 Signal Options 选项区有几个参数可供设置，分别是输出信号的频率、输出矩形波或锯齿波的占空比、输出信号的幅值和输出信号的直流偏移量。需要说明的是，输出信号的幅值是指“+”端或“-”端对“Common”端的振幅，若从“+”端和“-”端输出，则输出的振幅为设置振幅的 2 倍，此种接法在示波器上不能观察正弦波输出，而矩形波和锯齿波则可观察得到。偏移量是指交流信号中直流电平的偏移。偏移量为 0，直流分量与 X 轴重合；偏移量为正值，直流分量在 X 轴的上方，反之则在 X 轴的下方。调整占空比，可以调整输出信号的脉冲宽度，也可以使锯齿波变为三角波。

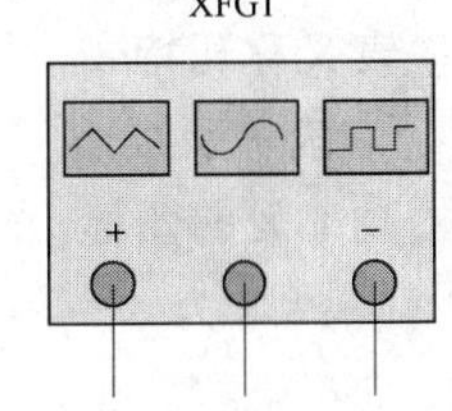

图 4-8 函数信号发生器的图标

2. 函数信号发生器的使用

在函数信号发生器面板的最下方有 3 个接线端子：“+”端子、“-”端子、“Common”

端子（公共端）。把从函数信号发生器的“+”端子与“Common”端子之间输出的信号称为正极性信号，而把从“-”端子与“Common”端子之间输出的信号称为负极性信号，两个信号大小相等，极性相反。注意：前提是必须把“Common”端子与“Ground”（公共地）符号连接。使用函数信号发生器时，可以从“+”端子与“Common”端子之间输出，也可以从“-”端子与“Common”端子之间输出，或者从“+”端子和“-”端子之间输出。

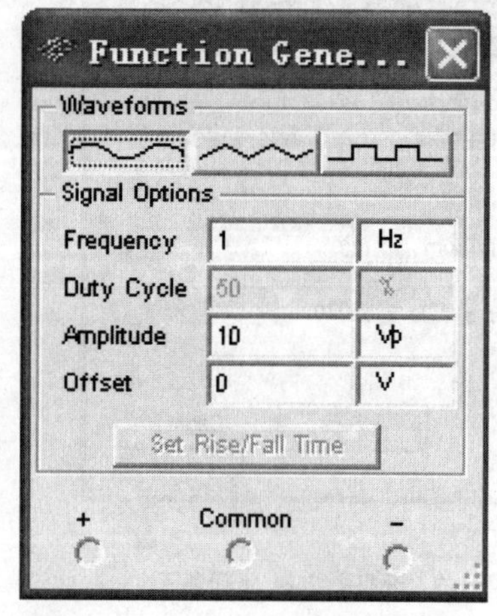

图 4-9　函数信号发生器的面板

在仿真过程中要改变输出波形类型、大小、占空比或偏置电压时，必须先暂时关闭工作界面上的仿真电源开关，在对上述内容改变后，再启动仿真电源开关，函数信号发生器才能按新设置的数据输出信号波形。

3. 函数信号发生器的设置

可以在函数信号发生器的面板上直接设置输出信号的参数。各参数的设置范围如下：

Frequency（频率）：1Hz～999MHz；

Duty Cycle(占空比)：1%～99%；

Amplitude(幅值)：0～999kV(不含 0V)；

Offset(偏移量)：-999～999kV。

4.4　功率表（Wattmeter）

功率表又称瓦特表，用于测量电路的功率和功率因数。其图标如图 4-10 所示。

1. 功率表的面板

双击功率表的图标，窗口出现如图 4-11 所示的功率表的面板。面板上面显示被测电路

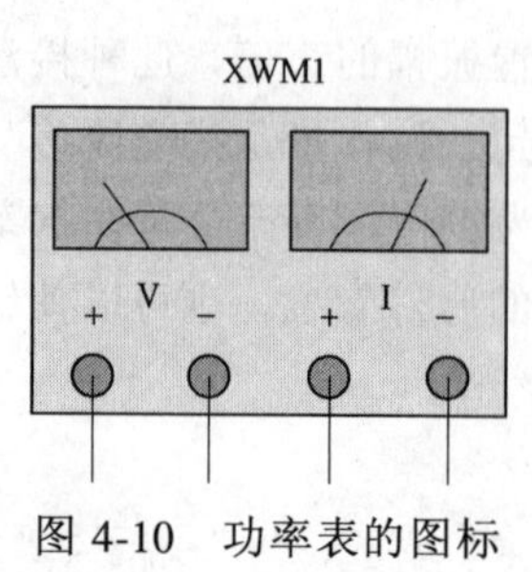

图 4-10　功率表的图标

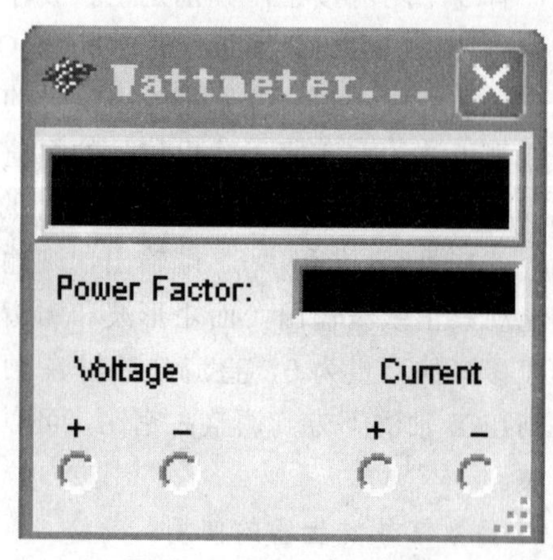

图 4-11　功率表的面板

的功率，下面显示被测电路的功率因数。

2. 功率表的使用

功率表的图标上共有 4 个端子，其中左面的两个用于测量电压，右面的两个用于测量电流。测量电压时功率表与被测电路并联，测量电流时功率表与被测电路串联。

4.5 双通道示波器（Oscilloscope）

双通道示波器是用来观察信号波形并可测量信号幅度、频率、周期等参数的仪器，它可以双踪输入，观测两路信号的波形。双通道示波器的图标如图 4-12 所示。图标上有 6 个接线端子，分别是 A 通道正、负输入端，B 通道正、负输入端，外触发信号通道的正、负输入端。

4.5.1 示波器的面板

双击示波器图标，窗口出现如图 4-13 所示的双通道示波器的面板。面板由两部分组成，上面是示波器的观察窗口，下面是示波器的控制面板。控制面板又分为 Timebase（时基）、Channel A（通道 A）、Channel B（通道 B）和 Tigger（触发）。

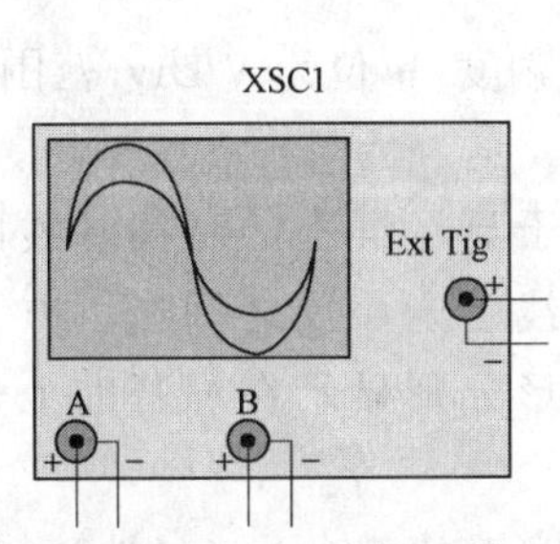

图 4-12 双通道示波器的图标

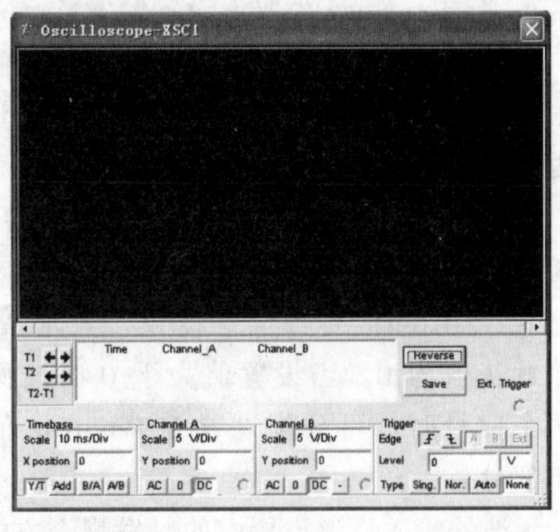

图 4-13 双通道示波器的面板

4.5.2 示波器的设置

单击双通道示波器面板上的各种功能键可以设置各项参数。

1. 示波器时间基准（Timebase）的设置

Scale：X 轴刻度选择。设置 X 轴每一格所代表的时间，单位为 ms/Div，范围为 1ps～1000Ts。

X position：X 轴位置设置。用于调整时间基准的起始位置，调整范围为-5～+5V，默认值为 0V。

Y/T：Y/T 显示方式。表示 X 轴显示时间，Y 轴显示电压值。这是示波器默认的显示方式。

Add：Add 显示方式。表示 X 轴显示时间，Y 轴显示 A 通道和 B 通道的输入电压之和。

B/A：B/A 显示方式。表示 X 轴显示 A 通道信号，Y 轴显示 B 通道信号。

A/B：A/B 显示方式。表示 X 轴显示 B 通道信号，Y 轴显示 A 通道信号。

当显示随时间变化的信号波形（如正弦波、矩形波、锯齿波等）时，采用“Y/T”方式。

当显示放大器（或网络）的传输特性时，采用“B/A”方式（Vi 接至 A 通道，Vo 接至 B 通道）或“A/B”方式（Vi 接至 B 通道，Vo 接至 A 通道）。

2. 示波器触发方式（Trigger）的设置

Edge：触发边沿设置。选择将输入信号的上升沿或下降沿作为触发信号；A 或 B 表示用 A 通道或 B 通道的输入信号作为同步 X 轴时间基线扫描的触发信号；Ext 表示用示波器图标上触发端子连接的信号作为触发信号来同步 X 轴时间基线扫描。

Level：触发电平设置。

Type：触发方式设置。Single 为单脉冲触发方式，表示单击 Single 按钮一次，产生一个触发脉冲；Normal 为普通触发方式，表示当触发电平满足要求时，示波器刷新，开始采样；Auto 为自动触发方式，表示内部自动提供触发电平，不依赖外部信号，示波器一般采用 Auto 方式；None 为取消设置触发。

3. 示波器输入通道（Channel）的设置

双通道示波器有两个完全相同的输入通道 Channel A 和 Channel B，可以同时观察和测量两个信号，两个通道的设置方法相同。

Scale：Y 轴刻度选择。表示 Y 轴每一格所代表的电压刻度，单位为 V/Div，范围为 1pV～1000TV。

Y Position：Y 轴位置设置。表示 Y 轴原点相对于显示屏上的时间基线的偏移位置。默认值为 0。当设置值大于 0 时，原点在时间基线上方，反之则在下方。当需观测两个信号时，可分别设置 Y Position 值，使信号波形分别显示在屏幕的上半部分和下半部分。

示波器输入通道设置中的触发耦合方式有 3 种：AC（交流耦合）、0（地）、DC（直流耦合）。“AC”表示屏幕仅显示输入信号中的交变分量；“DC”表示屏幕中不仅显示输入信号中的交变分量，还显示输入信号中的直流分量；“0”表示将输入信号对地短路。

4.5.3　示波器的使用

A 通道或 B 通道的正端子接电路被测点，测到的是被测点与地之间的电压波形；A 通道或 B 通道的正负端子接元器件两端，则测量的是元器件两端的电压波形。

4.6　频率计（Frequency Counter）

频率计用于测量信号的频率、周期、相位以及脉冲信号的上升沿和下降沿。其图标如图 4-14 所示。

双击频率计的图标，窗口出现如图 4-15 所示的频率计的面板。面板由两部分组成，上面是频率计的显示窗口，用于显示测量结果；下面是频率计的控制面板。控制面板又分为：

（1）Measurement 区：用于设置测量内容。Freq 代表测量频率；Period 代表测量周期；Pulse 代表测量正、负脉冲持续时间；Rise/Fall 代表测量单个循环周期的上升时间和下降时间。

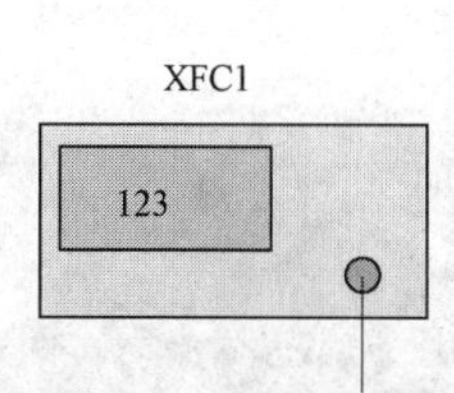

图 4-14 频率计的图标

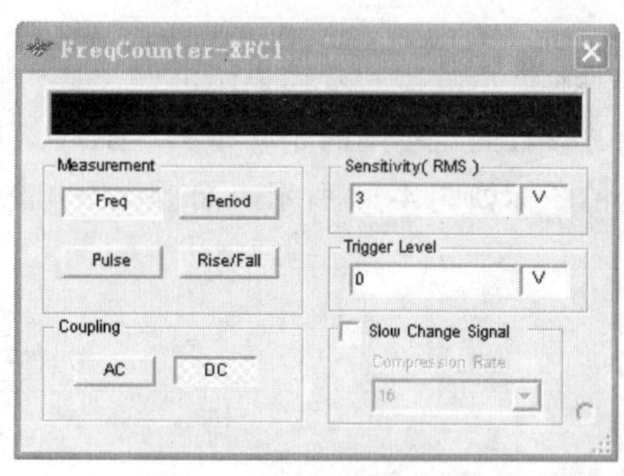

图 4-15 频率计的面板

（2）Coupling 区：用于设置显示内容。选择 AC，显示信号的交流分量；选择 DC，显示信号的交流分量与直流分量的叠加。

（3）Sensitivity 区：用于设置灵敏度。

（4）Trigger Level 区：用于设置触发电平。当被测信号的幅度大于触发电平时才能测量。

4.7 安捷伦信号发生器（Agilent Function Generator）

安捷伦信号发生器 33120A 是一种高性能的信号发生器，它即可以产生如正弦波、矩形波、锯齿波等标准信号波形，也可以产生如调幅波、调频波等其他信号波形，还可以自定义任意波形。其图标如图 4-16 所示。图标上有两个接线端子，上面为同步方式输出端，下面为普通输出端。

双击安捷伦信号发生器的图标，窗口出现如图 4-17 所示的安捷伦信号发生器的面板。面板上半部分是显示窗口，下半部分是控制面板。按下控制面板左侧的 Power 按钮，信号发生器开始工作，这时可以通过控制面板中间的波形选择按钮选择需要输出的波形，通过 Freq 按钮和 Ampl 按钮选择输出波形的频率和幅值，频率和幅值的大小可以用显示窗口右面的旋钮调节,也可以用旋钮下面上下左右 4 个方向按钮调节。

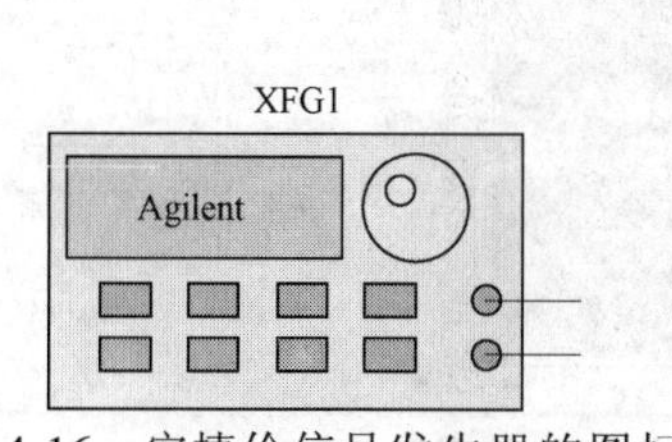

图 4-16 安捷伦信号发生器的图标

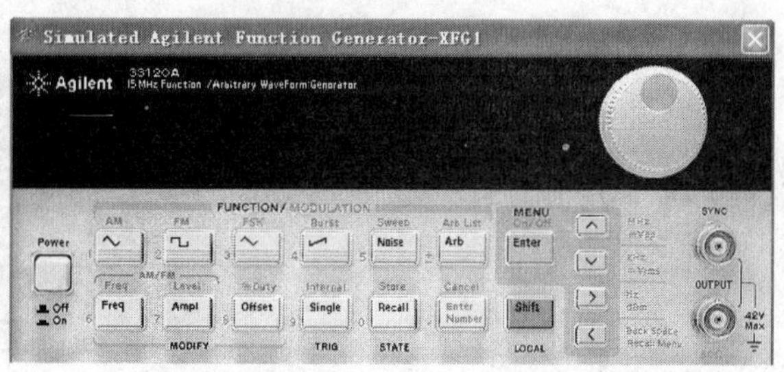

图 4-17 安捷伦信号发生器的面板

安捷伦信号发生器可实现的功能比较多，更详细的使用说明请参见 Agilent 33120A 用户手册。

4.8　四通道示波器（4 Channel Oscilloscope）

四通道示波器和双通道示波器一样，也是用来观察信号波形并测量信号幅度、频率、周期等参数的，不同的是它有 A、B、C、D 四个通道，可以同时观测四路信号。四通道示波器的图标如图 4-18 所示，面板如图 4-19 所示。

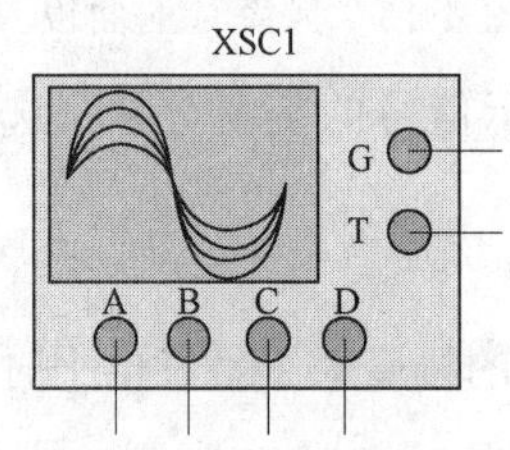

图 4-18　四通道示波器的图标

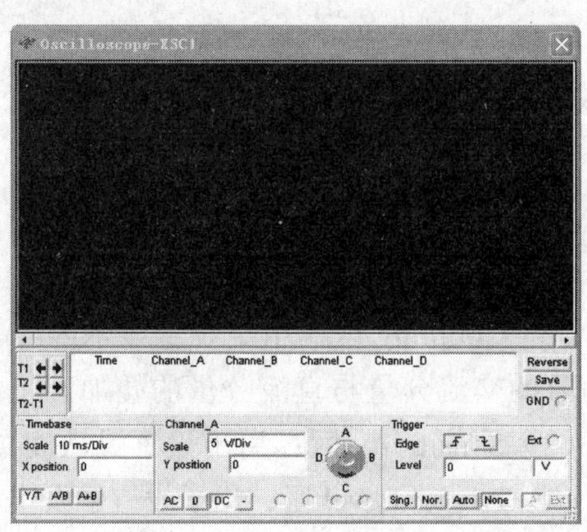

图 4-19　四通道示波器的面板

图标上有 6 个接线端子，其中 A、B、C、D 为四路信号输入端，T 为外触发信号通道，G 为公共接地端。面板设置与双通道示波器相同，只是四个通道的控制是通过一个旋钮实现的，旋钮旋至哪个通道，即对哪个通道的参数进行设置。

4.9　波特图仪（Bode Plotter）

波特图仪是用来测量和显示一个电路、系统或放大器的幅频特性 $A(f)$和相频特性 $\Phi(f)$的仪器，类似于实验室的频率特性测试仪（或扫频仪）。波特图仪的图标如图 4-20 所示。

1. 波特图仪的面板

双击波特图仪的图标，窗口出现如图 4-21 所示的波特图仪的面板。波特图仪的面板由

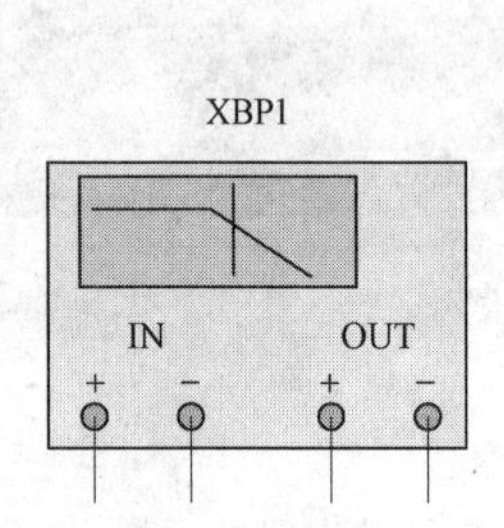

图 4-20 波特图仪的图标

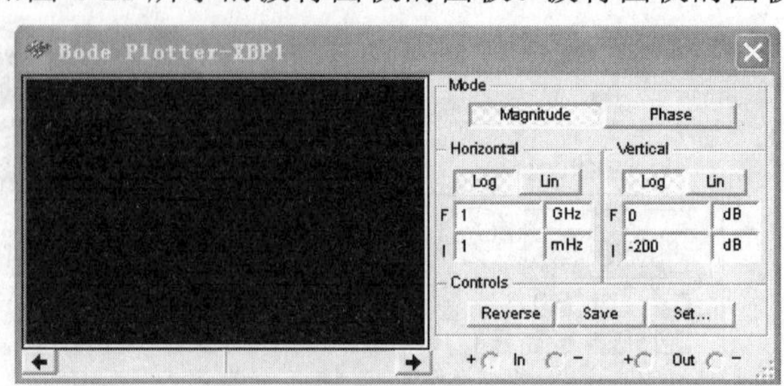

图 4-21 波特图仪的面板

两部分组成，左侧是波特图仪的显示窗口，用于显示电路的幅频或相频特性曲线；右侧是波特图仪的控制面板。波特图仪的控制面板又分为 Magnitude（幅值）选择、Phase（相位）选择、Vertical（纵轴）设置、Horizontal（横轴）设置以及 Reverse、Save、Set 控制按钮。

2. 波特图仪的设置

（1）幅频特性和相频特性的选择。

幅频特性 $A(f)=V_o(f)/V_i(f)$，它是以曲线形式出现在波特图仪的显示窗口的。单击 Magnitude(幅值)按钮，显示电路的幅频特性。

相频特性 $\Phi(f)=\Phi_o(f)-\Phi_i(f)$，它也是以曲线形式出现在波特图仪的显示窗口的。单击 Phase(相位) 按钮，显示电路的相频特性。

（2）Horizontal（横轴）设置和 Vertical（纵轴）设置。

Horizontal（横轴）表示测量信号的频率，又称频率轴。可以选择“Log”（对数）刻度，也可以选择“Lin”（线性）刻度。当测量信号的频率范围较宽时，用“Log”（对数）刻度比较合适，相反，用“Lin”（线性）刻度较好。横轴刻度的取置范围：0.001Hz～10.0GHz。“I”、“F”分别是 Inital（初始值）和 Final（最终值）的缩写。

Vertical（纵轴）表示测量信号的幅值或相位。当测量幅频特性时，单击“Log”（对数）按钮，纵轴的刻度是 20Lg$A(f)$，单位是 dB（分贝）；单击“Lin”（线性）按钮，纵轴的刻度是线性刻度。当测量相频特性时，纵轴表示相位，刻度是线性刻度，单位是度。

须指出：若被测电路为无源网络（振荡电路除外），由于 $A(f)$最大值为 1，则纵轴的最终值设置为 0dB，初始值设置为负值。若被测电路含有放大环节，由于 $A(f)$ 可大于 1，则纵轴的最终值设置为正值（+dB）为宜。另外，为了清楚地显示某频率范围的频率特性，可将横轴频率范围设置的小些。

3. 波特图仪的使用

因为波特图仪本身没有信号源，所以在使用波特图仪时，必须在电路的输入端接入交流信号源或函数信号发生器。

（1）波特图仪的连接。波特图仪图标上有两对端子，“IN”接电路输入端和地，“OUT”接输出端和地。

（2）移动读数指针，可以读出不同频率值所对应的幅度增益或相位移。

（3）单击“Reverse”按钮设置背景颜色；单击“Save”按钮实现数据的保存；单击“Set”按钮，弹出一个对话框，设置扫描分辨率。

4.10 伏安特性分析仪（IV Analyzer）

伏安特性分析仪用于测量二极管、三极管和 MOS 管的伏安特性曲线，注意：被测元件应是孤立的，即不与电路连接。伏安特性分析仪的图标如图 4-22 所示。双击分析仪的图标，窗口弹出如图 4-23 所示的伏安特性分析仪的面板。面板由两部分组成，左侧是伏安特性分析仪的显示窗口，用于显示被测元件的伏安特性曲线；右侧是伏安特性分析仪的控制面板。控制面板又分为以下几个区域。

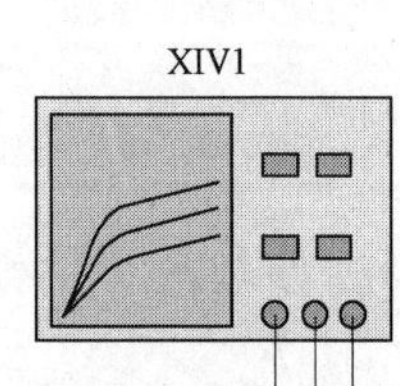

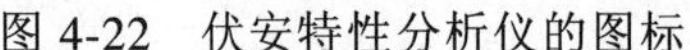

图 4-22　伏安特性分析仪的图标

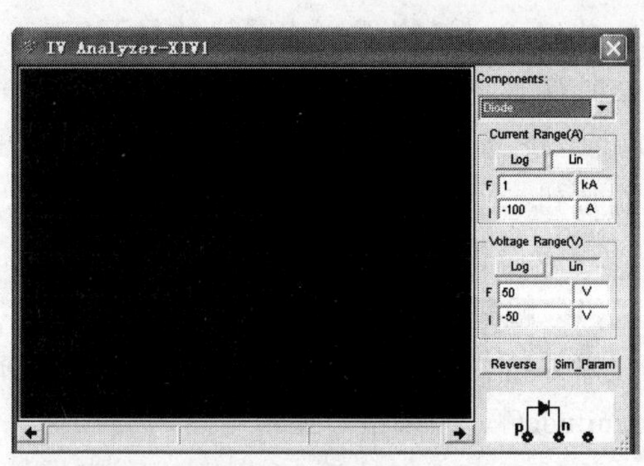

图 4-23　伏安特性分析仪的面板

1. 被测元件选择区（Components）

有 5 种元件可供选择，分别是：二极管（Diode）、PNP 型双极性晶体管（BJTPNP）、NPN 型双极性晶体管（BJTNPN）、P 沟道 MOS 管（PMOS）、N 沟道 MOS 管（NMOS）。当选中某元件时，控制面板下方小窗口就会显示该元件的测试接线图。

2. 设置显示范围

设置显示范围包括电流范围（Current Range）和电压范围（Voltage Range），设置方法与波特图仪相同，在此不再赘述。

3. 仿真参数设置

单击控制面板下方的 Sim_Param 按钮，弹出对话框，设置被测元件的仿真参数。被测元件不同，需设置的仿真参数也不同。

当选择二极管为测量元件时，需要设置 V_pn（PN 结电压）的起始扫描电压、终止扫描电压和扫描增量。

当选择三极管为测量元件时，除了要设置 V_ce（集电极和发射极间的电压）的起始扫描电压、终止扫描电压和扫描增量外，还要设置 I_b（基极电流）的起始电流、终止电流和步长。

当选择 MOS 管为测量元件时，需要设置 V_ds（漏极和源极电压）和 V_gs（栅极和源极间）的起始扫描电压、终止扫描电压和扫描增量。

单击 Reverse 按钮，显示屏幕的背景颜色反白。

4.11　字信号发生器（Word Generater）

字信号发生器是一个能够产生 32 路（位）同步逻辑信号的仪器，又称数字逻辑信号源，可用于对数字逻辑电路的测试。其图标如图 4-24 所示。图标左边有 0～15 共 16 个端子，右边有 16～31 也是 16 个端子，全部 32 个端子是字信号发生器的输出端，图标下面的 R 端是数据准备好输出端，T 端是外触发信号输入端。

1. 字信号发生器的面板

双击字信号发生器的图标，窗口出现如图 4-25 所示的字信号发生器的面板。面板由两部分组成，右侧是字信号发生器的 32 路字信号编辑窗口，左侧是字信号发生器的控制面板。控制面板又分为 Controls（控制）区、Display（显示）区、Trigger（触发）区和 Frequency（频率）区。

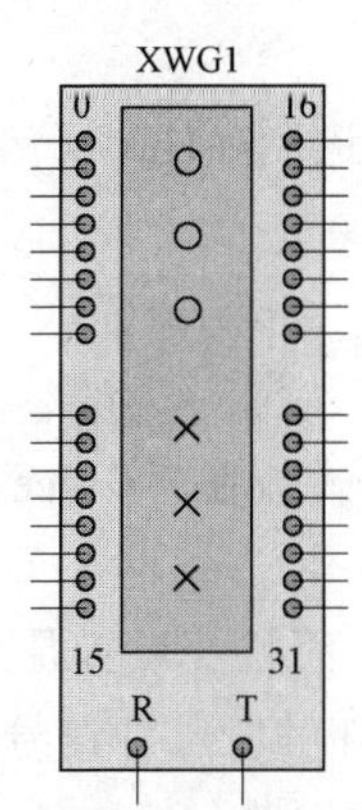

图 4-24 字信号发生器的图标

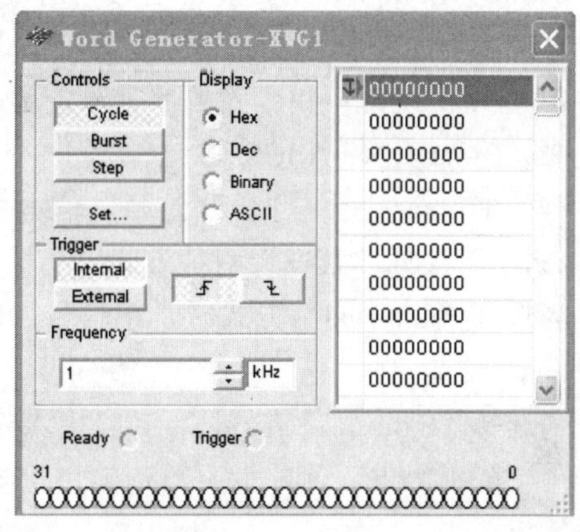

图 4-25 字信号发生器的面板

2. 字信号发生器面板参数的设置

（1）字信号的写入（编辑）：字信号发生器面板右侧是 32 路字信号编辑窗口，32 路字信号以 8 位十六进制数的形式进行编辑和存放。编辑窗口的地址范围为 0000H～03FFH，共 1024 条字信号，可写入的 16 进制数为 00000000～FFFFFFFF。用鼠标移动滚动条，即可翻看编辑窗口内的这些字信号。

字信号的写入（或改写）方法有两种：

1）用鼠标单击某条字信号，在编辑窗口内直接输入字信号。

2）在二进制字信号输入区输入相应的二进制数。

（2）Controls 区：选择字信号发生器的输出方式。该区中有四个选项：

1）“Cylce”（循环）表示字信号在设置的初始地址到最终地址之间周而复始地以设定的频率输出。

2）“Burst”（单循环）表示字信号只进行一个循环，即从设置的初始地址开始输出，到最终地址自动停止输出。

3）“Step”（单步）表示鼠标每点击一次，输出一条字信号。

4）“Set”（设置）用于字信号发生器的其他设置。单击“Set”按钮，弹出字信号发生器的预置模式对话框，如图 4-26 所示。其中，Pre_set Patterns 选项栏下 8 个选项的功能分别是：

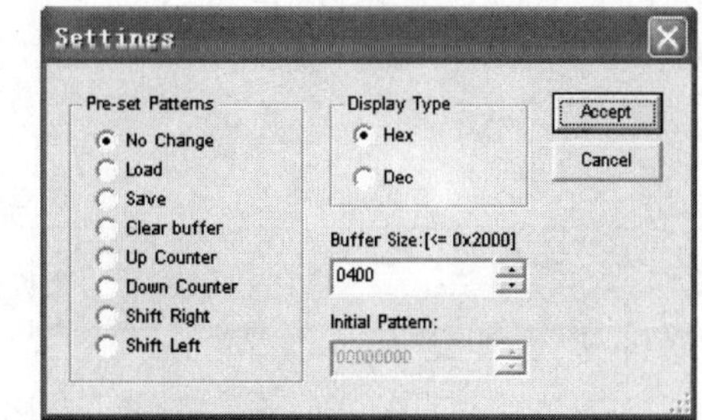

图 4-26 字信号发生器的预置模式对话框

“No Change”表示不改变当前的字信号。

“Load”表示调用已保存的字信号文件。

“Save”表示将字信号文件存盘，字信号文件的后缀为“.DP”。

“Clear buffer”表示清除字信号编辑窗口中设置（存放）的全部内容。

“Up Counter”表示预置字信号输出模式为加法计数器模式。

“Down Counter”表示预置字信号输出模式为减法计数器模式。

“Shift Right”表示预置字信号输出模式为右移移位模式。

“Shift Left”表示预置字信号输出模式为左移移位模式。

（3）Display 区：用于设置字信号的显示方式。包括十六进制（Hex）、十进制（Dec）、二进制（Binary）和 ASCII 码。

（4）Trigger 区：用于设置触发信号的触发方式。包括“Internal”（内部触发）和“External”（外部触发）两种方式。

当选择“Internal”方式时，字信号的输出直接受输出方式按钮“Cylce”、“Burst”和“Step”的控制。

当选择“External”方式时，必须接入外部触发脉冲信号，而且要设置是“上升沿触发”还是“下降沿触发”，然后再单击输出方式按钮。只有当外部触发脉冲信号到来时才启动信号输出。

字信号发生器图标右下方的 T 端子用于输出与字信号同步的时钟脉冲。

（5）Frequency 区：用于设置输出字信号的时钟频率。这个频率应与整个电路及检测输出结果的仪表相匹配。字信号发生器的频率设置范围很宽，单位为 Hz、kHz 或 MHz，根据需要而定。

4.12　逻辑转换仪（Logic Converter）

逻辑转换仪是 Multisim 为用户提供的一种虚拟仪器(实际当中不存在这种仪器)。它可以实现逻辑电路、真值表和逻辑表达式三者之间的相互转换。逻辑转换仪的图标如图 4-27 所示，图标上有 9 个接线端子，左边 8 个为信号输入端，最后 1 个为信号输出端。

1. 逻辑转换仪的面板

双击逻辑转换仪的图标，屏幕上出现的逻辑转换仪的面板，如图 4-28 所示。面板分三部分：左侧是真值表显示窗口，右侧是功能转换选择栏，最下面条状部分是逻辑表达式显

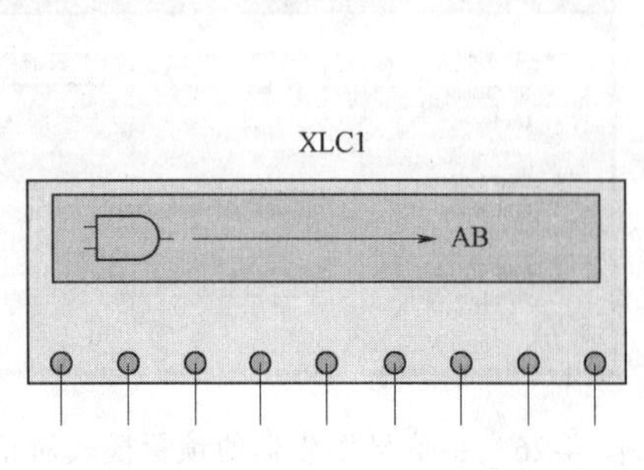

图 4-27　逻辑转换仪的图标

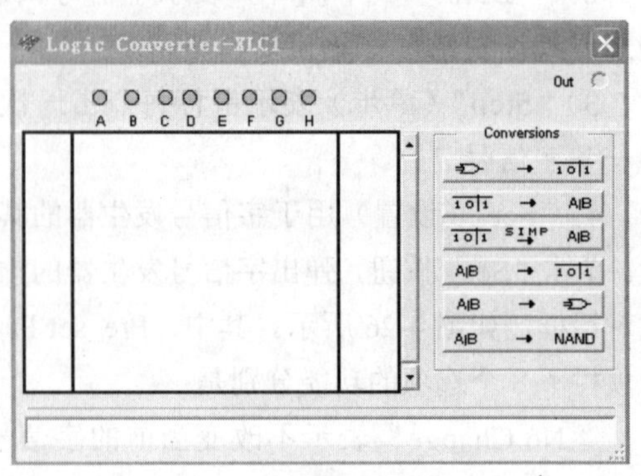

图 4-28　逻辑转换仪的面板

示窗口。

2. 逻辑转换仪面板参数的设置

如图 4-28 所示，逻辑转换仪提供了 6 种逻辑功能的转换选择，它们是：

[电路 → 10|1] 按钮：逻辑电路转换为真值表。

[10|1 → A|B] 按钮：真值表转换为逻辑表达式。

[10|1 SIMP→ A|B] 按钮：真值表转换为最简逻辑表达式。

[A|B → 10|1] 按钮：逻辑表达式转换为真值表。

[A|B → 电路] 按钮：逻辑表达式转换为逻辑电路。

[A|B → NAND] 按钮：逻辑表达式转换为与非门逻辑电路。

3. 逻辑转换仪的使用

（1）逻辑电路转换为真值表的步骤：

1）将电路的输入端与逻辑转换仪的输入端相连接。

2）将电路的输出端与逻辑转换仪的输出端相连接。

3）按下 [电路 → 10|1] 按钮，显示窗口即出现该电路的真值表。

（2）真值表转换为逻辑表达式的步骤：

1）根据输入变量的个数用鼠标单击逻辑转换仪面板顶部代表输入端的小圆圈 A～H，选定输入变量。此时，在真值表显示窗口会自动出现输入变量的所有组合，不过右面输出列的初始值全部为“？”。

2）根据所需要的逻辑关系修改真值表的输出值为 0、1 或 X（单击一次？变为 0，单击两次？变为 1，单击三次？变为 X）。

3）按下 [10|1 → A|B] 按钮，相应的逻辑表达式会出现在逻辑表达式显示窗口。

4）如果要继续简化逻辑表达式或直接由真值表得到最简逻辑表达式，只要按下 [10|1 SIMP→ A|B] 按钮即可。

（3）逻辑表达式转换为逻辑电路的步骤：

1）在面板底部的逻辑表达式显示窗口内写入逻辑表达式（“与—或”式或“或—与”式都可以）。

2）按下 [A|B → 10|1] 按钮，得到相应的真值表。

3）按下 [A|B → 电路] 按钮，得到相应的逻辑电路。

4）按下 [A|B → NAND] 按钮，得到相应的由与非门构成的逻辑电路。

4.13 逻辑分析仪（Logic Analyzer）

逻辑分析仪的作用类似于示波器，它可以同时记录和显示 16 路逻辑信号，并对其进行时域分析，是一般示波器不能比拟的。逻辑分析仪的图标如图 4-29 所示，其接线端子有：外接时钟输入端子 C、时钟控制输入端子 Q、触发控制输入端子 T 和 16 路信号输入端子。

1. 逻辑分析仪的面板

双击逻辑分析仪的图标，窗口出现如图 4-30 所示的逻辑分析仪的面板。面板分上下两部分：上半部分是被测信号的显示窗口，左侧 16 个小圆圈代表 16 个输入端，小圆圈内以 0 或 1 符号实时显示各路输入逻辑信号的当前值。下半部分是逻辑分析仪的控制面板，控制面板包括“Stop”(停止)按钮、“Reset”（复位）按钮、“Reverse”（反色）按钮、“Clock”（时钟）设置区和“Trigger”（触发）设置区，另外还有两个小窗口，分别显示左侧游标（T1）处和右侧游标（T2）处的时间读数和逻辑读数，以及两游标之间的时间差（T2～T1）。

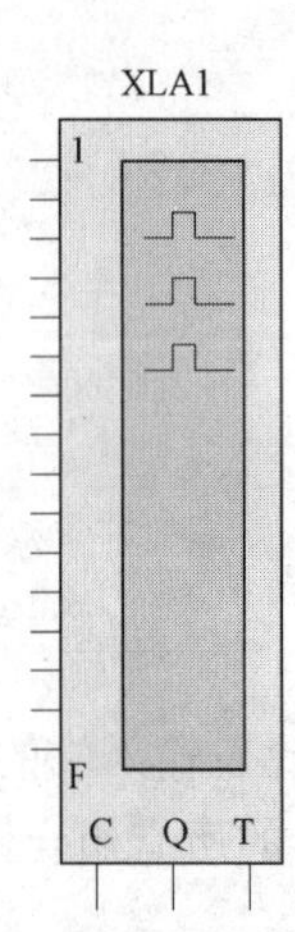

图 4-29 逻辑分析仪的图标

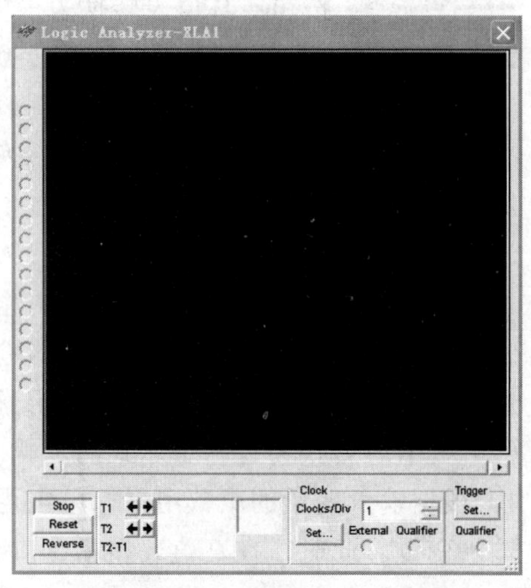

图 4-30 逻辑分析仪的面板

2. 逻辑分析仪面板参数的设置

（1）“Stop”按钮：在逻辑分析仪被触发前，单击“Stop”按钮可显示触发前波形，触发后“Stop”按钮不起作用。

（2）“Reset”按钮：任何时候单击“Reset”按钮，显示窗口的波形都会被清除，重新开始仿真。

（3）“Reverse”按钮：单击“Reverse”按钮，波形显示屏反色。

（4）“Clock”（时钟）设置区。“Clocks/Div”（每格时钟数）列表框用于选择一个水平刻度显示脉冲的个数。

单击时钟设置区内的“Set”按钮，屏幕上出现“Clock Setup”（时钟设置）对话框，如图 4-31 所示。

“Clock Source”（时钟源）可以选择外部（Extcrnal）时钟也可以选择内部（Internal）时钟。当选择外部时钟时，“Clock Qualifier”（时钟确认）可以设置为 1、0 或 X。设置为 1，表示时钟控制输入为 1 时开放时钟，逻辑分析仪可以进行波形采集；设置为 0，表示时钟控制输入为 0 时开放时钟；设置为 X，表示时钟控制输入总是开放，不受时钟控制输入的限制。

“Clock Rate”（时钟频率）可以在 1Hz~999MHz 范围内设置时钟脉冲的频率。

“Sampling Setting”（采样方式）可以设置为“Pre-trigger Samples”（触发前采样点数）、“Post-trigger Samples”（触发后采样点数）和“Threshold Voltage”（开启

电压值）。

（5）“Trigger”（触发）设置区。单击触发设置区内的“Set”按钮，屏幕上出现“Trigger Settings”（触发方式）对话框，如图 4-32 所示。

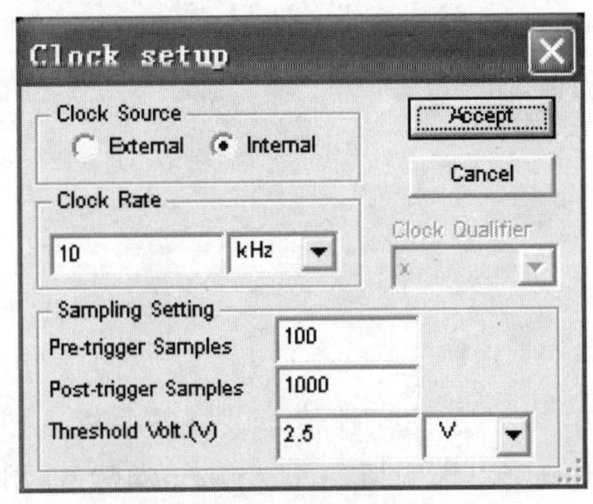

图 4-31　时钟设置对话框

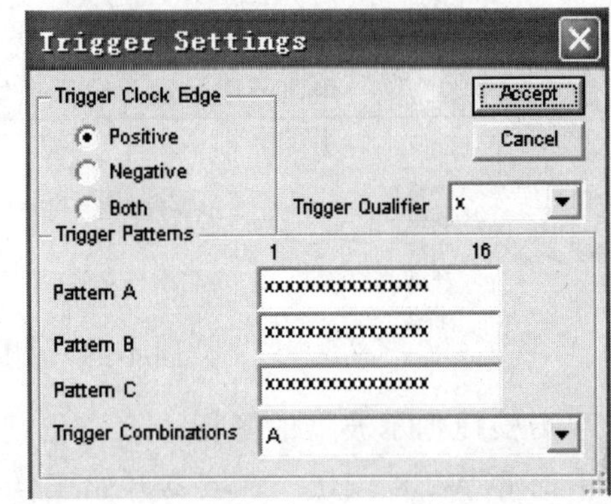

图 4-32　触发方式设置对话框

“Trigger Clock Edge”栏用于设置触发方式。“Positive”上升沿触发，“Negative”下降沿触发，“Both”上升沿或下降沿均可。

“Trigger Patterns”栏用于设置触发模式。栏内有 A、B、C 三个触发字，可以设置这些触发字以及它们的触发组合“Trigger Combinations”。若输入逻辑信号满足三个触发字和触发字的触发组合，逻辑分析仪就触发，否则就不触发。若三个触发字均为任意（××××××××××××××××）时，则只要收到输入逻辑信号立即触发。

“Trigger Qualifier”（触发确认）栏用于触发确认。下拉列表中 X 表示触发控制不起作用，触发由触发字决定；1 或 0 表示只有从图标上的触发控制输入端子输入 1 或 0 信号时，触发才起作用；否则，即使 A、B、C 三个触发字的组合条件满足也不能引起触发。

3. 逻辑分析仪的使用

图标左侧 16 个输入信号端子使用时应连接到电路的测量点。外接时钟输入端子 C 必须接外部时钟，否则逻辑分析仪不能工作。时钟控制输入端子 Q 的功能是控制外部时钟的，当需要对外部时钟进行控制时，该端子必须外接控制信号。触发控制输入端子 T 的功能是控制触发字，要想控制触发字，应在该端子上接控制信号。

4.14　安捷伦示波器（Agilent Oscilloscope）

Multisim10.0 中的安捷伦示波器是根据实际的 Agilent54622D 型示波器设计的，它具有 2 路模拟输入通道和 16 路数字输入通道，带宽为 100MHz。安捷伦示波器除了可以用来观察信号波形、测量信号幅度、频率、周期等参数外，还可以对波形进行傅里叶变换（FFT）、相乘、相减、微分和积分。安捷伦示波器的图标，如图 4-33 所示。

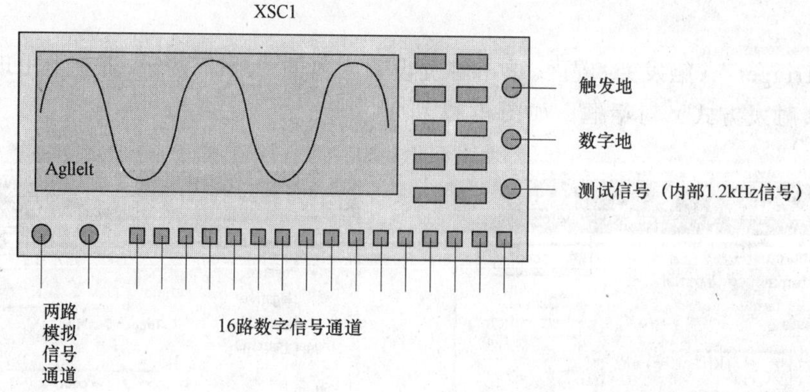

图 4-33　安捷伦示波器的图标

双击安捷伦示波器的图标，窗口出现如图 4-34 所示的安捷伦示波器的面板。按下面板上的 POWER 按钮，示波器开始工作。详细的使用说明请参阅 Agilent54622D 用户手册。

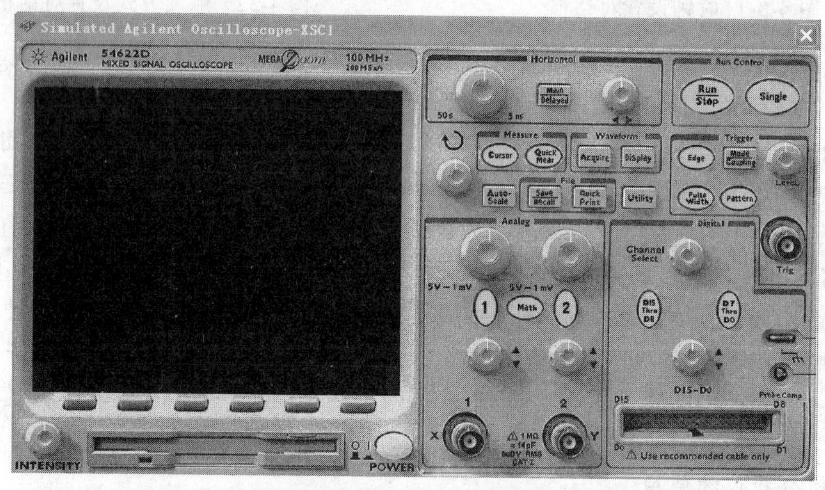

图 4-34　安捷伦示波器的面板

4.15　安捷伦万用表（Agilent Multimeter）

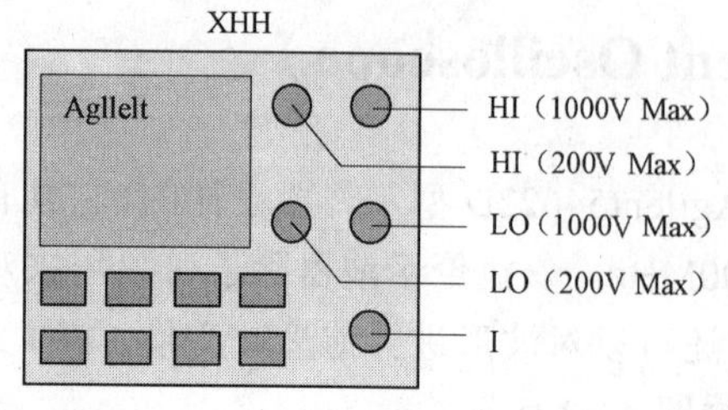

图 4-35　安捷伦万用表的图标

Multisim10.0 中的安捷伦万用表是根据实际的 Agilent34401A 型万用表设计的，是一种高性能的万用表。它不仅可以测量电压、电流、电阻、信号的周期和频率，还可以进行数字运算。安捷伦万用表的图标如图 4-35 所示。图标上有 5 个测量端子，其中，HI 为高电压测量端、LO 为公共端、I 为电流测量端；HI(1000V Max)

和 LO(1000V Max)为最大可测量 1000V 电压的测量端子，HI(200V Max)和 LO(200V Max)为最大可测量 200V 电压的测量端子。

双击安捷伦万用表的图标，弹出安捷伦万用表的面板，如图 4-36 所示。按下面板上的 POWER 按钮，万用表开始工作。详细的使用说明请参阅 Agilent34401A 用户手册。

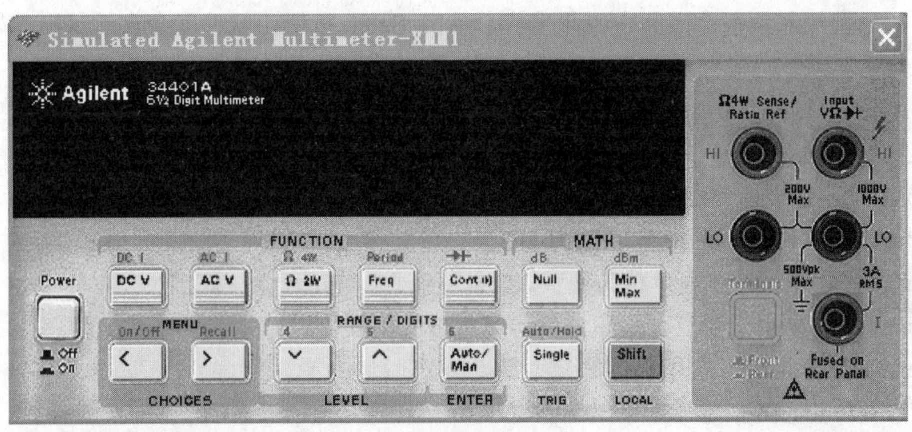

图 4-36　安捷伦万用表的面板

4.16　频谱分析仪（Spectrum Analyzer）

频谱分析仪用于分析信号的频域特性。其图标如图 4-37 所示。频谱分析仪有两个端子，IN 为信号输入端，T 为外触发信号端。

双击频谱分析仪的图标，弹出频谱分析仪的面板，如图 4-38 所示。面板由以下 6 部分组成。

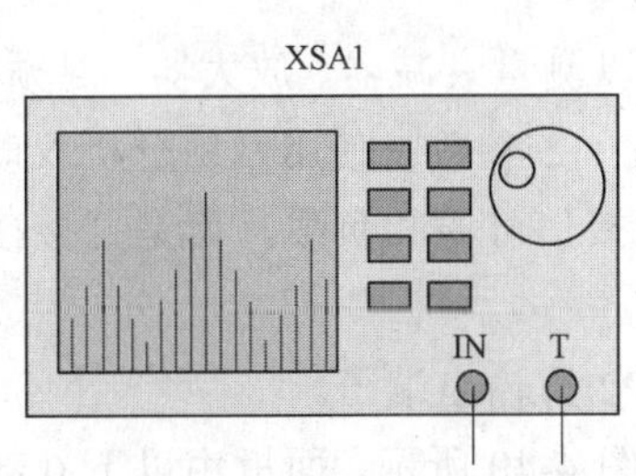

图 4-37　频谱分析仪的图标

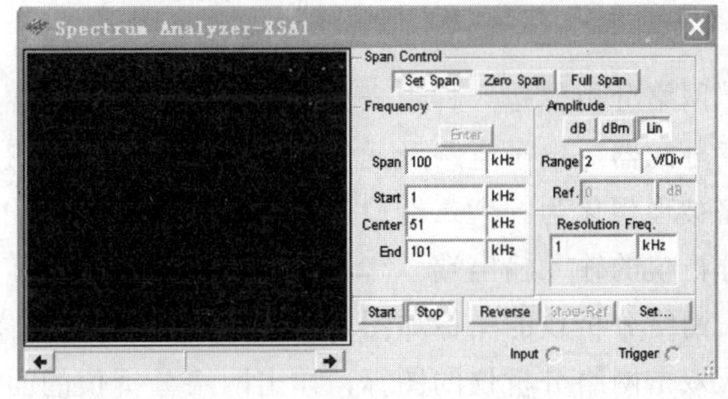

图 4-38　频谱分析仪的面板

1. 频谱显示窗口

显示窗口的横坐标为频率值、纵坐标为相应频率信号的幅值。

2. Span Control 选项区

在该区设置频率的范围。有 3 个功能按钮：

Set Span 按钮，频率范围在 Frequency 选项区设定。

Zero Span 按钮，由 Frequency 选项区的 Center 栏设定中心频率。

Full Span 按钮，频率范围自动设定为 0～4GHz。

3. Frequency 选项区

该区有 4 个文本框，其中：Span 设置频率范围，Start 设置起始频率，Center 设置中心频率，End 设置终止频率。设置完毕后，单击 Enter 按钮确认。需说明，当选择 Set Span 方式时，只要输入频率范围和中心频率值，单击 Enter 按钮，软件就会自动算出起始频率和终止频率。

4. Amplitude 选项区

设置坐标刻度单位。

dB 按钮，纵坐标刻度单位为 dB。

dBm 按钮，纵坐标刻度单位为 dBm。

Lin 按钮，纵坐标刻度单位为线性。

Range 文本框用于设置显示窗口纵坐标每格的刻度值。

Ref. 文本框用于设置纵坐标的参考线。

5. Resolution Freq 选项区

用于设置频率分辨率。数值越小，分辨率越高，但计算时间越长。

6. 控制选项区

Start 按钮，启动分析。

Stop 按钮，停止分析。

Reverse 按钮，显示窗口背景反色。

Show_Refer./Hide_Refer.按钮，是否显示参考线。

Set 按钮，设置触发源、触发模式、门限电压及 FFT 采样点。

4.17　网络分析仪（Network Analyzer）

网络分析仪是一种用来分析二端口网络的仪器，它可以测量衰减器、放大器、混频器、功率分配器等电子电路及元件的特性，如电路的 S、H、Y、Z 参数。使用网络分析仪时，电路被理想化为一个二端口网络，电路的输入输出端不能接信号源和负载，而是直接接网络分析仪的输入输出端。

网络分析仪的图标如图 4-39 所示。P1 为输入端子，P2 为输出端子。

双击网络分析仪的图标，弹出网络分析仪的面板，如图 4-40 所示。面板由以下 6 部分组成。

1. 显示窗口

用于显示电路信息和网络图。

2. Mode 选项区

设置分析模式。Measurement 为测量模式，RF Characterizer 射频特性分析模式，Match Net.Designer 为电路设计模式。

3. Graph 选项区

设置分析参数。

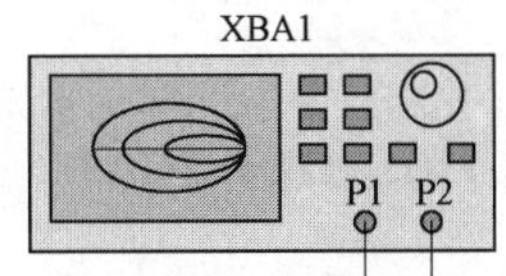

图 4-39　网络分析仪的图标

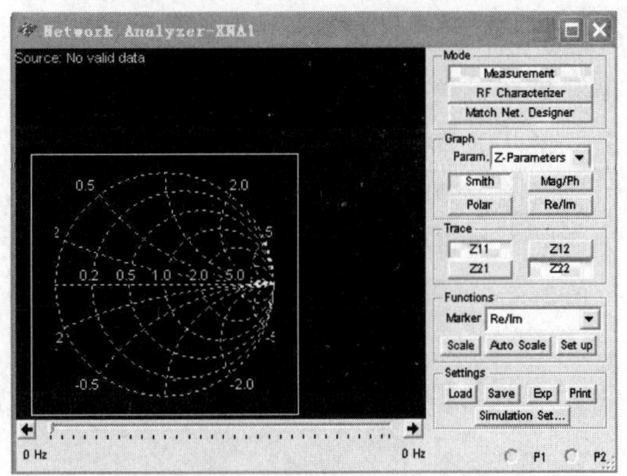

图 4-40　网络分析仪的面板

Param.下拉列表框中包括 S 参数、H 参数、Y 参数、Z 参数和稳定因子。

数据显示模式下有 4 个按钮：Smith 按钮为史密斯模式，Mag/Ph 按钮为增益/相位频率响应图即波特图，Polar 按钮为极坐标图，Re/Im 按钮为实部/虚部频率响应图。

4. Trace 选项区

设置显示参数。只需单击相应的参数（Z11、Z12、Z21、Z22）按钮即可。

5. Functions 选项区

设置其他功能。

Marker 下拉列表框有 3 个选项：Re/Im 选直角坐标显示，Mag/Ph（Deg）选极坐标显示和 dB 选分贝坐标显示。

Scale 按钮，手动设置坐标刻度。

Auto Scale 按钮，软件自动调整坐标刻度。

Set up 按钮，单击该按钮，弹出如图 4-41 所示的图形显示设置对话框，其中，Trace 选项

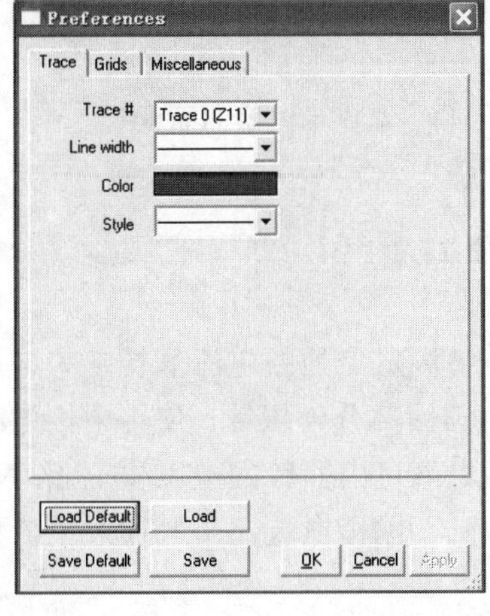

图 4-41　图形显示设置对话框

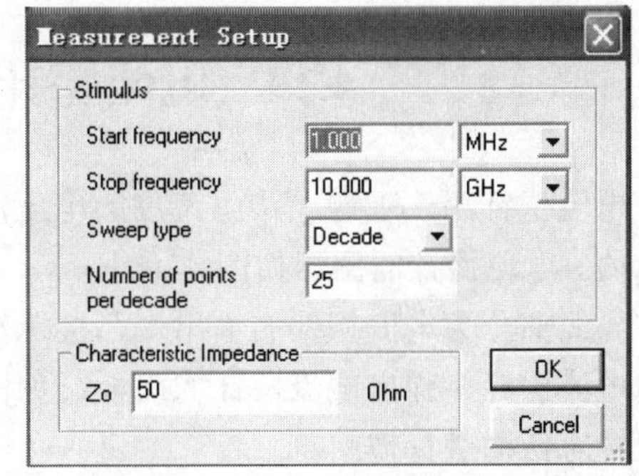

图 4-42　仿真设置对话框

卡用于设置曲线的颜色、线条等；Grids 选项卡用于设置网格和文本的颜色、格式等；Miscellaneous 选项卡用于设置线宽、背景颜色等。

6. Settings 选项区

提供数据管理功能。单击 Load 按钮读取 S 参数格式文件；单击 Save 按钮将当前数据以 S 参数格式文件形式保存；单击 Export 按钮将当前数据输出到文本文件；单击 Print 按钮打印当前图形数据；单击 Simulation Set 按钮，弹出如图 4-42 所示的仿真设置对话框，在此对话框中可以设置仿真的起始频率、终止频率、扫描方式、每十倍频程采样点数和特性阻抗值。

4.18　泰克示波器（Tektronix Oscilloscope）

Multisim10.0 中的泰克示波器是根据实际的 TDS2024 型四通道、200MHz、2GS/s 采样率的示波器设计的，是一种高性能示波器。泰克示波器除了可以用来观察信号波形、测量信号幅度、频率、周期等参数外，还可以对波形进行傅里叶变换（FFT）和加减运算。

泰克示波器的图标如图 4-43 所示。其中，1～4 为四路模拟信号输入端，P 为测试信号（内部 1kHz）端，G 为接地端，T 为触发端。

双击泰克示波器的图标，弹出泰克示波器的面板，如图 4-44 所示。按下面板上的 POWER 按钮，示波器开始工作。详细的使用说明请参阅 TDS2024 型示波器用户手册。

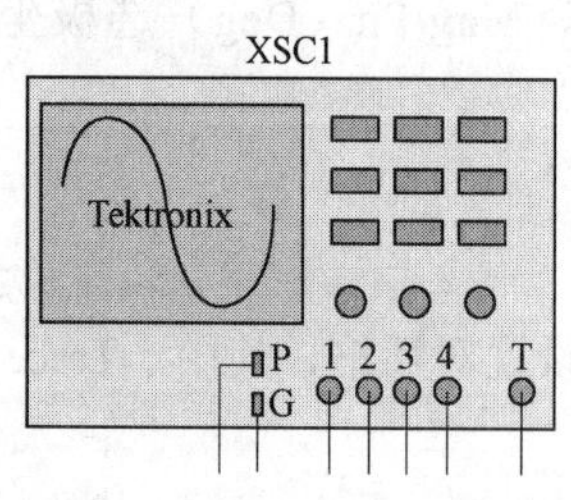

图 4-43　泰克示波器的图标

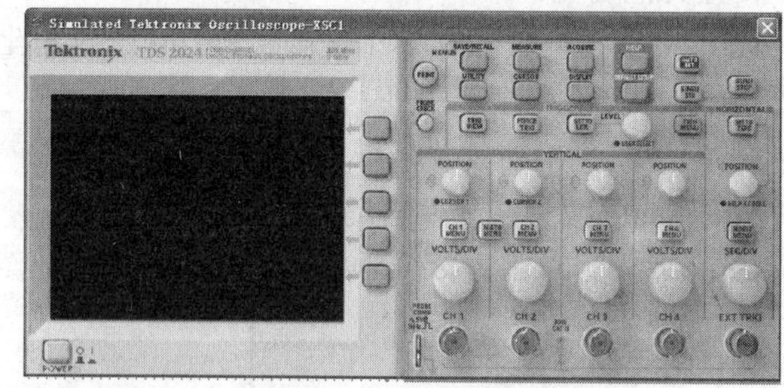

图 4-44　泰克示波器的面板

4.19　电流探针（Current Probe）

电流探针用于观测电路中某点的电压波形，它是将测量点处的电流值转换为电压值而显示的。电流探针的图标如图 4-45 所示。图标中红色圆圈部分为探针，使用中接电路被测点；导线部分为电流探针的输出端，接示波器。实际电流可由探针的电压/电流比率求出。双击电流探针，弹出电流探针的面板，如图 4-46 所示。电压/电流比率可通过电流探针属性设置对话框进行调整。

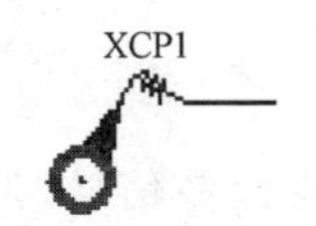

图 4-45 电流探针的图标

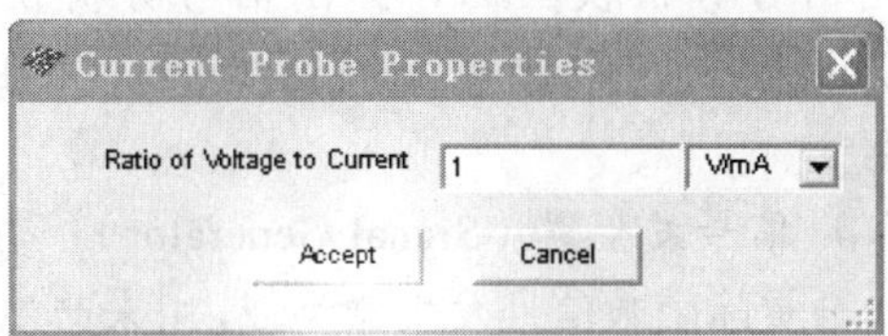

图 4-46 电流探针的面板

4.20 LabVIEW 虚拟仪器（LabVIEW Instrument）

选择仪器仪表库中的 LabVIEW 虚拟仪器，单击图标下的箭头，下拉菜单中有 4 种虚拟仪器，分别是：麦克风、扬声器、信号分析仪和信号发生器。

1. 麦克风（Microphone）

麦克风是一种信号输出设备，其图标如图 4-47 所示。双击麦克风图标，弹出麦克风的面板，如图 4-48 所示。通过面板可以设置录音硬件、录音时间、采样率和是否重放等。

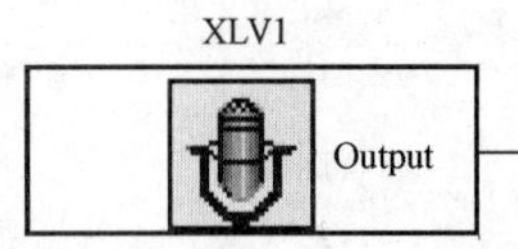

图 4-47 麦克风的图标

2. 扬声器（Speaker）

扬声器是一种信号输入设备，其图标如图 4-49 所示。双击扬声器图标，弹出扬声器的面板，如图 4-50 所示。通过面板可以设置放音硬件、放音时间、采样率等。

注意：如果扬声器与麦克风相连，可将它们的采样率设为一致，否则，扬声器的频率应至少设为输入信号频率的 2 倍。

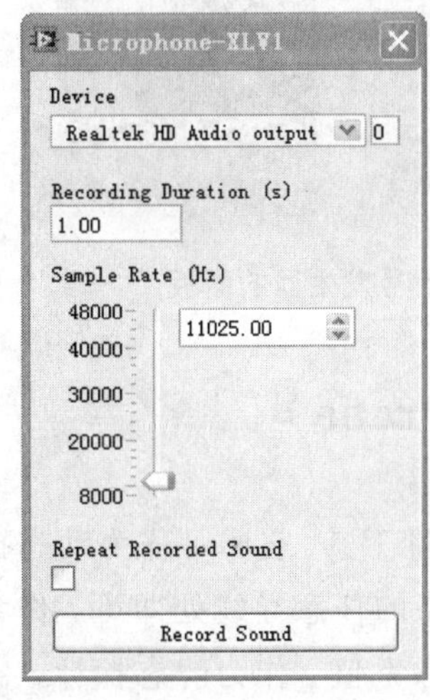

图 4-48 麦克风的面板

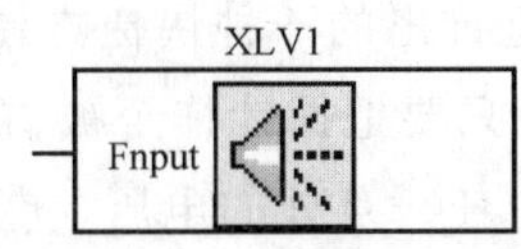

图 4-49 扬声器的图标

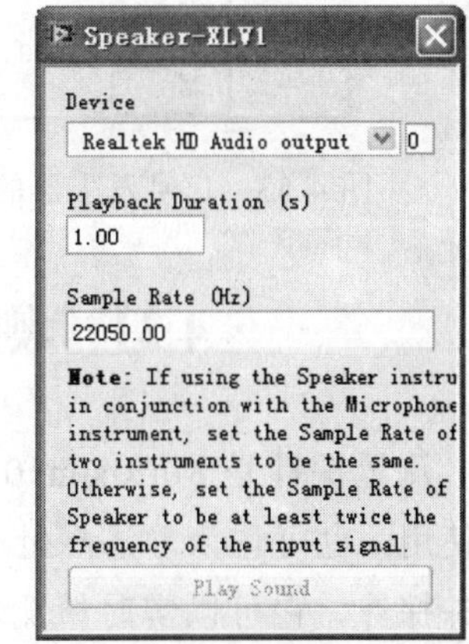

图 4-50 扬声器的面板

3. 信号分析仪（Signal Analyzer）

信号分析仪用于观测时域信号、信号功率谱和平均值。其图标如图 4-51 所示。

双击信号分析仪图标，弹出信号分析仪的面板，如图 4-52 所示。通过面板可以设置分析模式、采样率、插值方法，并在面板下方的显示窗口观测经处理后的时域信号。

4. 信号发生器（Signal Generator）

与实际函数信号发生器类似，用来产生正弦波、矩形波和锯齿波信号，其图标如图 4-53 所示。双击信号发生器图标，打开如图 4-54 所示的信号发生器面板，在面板上可以设置输出信号的类型、频率、占空比、幅值、相位、电压偏移量、采样率、采样点数等，并通过面板右方的显示窗口观看输出波形。

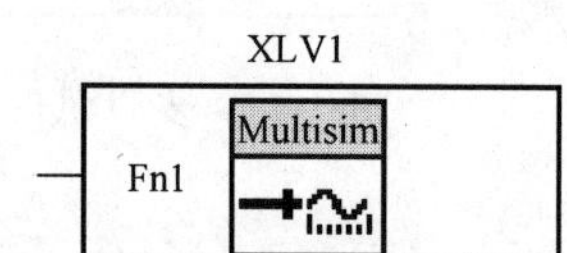

图 4-51　信号分析仪的图标

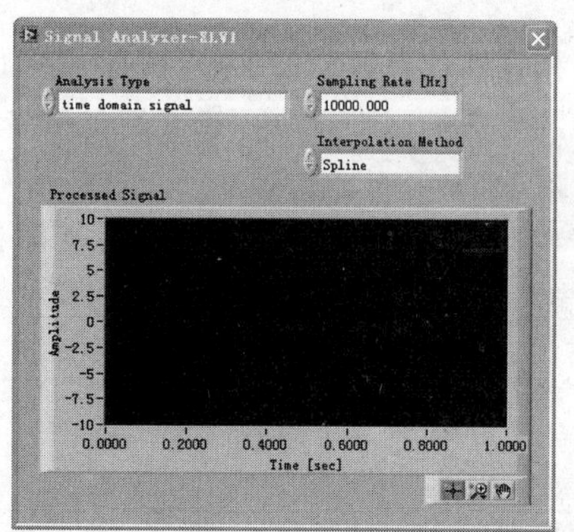

图 4-52　信号分析仪的面板

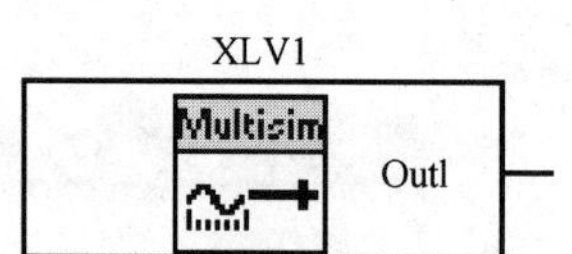

图 4-53　信号发生器的图标

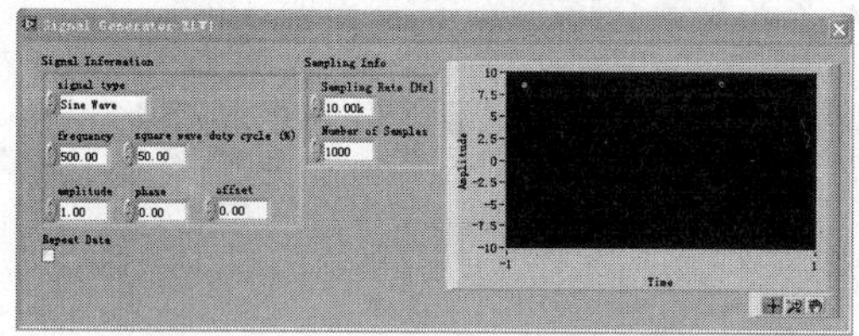

图 4-54　信号发生器的面板

4.21　测量探针（Measurement Probe）

测量探针是 Multisim10.0 新近推出的一种快捷方便的测量工具。它即可作为动态探针使用，也可作为静态探针使用，只要把探针拖至被仿真电路的任意导线处即可。作为动态探针，它可以实时检测电路中任一点处的电压、电流和频率值。作为静态探针，它可以将该点的电压电流值作为分析变量。在仿真过程中，可以将多个探针连接到电路的不同节点。

每个探针处将显示该节点的全部测量参数（瞬态电压值、电压峰—峰值、电压有效值、电压直流分量、瞬态电流值、电流峰—峰值、电流有效值、电流直流分量和频率值）。当不需要显示全部参数时，可单击测量探针图标 上的箭头，弹出下拉菜单如图 4-55 所示，其命令功能自上而下分别是：

显示动态探针已设置的参数。双击电路中的动态探针，弹出探针属性对话框如图 4-56 所示，在 Show 栏下选择要显示项。

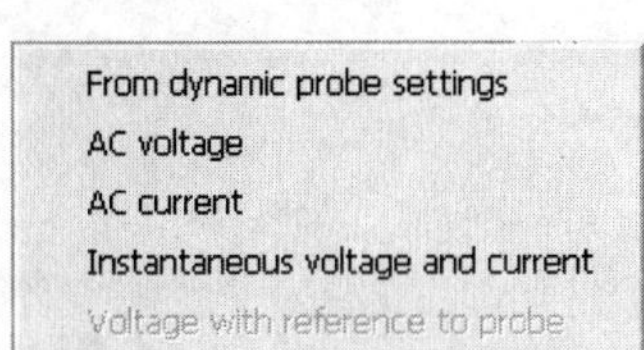

图 4-55　探针下拉菜单

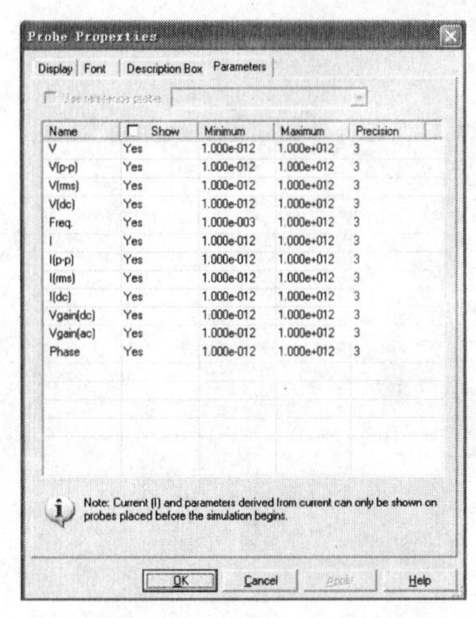

图 4-56　探针属性对话框

显示交流电压参数。

显示交流电流参数。

显示直流/交流电压的增益和相位差。

本 章 小 结

本章较详细地介绍了 Multisim10.0 仪器仪表库中各种仪器的功能和使用方法，通过对这些仪器仪表的正确使用，可以快捷、准确、方便地观测到所需要的电路的各种参数。希望读者能够熟练地使用。

练 习 与 思 考

4-1　用数字万用表测量电路参数时，对电路有无影响？试设置内部参数验证。

4-2　试用函数信号发生器产生一个 $u = 220\sqrt{2}\sin(314t + 60°)$ V 的电压信号。

4-3　试搭建一个简单的交流电路，并测量电源的输出电压、输出电流、输出功率和功率因数。

4-4　已知逻辑表达式 $F = A\bar{B} + B\bar{C} + \bar{A}C$，试用逻辑转换仪求其真值表和逻辑电路。

4-5　熟悉双踪示波器控制面板上各功能键的使用。

4-6　当需要测量晶体管 2N1132A 的伏安特性曲线时，应采用什么仪器？如何测量？

4-7　如何设置网络分析仪的背景颜色？

第 5 章　Multisim10.0 的分析方法

Multisim10.0 以 SPICE（Simulation Program With Integrated Circuit Emphasis）程序为基础，提供了非常强大的分析功能，不但可以对模拟电路、数字电路、混合电路进行仿真和分析，还可以分析高频电路、RF 电路、电力电子电路和部分微机接口电路。

Multisim10.0 仿真电路的过程可分为 4 个步骤：

（1）电路图输入：输入电路图、编辑元器件属性、选择电路分析方法。

（2）参数设置：程序自动检查输入内容，并对参数进行设置。

（3）电路分析：分析运算输入数据，形成电路的数值解。

（4）数据输出：运算结果以数据、波形、曲线等形式输出。

启动 Multisim10.0 菜单 Simulate/ Analyses 命令，弹出分析方法下拉菜单，如图 5-1 所示。菜单中包括 18 种分析方法，其中基本分析方法：

（1）直流工作点分析（DC Operating Point ...）。

（2）交流分析（AC Analysis ...）。

（3）暂态分析（Transient Analysis ...）。

（4）傅里叶分析（Fourier Analysis）。

（5）噪声分析（Noise Analysis）。

（6）失真分析（Noise Distortion Analysis）。

扫描分析方法：

（7）直流扫描分析（DC Sweep Analysis）。

（8）参数扫描分析（Parameter Sweep Analysis）。

（9）温度扫描分析（Temperature Sweep Analysis）。

高级分析方法：

（10）噪声系数分析（Noise Figure Analysis）。

（11）灵敏度分析（Sensitivity Analysis）。

（12）零极点分析（Pole Zero Analysis）。

（13）传递函数分析（Transfer Function Analysis）。

（14）布线宽度分析（Trace Width Analysis）。

（15）批处理分析（Batched Analysis）。

（16）用户自定义分析（User Defined Analysis）。

统计分析方法：

（17）最坏情况分析（Worst Case Analysis）。

（18）蒙特卡罗分析（Monte Carlo Analysis）。

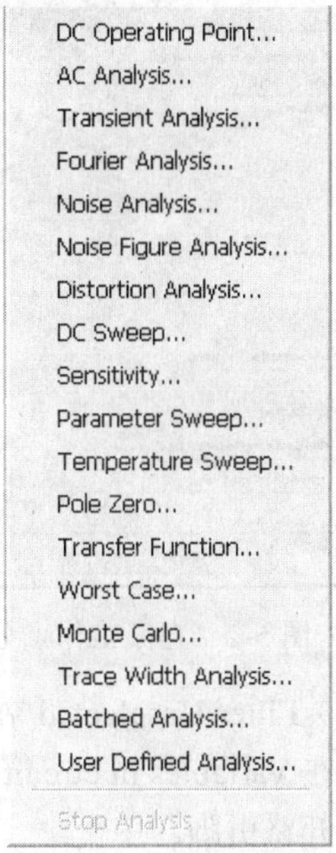

DC Operating Point...
AC Analysis...
Transient Analysis...
Fourier Analysis...
Noise Analysis...
Noise Figure Analysis...
Distortion Analysis...
DC Sweep...
Sensitivity...
Parameter Sweep...
Temperature Sweep...
Pole Zero...
Transfer Function...
Worst Case...
Monte Carlo...
Trace Width Analysis...
Batched Analysis...
User Defined Analysis...
Stop Analysis

图 5-1　分析方法菜单

下面举例说明 6 种基本分析方法。

5.1　直流工作点分析（DC Operating Point Analysis）

直流工作点分析又称为静态工作点分析，目的是求解在直流电压源或直流电流源作用下电路中的电压和电流。例如，在分析晶体管放大电路时，首先要确定电路的静态工作点，以便使放大电路能够正常工作。直流工作点分析是其他分析方法的基础。在进行直流工作点分析时，电路中的交流信号源自动被置零，即交流电压源短路、交流电流源开路；电感短路、电容开路；数字器件被高阻接地。

5.1.1　仿真设置

单击菜单栏 Simulate/ Analyses/ DC Operating Point 命令，弹出直流工作点分析对话框，如图 5-2 所示。对话框包括 3 个选项卡：Output、Analysis Options 和 Summary。下面分别介绍每个选项卡的功能与设置。

1. Output 选项卡

Output 选项卡如图 5-2 所示，主要用于选择要分析的节点。

（1）Variables in circuit：在下拉列表框中选择要分析的变量。下拉列表框中有 6 个变量，分别是静态探针、电压和电流、电压、电流、元件/模型参数和所有变量，默认选项是所有变量。

（2）Selected variables for analysis：显示要分析的变量。

（3）Add 按钮和 Remove 按钮：在 Variables in circuit 文本框选中一个变量，单击 Add 按钮，可把该变量添加到 Selected variables for analysis 文本框内；反向移动变量，则单击 Remove 按钮。

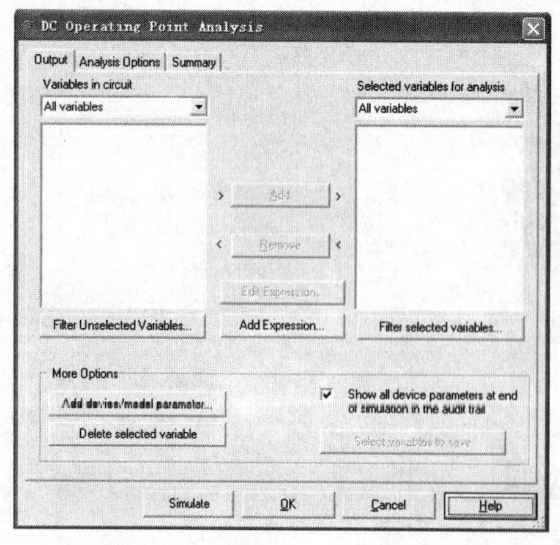

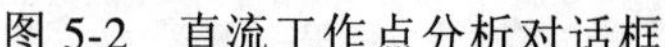
图 5-2　直流工作点分析对话框

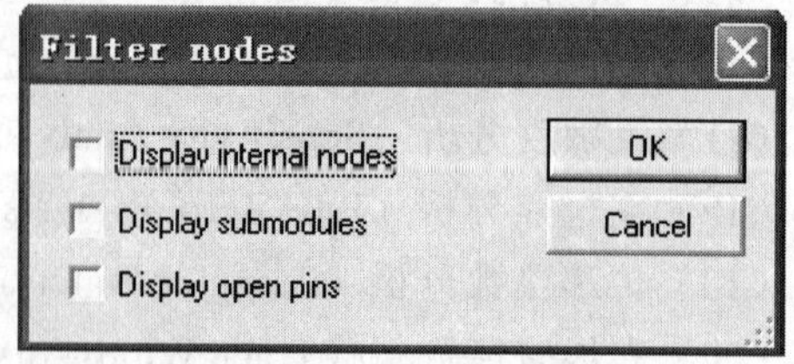

图 5-3　过滤节点复选框

（4）Filter Unselected Variables 按钮：单击该按钮，弹出如图 5-3 所示的过滤节点复选框，可在 Variables in circuit 下拉列表框中添加没有自动被选择的一些节点：内部节点、子模块和开路引脚。

（5）Add Expression 按钮和 Edit Expression 按钮：用于添加或编辑表达式。

（6）More Options 选项：单击 Add device/model parameter 按钮，在变量中添加元件参数或模型参数；单击 Delete selected variables 按钮，在变量中删除某个变量；单击 Filter selected variables 按钮，过滤选择的变量。

以上设置完成后，单击 OK 按钮保存设置；单击 Cancel 按钮取消设置；单击 Simulate 按钮开始仿真。

2. Analysis Options 选项卡

Analysis Options 选项卡如图 5-4 所示，主要用于选择仿真环境参数。

（1）SPICE Options 区：Use Multisim Defaults 为默认设置；Use Custom Settings 为用户自定义设置。

（2）Other Options 区：其他选项。

3. Summary 选项卡

Summary 选项卡如图 5-5 所示，主要用于对以上选择进行确认。确认无误后，单击 Simulate 开始仿真。

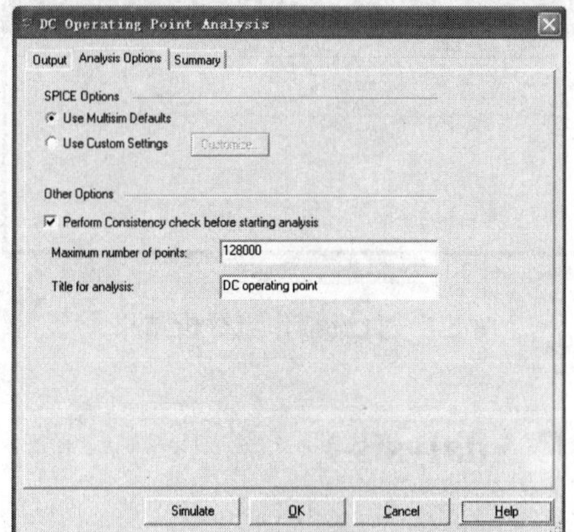

图 5-4　Analysis Options 选项卡

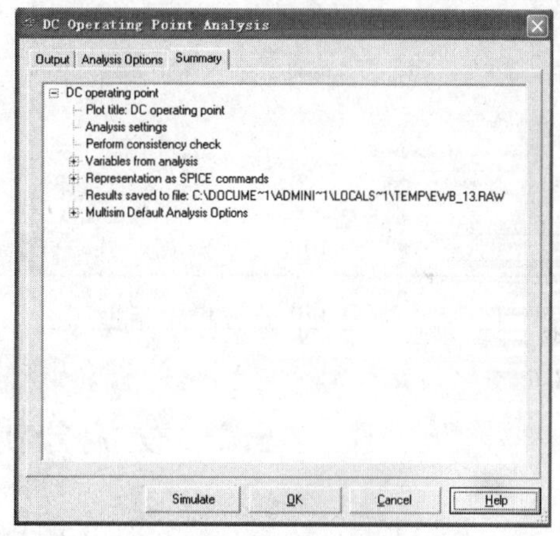

图 5-5　Summary 选项卡

5.1.2　仿真举例

【例 5-1】 试用直流工作点分析方法，求如图 5-6 所示的分压式偏置放大电路的静态工作点。

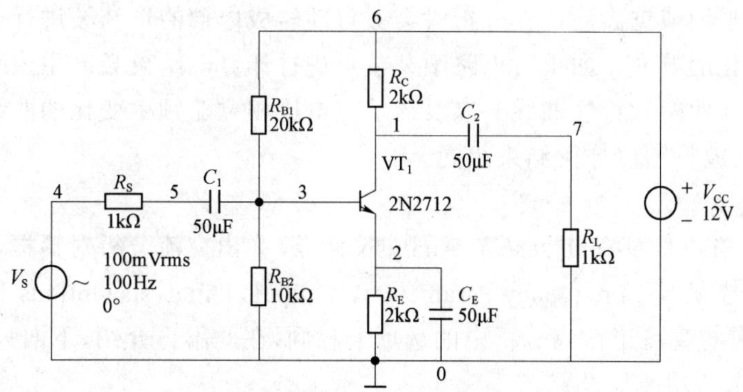

图 5-6　分压式偏置放大电路

解：步骤 1：在电路工作区创建分压式偏置放大电路并设置元件参数。

步骤 2：单击菜单栏 Simulate/ Analyses/ DC Operating Point Analysis 命令，在弹出的直流工作点分析对话框中设置相关参数，如图 5-7 所示。

（1）在 Output 选项卡中用 Add 按钮将 V_1、V_2 两个变量添加到 Selected variables for analysis 文本框。

（2）单击 Add device/model parameter 按钮，在 Parameter 复选框下拉菜单中选择 Ib、Ic 添加。

步骤 3：单击 Simulate 按钮，得到仿真结果，如图 5-8 所示。

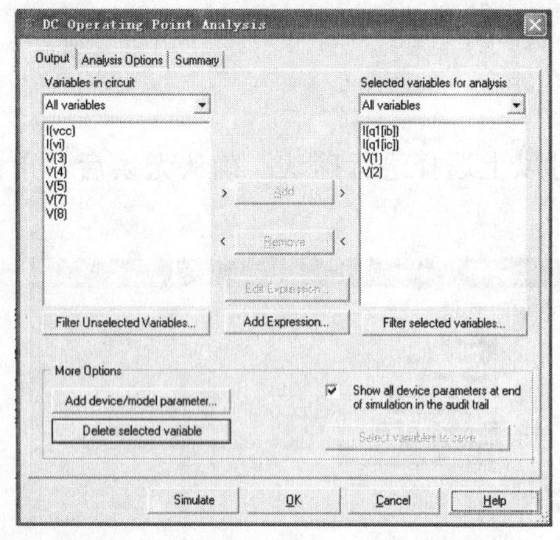

图 5-7 直流工作点分析对话框

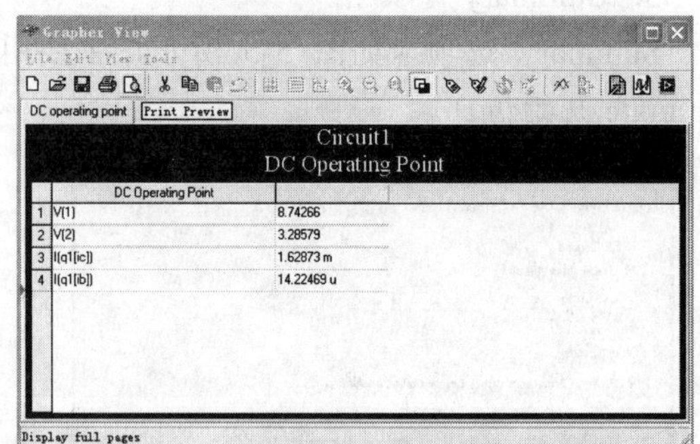

图 5-8 直流工作点分析结果

5.2 交流分析（AC Analysis）

交流分析即频率响应分析，即用于分析电路的幅频特性和相频特性。在交流分析中，电路中所有的非线性元件都用它们的线性小信号模型来处理。所以，Multisim 首先计算静态工作点以得到各非线性元件的线性化小信号模型。其次，根据电路建立一个复变函数矩阵。要建立矩阵，所有直流电源需设为零，交流电源、电感、电容则由它们的交流模型来代替，数字器件被视为高阻接地。在进行交流分析时，电路的输入信号将被忽略。例如，若输入信号为矩形波或锯齿波，在分析时会被自动转成内部的正弦波进行分析。最后，计算电路随频率变化的响应。如果对电路中某节点进行计算，结果会产生该节点电压幅值随频率变化的曲线（即幅频特性曲线）以及该节点电压相位随频率变化的曲线（即相频特性曲线）。其结果与波特图仪分析结果相同。

5.2.1 仿真设置

单击菜单栏 Simulate/Analyses/AC Analysis 命令，弹出交流分析对话框，如图 5-9 所示。对话框包括 4 个选项卡：Frequency Parameters、Output、Analysis Options 和 Summary。后 3 个选项卡的设置与直流工作点分析中的选项卡相同，在此不再介绍，下面只介绍 Frequency Parameters 选项卡的功能与设置。

Start frequency（FSTART）：起始频率。根据需要选择扫描起始频率。默认设置：1Hz。

End frequency（FSTOP）：终止频率。根据需要选择扫描终点频率。默认设置：10GHz。

Sweep type：扫描类型。横坐标刻度形式有：十倍频（Decade）、线性（Linear）和两倍频程（Octave）三种。默认设置：Decade。

Number of points per decade：显示点数。默认设置：10。

Vertical scale：纵坐标刻度。纵坐标刻度有对数（Logarithmic）、线性（Linear）、两倍频程（Octave）和分贝（Decibel）4 种形式。默认设置：Logarithmic。

Reset to default 按钮：使所有设置恢复为默认值。

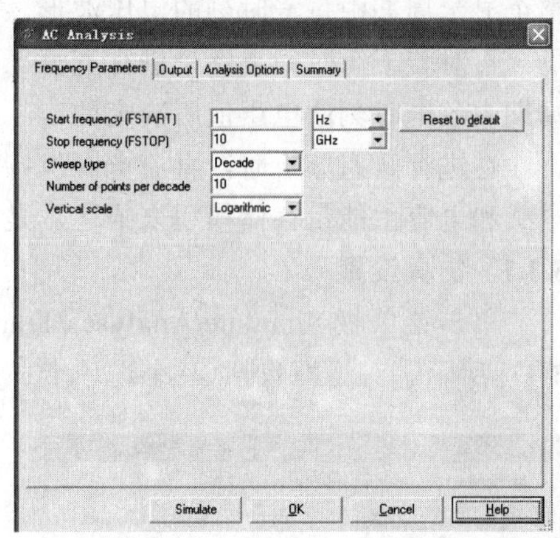

图 5-9 交流分析对话框

5.2.2 仿真举例

【例 5-2】 求图 5-6 所示的分压式偏置放大电路中节点 7 的幅频特性和相频特性。

解：步骤 1：在电路工作区创建电路、设置元件参数。

步骤 2：单击菜单栏 Simulate/ Analyses/ AC Analysis 命令，在弹出的交流分析对话框中设置相关参数。

（1）在 Frequency Parameters 选项卡中设置：

Start frequency（FSTART）：1Hz。

End frequency（FSTOP）：10MHz。

Sweep type、Number of points per decade 和 Vertical scale 均默认。

（2）在 Output 选项卡中添加 V_7 到 Selected variables for analysis 文本框。

步骤 3：单击 Simulate 按钮，得到节点 7 的幅频特性和相频特性，如图 5-10 所示。

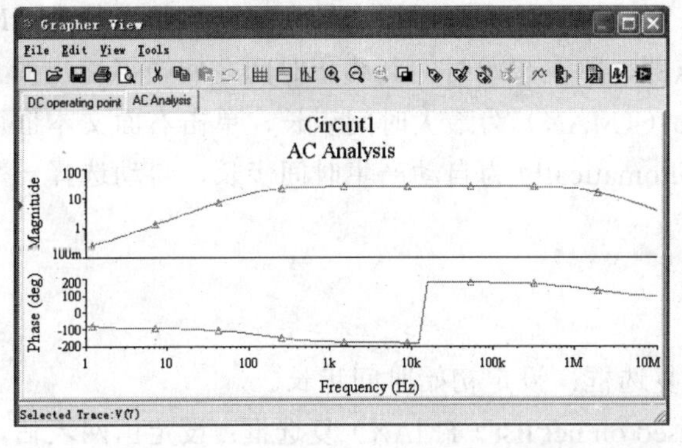

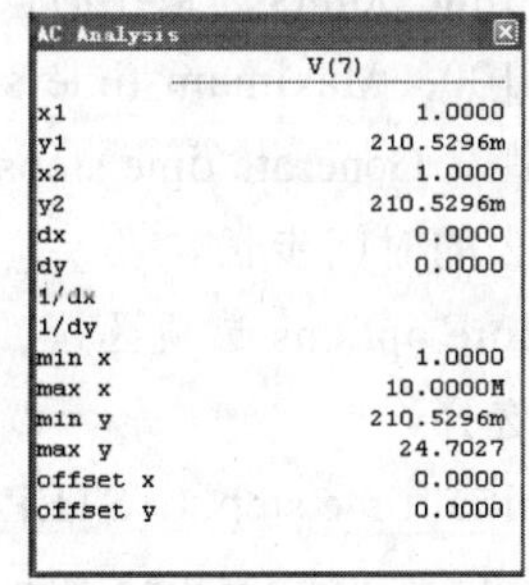

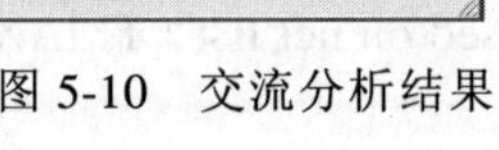
图 5-10 交流分析结果

5.3 暂态分析（Transient Analysis）

暂态分析又称时域暂态分析，用于分析电路指定节点的时域响应，即观察指定节点在整个显示周期中每一时刻的电压波形。Multisim 软件把每一个输入周期分为若干个时间间隔，再对若干个时间点逐个进行直流工作点分析，电路中指定节点的电压波形就是由整个周期中各个时刻的电压值所决定的。

在进行暂态分析时，直流电源保持常数；交流信号源随时间而改变，是时间的函数；电感和电容由能量存储模型来描述，是暂态函数。

5.3.1 仿真设置

单击菜单栏 Simulate/Analyses/Transient Analysis 命令，弹出暂态分析对话框，如图 5-11 所示。对话框包括 4 个选项卡：Analysis Parameters、Output、Analysis Options 和 Summary。后 3 个选项卡的设置与直流工作点分析中的选项卡相同（见 5.1 节），在此不再介绍，下面只介绍 Analysis Parameters 选项卡的功能与设置。

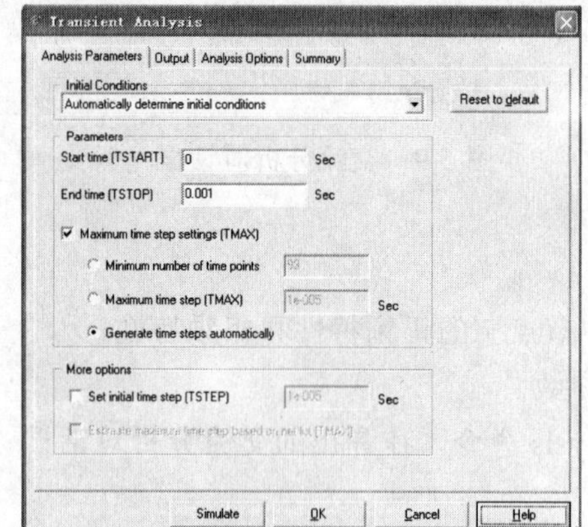

图 5-11 暂态分析对话框

Analysis Parameters 选项卡下分为以下几个区域。

1. Initial conditions 选项区

该区用于设定初始条件。

Automatically determine initial conditions：程序自动设定初始值。

Set to Zero：将初始值设为零。

User-defined：用户自定义初始值。

Calculate DC operating point：通过计算直流工作点确定初始值。

2. Parameters 选项区

该区用于设定环境分析参数。

Start time（TSTART）：起始时间。要求暂态分析的起始时间必须不小于零。

End time（TSTOP）：终止时间。要求暂态分析的终止时间必须大于起始时间。

Maximum time step settings（TMAX）复选框：设定最大时间步长。其中，Minimum number of time points 为最小时间点数，即在起始时间到终止时间之间模拟输出的点数，缺省设置为 100；Maximum time step（TMAX）为最大时间步长，单击右面文本框可设置最小时间间距；Generate time steps automatically 为自动产生时间步长，自动选择一个较为合理的或最大的时间步长。

3. More options 选项区

更多选择。

Set initial time step（TSTEP）复选框：设定初始时间步长。

Estimate maximum time step based on net list（TMAX）复选框：设定由网表估计的最大时间步长。

4. Reset to default 按钮

使所有设置恢复为默认值。

5.3.2 仿真举例

【例 5-3】 试用暂态分析绘二极管整流滤波电路的输出电压波形，如图 5-12 所示。

解：步骤 1：在电路工作区创建仿真电路、设置元件参数。

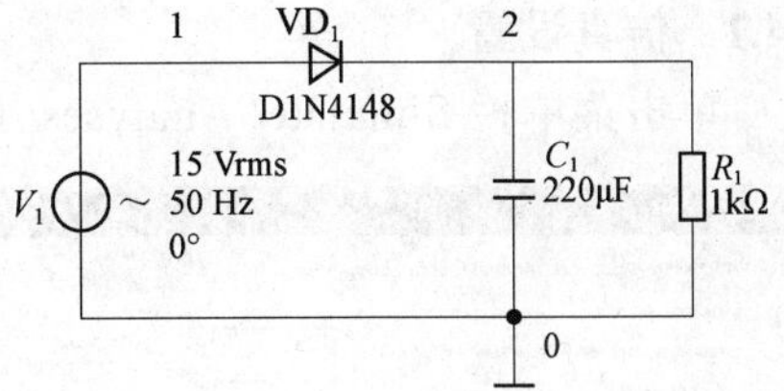

图 5-12　二极管整流滤波电路

步骤 2：单击菜单栏 Simulate/Analyses/Transient Analysis 命令，在弹出的暂态分析对话框中设置相关参数。

选 Automatically determine initial conditions 让程序自动设定初始值。

选 Start time（TSTART）：0s。

选 End time（TSTOP）：0.1s。

选 Generate time steps automatically 自动产生时间步长。

选 V_2 为分析节点。

其他设置为默认。

步骤 3：单击 Simulate 按钮，得出输出电压波形，如图 5-13 所示。

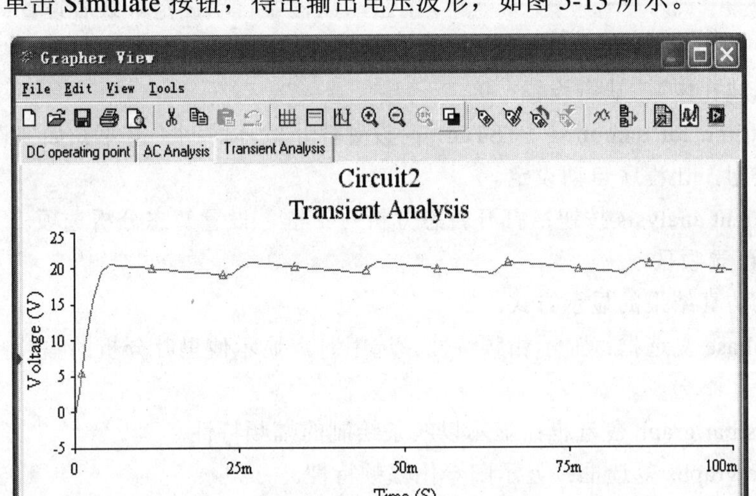

图 5-13　暂态分析结果

5.4　傅里叶分析（Fourier Analysis）

傅里叶分析用于求解一个时域信号的直流分量、基波分量和谐波分量，即对时域分析的结果执行离散傅里叶变换，把时域中电压波形变为频域中的成分，得到时域信号的频谱函数。Multisim 会自动进行时域分析，以产生傅里叶分析的结果。

在进行傅里叶分析时，必须首先在对话框里选择一个输出节点，以这个节点的电压作为输出变量进行分析。另外，分析还需要一个基本频率，一般将电路中交流激励源的频率设定为基频。若在电路中有多个不同频率的交流激励源时，则基频设为这些频率的最小公因数。例如，电路中有 6.5kHz 和 8.5kHz 两个频率的交流激励源，则取 0.5kHz 为基频。

5.4.1　仿真设置

单击菜单栏 Simulate/ Analyses/ Fourier Analysis 命令，弹出傅里叶分析对话框，如图 5-14 所示。对话框包括 4 个选项卡：Analysis Parameters、Output、Analysis Options 和 Summary。后 3 个选项卡的设置与直流工作点分析中的选项卡相同（详见 5.1 节），下面是 Analysis Parameters 选项卡的功能与设置，Analysis Parameters 选项卡下分为以下几个区域。

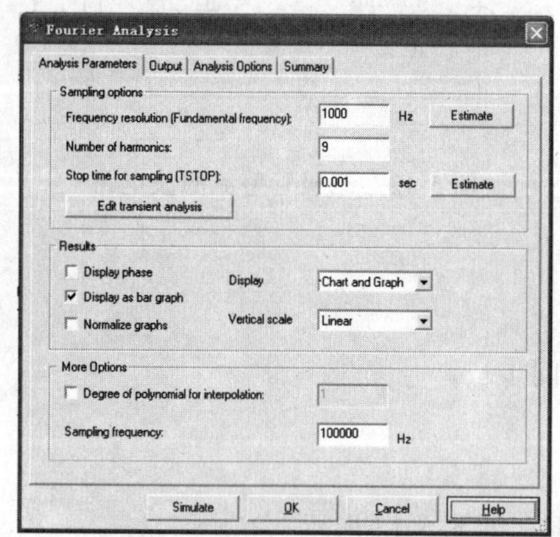

图 5-14　傅里叶分析对话框

1. Sampling options 选项区

用于设定与采样有关的参数。

Frequency resolution（Fundamental frequency）：设置基频。若不知如何设置，单击右边 Estimate 按钮，让程序自动设定。缺省设置：1kHz。

Number of harmonics：设置希望分析的谐波次数（包括基波在内）。缺省设置：9。

Stopping time for sampling（TSTOP）：设置停止取样时间。若不知如何设置，单击右边 Estimate 按钮，让程序自动设定。

Edit transient analysis 按钮：打开暂态分析对话框，设置暂态分析选项。

2. Results 选项区

用于设置仿真结果的显示方式。

Display phase 复选框：显示相频特性。选中时，显示傅里叶分析的幅频特性和相频特性。缺省设置：不选。

Display as bar graph 复选框：显示以线条绘制的幅频特性。

Normalize graphs 复选框：显示归一化幅频特性。

Display 下拉列表框：设置显示方式。包括 Chart（图表）、Graph（曲线）和 Chart and Graph（图表及曲线）。

Vertical scale 下拉列表框：设置频谱的纵坐标刻度。包括 Decibel（分贝）、Octave（二倍频）、Linear（线性）和 Logarithmic （对数）。缺省设置：Linear。

3. More Options 选项区

更多设置。

Degree of polynomial for interpolation 复选框：用于设定点间插值的多项式次数。

Sampling Frequency 文本框：设置采样频率。

5.4.2　仿真举例

【例 5-4】 对图 5-12 所示的二极管整流滤波电路的输出电压进行傅里叶分析。

解：步骤 1：在电路工作区创建仿真电路、设置元件参数。

步骤 2：单击菜单栏 Simulate/ Analyses/ Fourier Analysis 命令，在弹出的傅里叶分析对话框中设置相关参数如下：

Frequency resolution：50Hz。

Display phase：选中。

Display：Chart and Graph。

选 V_2 为分析节点。

其他设置为默认。

步骤 3：单击 Simulate 按钮，得输出电压波形，如图 5-15 所示。

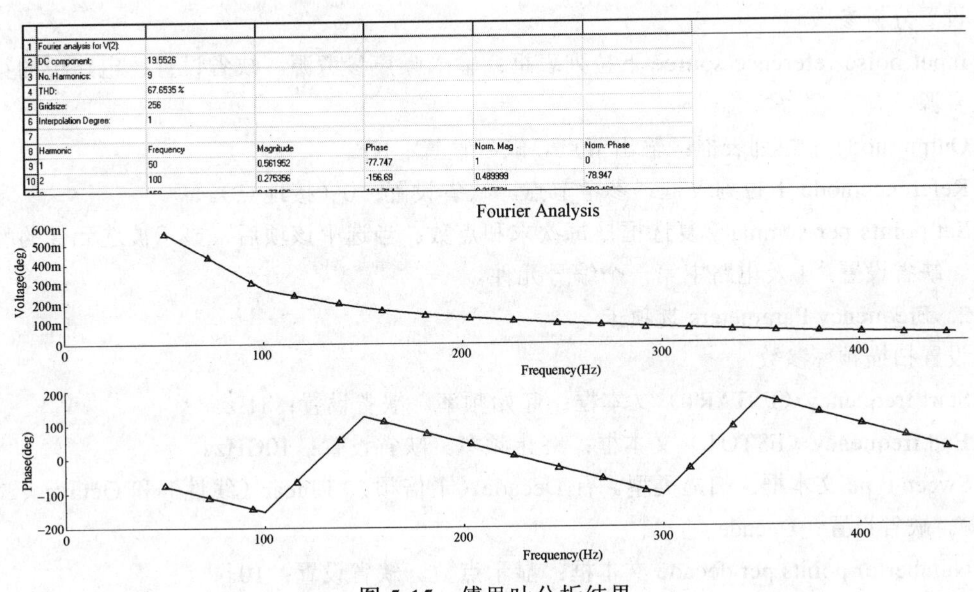

1	Fourier analysis for V(2):					
2	DC component:	19.5526				
3	No. Harmonics:	9				
4	THD:	67.6535 %				
5	Gridsize:	256				
6	Interpolation Degree:	1				
7						
8	Harmonic	Frequency	Magnitude	Phase	Norm. Mag	Norm. Phase
9	1	50	0.561952	-77.747	1	0
10	2	100	0.275356	-156.69	0.489999	-78.947

图 5-15　傅里叶分析结果

5.5　噪声分析（Noise Analysis）

电路都是由一些无源器件和有源器件组成的，它们在工作时不可避免地要产生噪声，噪声分析就是用来检测电路输出信号的噪声大小的，看其对电路影响的程度。分析时，假设各噪声源之间在统计意义上互不相关，而且各噪声值可以单独计算，指定输出节点的总噪声等于每个噪声源在该节点上产生噪声的总和（有效值）。

例如，在噪声分析对话框中，把 V_1 作为输入噪声源、N_1 作为输出节点，则电路中所有噪声源在 N_1 节点上造成的总的噪声，等于该数值除以 V_1 到 N_1 的增益，得到等效输入噪声，再把等效输入噪声作为输入信号，输入到一个假定无噪声的电路，它在 N_1 上产生的噪声就是输出噪声。这种分析方法主要用于小信号电路的噪声分析。

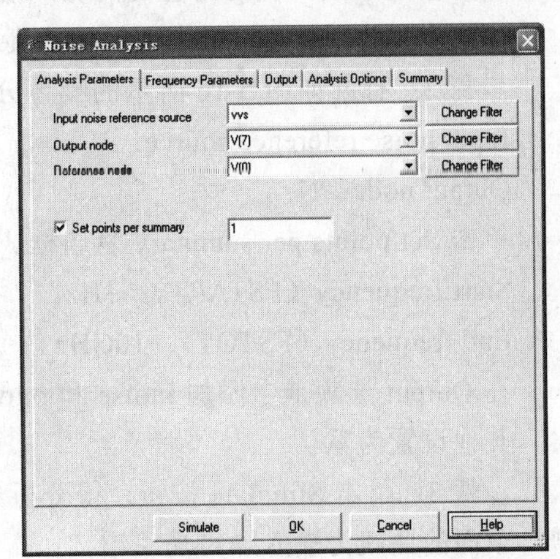

图 5-16　噪声分析对话框

5.5.1　仿真设置

单击菜单栏 Simulate/Analyses/Noise Analysis 命令，弹出噪声分析对话框，如图 5-16

所示。对话框包括 5 个选项卡：Analysis Parameters、Frequency Parameters、Output、Analysis Options 和 Summary。后 3 个选项卡的设置与直流工作点分析中的选项卡相同（见 5.1 节），在此介绍 Analysis Parameters 和 Frequency Parameters 选项卡的功能与设置。

1. Analysis Parameters 选项卡

设置分析参数。

Input noise reference source 下拉列表框：输入噪声参考源。缺省设置：电路中的第一个信号源。

Output node 下拉列表框：输出节点。缺省设置：N_1。

Reference node 下拉列表框：参考节点。缺省设置：0（接地点）。

Set points per summary 复选框：每次求和点数。当选中该项后，显示被选元件的噪声曲线。缺省设置：1 及电路中第一个编号元件。

2. Frequency Parameters 选项卡

设置扫描频率参数。

Start frequency（FSTART）文本框：起始频率。缺省设置：1Hz。

End frequency（FSTOT）文本框：终止频率。缺省设置：10GHz。

Sweep type 文本框：扫描类型。有 Decade（十倍频）、Linear（线性）和 Octave（二倍频程）。缺省设置：Decade。

Number of points per decade 文本框：显示点数。缺省设置：10。

Vertical scale 下拉列表框：纵坐标刻度。有 Linear（线性）、Logarithmic （对数）、Decibel（分贝）和 Octave（二倍频程）4 种形式。缺省设置：Logarithmic。

Reset to default 按钮：使所有设置恢复为默认值。

Reset to main AC values 按钮：使所有设置恢复为与交流分析一样的默认值。

5.5.2　仿真举例

【例 5-5】 分压式偏置放大电路如图 5-6 所示，设输入信号源 V_s 为等效输入噪声源，节点 7 为输出节点，试绘出它们的噪声功率谱。

解：步骤 1：在电路工作区创建仿真电路、设置元件参数。

步骤 2：打开如图 5-16 所示的噪声分析对话框，设置如下选项：

Input noise reference source：V_s。

Output node：N_7。

单击 Set points per summary 复选框。

Start frequency（FSTART）：1Hz。

End frequency（FSTOT）：10GHz。

在 Output 选项卡中添加 inoise 和 onoise 到 Selected variables for analysis 文本框。

其他设置为默认。

步骤 3：单击 Simulate 按钮，得分析结果如图 5-17 所示，上面的曲线为输出噪声功率谱，下面的曲线为输入噪声功率谱。

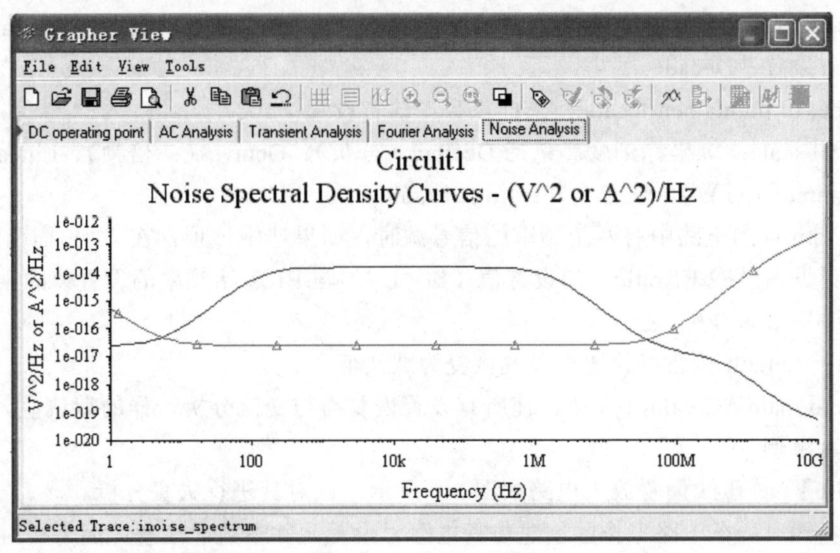

图 5-17　噪声分析结果

5.6　失真分析（Distortion Analysis）

电路输出信号的失真通常是由电路增益的非线性或相位不一致造成的。增益的非线性造成谐波失真，相位不一致造成交互调变失真。失真分析对于分析小的失真是非常有效的，而在暂态分析中小的失真一般分辨不出来。假设电路中有一个交流信号源，则失真分析将检测并计算电路中每一点的二次谐波和三次谐波的复数值。假设电路中有两个交流信号源 f_1 和 f_2，则失真分析将在三个特定频率中寻找电路变量的复数值，这三个频率点是：f_1 和 f_2 的和 f_1+f_2、f_1 和 f_2 的差 f_1-f_2、f_1 和 f_2 中频率较高的交流信号源的二次谐波频率减去频率较低的交流信号源的二次谐波频率的差。Multisim 假设电路是模拟电路、小信号状态。

5.6.1　仿真设置

单击菜单栏 Simulate/Analyses/Distortion Analysis 命令，弹出失真分析对话框，如图 5-18 所示。对话框包括 4 个选项卡：Analysis Paramctcrs、Output、Analysis Options 和 Summary。后 3 个选项卡的设置与直流工作点分析中的选项卡相同（详见 5.1 节），下面介绍 Analysis Parameters 选项卡的功能与设置。

Analysis Parameters 选项卡由以下几部分组成：

Start frequency（FSTART）：起始频率。缺省设置：1Hz。

Stop frequency（FSTOP）：终止频率。缺省设置：10GHz。

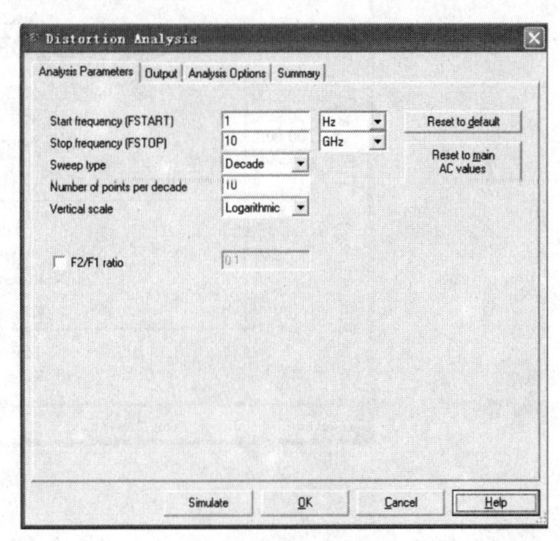

图 5-18　失真分析对话框

Sweep type：扫描类型。有 Decade（十倍频）、Octave（二倍频程）和 Linear（线性）三种。缺省设置：Decade。

Number of points per decade：采样点数。缺省设置：10。

Vertical scale：纵坐标刻度。包括 Decibel（分贝）、Octave（二倍频）、Linear（线性）和 Logarithmic（对数）。缺省设置：Logarithmic。

F_2/F_1 ratio：当电路中有两个频率的信号源时，如果选中该项，在 F1 扫描范围，F2 被设定为对话框内"F2/F1 ratio"的设置值（如：0.9）与 F1 起始频率的设置值的乘积，要求"F2/F1 ratio"必须 0～1 之间。

Reset to default 按钮：使所有设置恢复为默认值。

Reset to main AC values 按钮：使所有设置恢复为与交流分析一样的默认值。

5.6.2　仿真举例

【例 5-6】 分压式偏置放大电路如图 5-6 所示，试对其进行失真分析。

解：步骤 1：在电路工作区创建仿真电路、设置元件参数。注意：因为要对电路作失真分析，所以在设置交流信号源 V_s 时，需要在 Value 选项卡下把失真频率 1 的幅值（Distortion Frequency 1 Magnitude）也设置为 100mV。

步骤 2：打开如图 5-18 所示的失真分析对话框，设置如下选项：

Start frequency（FSTART）：1Hz。

End frequency（FSTOT）：10MHz。

在 Output 选项卡中添加 V_7 到 Selected variables for analysis 文本框。

其他设置为默认。

步骤 3：单击 Simulate 按钮，得分析结果如图 5-19 所示，图 5-19（a）为二次谐波失真；图 5-19（b）为三次谐波失真。

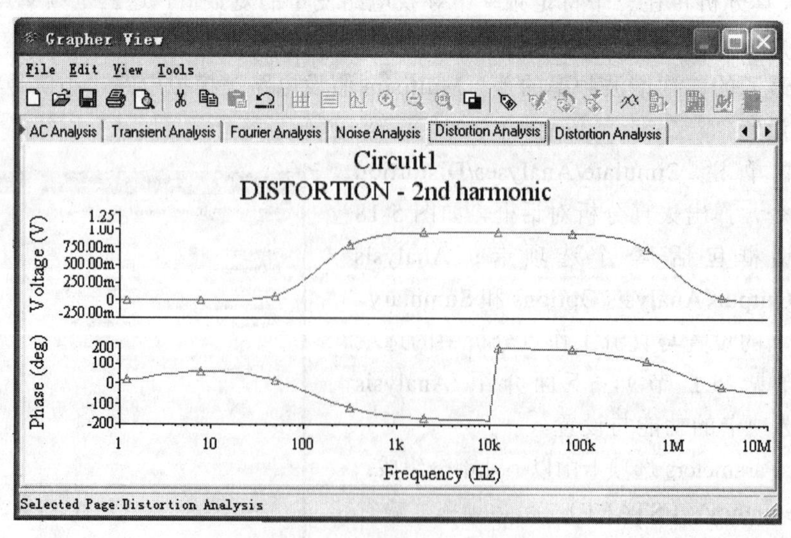

（a）

图 5-19（一）　失真分析结果

（a）二次谐波失真

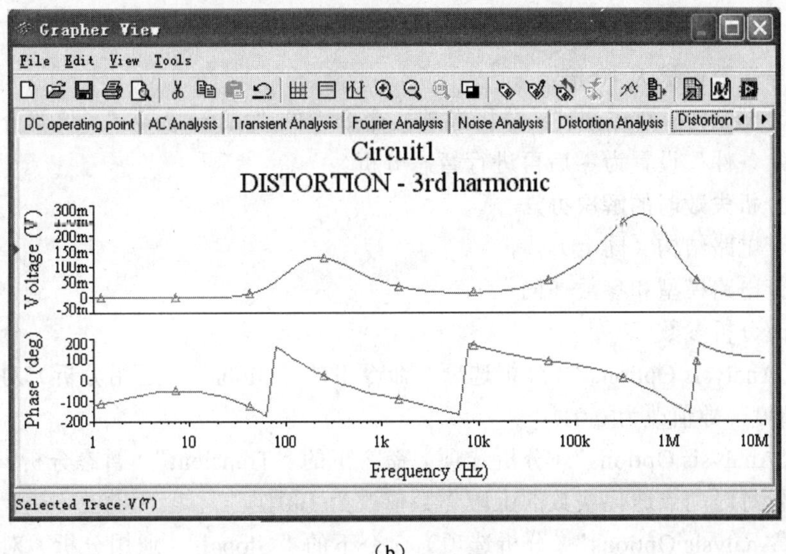

（b）

图 5-19（二）　失真分析结果

（b）三次谐波失真

5.7　分析中遇到的问题及解决方法

在用以上 18 种分析功能对电路进行仿真的过程中，可能由于某种原因，使得仿真失败，这时屏幕上就会显示错误信息，提示出错原因。特别是在直流工作点分析和暂态分析时，更容易使仿真失败。下面分别给出要注意的问题。

5.7.1　直流工作点分析失败时的解决办法

1. 检查电路结构

（1）电路连接正确，没有虚接的元器件。

（2）不要将数字“0”和字母“O”混淆。

（3）电路必须要有接地点，电路中的每一个节点和地之间要有直流通路。

（4）电容与电流源不能串联。

（5）电感与电压源不能并联。

2. 检查电路模型和参数

（1）确认子电路模型是否正确。

（2）确认元器件模型是否正确。

（3）确认元器件参数是否正确。

3. 修改分析参数

（1）在“Analysis Options”（分析选项）命令下的“DC”（直流分析）对话框中，将“迭代次数”设置为 200～300。

（2）在“Analysis Options”（分析选项）命令下的“Global”（通用分析）对话框中，将“模拟节点分流电阻”数值扩大 100 倍。

（3）在“Analysis Options”（分析选项）命令下的“Global”（通用分析）对话框中，将“最小电导”数值扩大 10 倍。

（4）在“Analysis Options”（分析选项）命令下的“Instruments”（仪器分析）对话框中，将“初始条件”设置为零后再进行暂态分析。

5.7.2　暂态分析失败时的解决办法

（1）检查电路结构（同上）。

（2）检查电路模型和参数（同上）。

（3）修改分析参数

1）在“Analysis Options”（分析选项）命令下的“Global”（通用分析）对话框中，将“相对误差精度”数值改为 0.01。

2）在“Analysis Options”（分析选项）命令下的“Transient”（暂态分析）对话框中，将“暂态分析每时间点迭代次数的上限”数值改为 100。

3）在“Analysis Options”（分析选项）命令下的“Global”（通用分析）对话框中，将“电压绝对精度”降低。

4）在“Analysis Options”（分析选项）命令下的“Transient”（暂态分析）对话框中，将“暂态分析数字积分方法”选项下的“TRAPEZOIDAL”（梯形法）改为“GEAR”（变阶积分）。

本　章　小　结

本章详细介绍了 Multisim10.0 的 6 种基本分析方法（直流工作点分析、交流分析、暂态分析、傅里叶分析、噪声分析和失真分析）的仿真设置，并通过实例讲解了它们的仿真步骤，可见，用 Multisim10.0 仿真电路非常快捷方便。需要说明的是，这些仿真都使用的是分析法，关于测量法在后几章中介绍。

练 习 与 思 考

5-1　直流工作点分析是否只能用于直流电路的分析？

5-2　要想得到电路中某节点电压的幅频特性和相频特性应使用什么分析方法？

5-3　请分析图 5-12 电路输出电压的幅频特性和相频特性。

5-4　暂态分析的功能类似于用哪种仪器观测电路？

5-5　傅里叶分析可分析电路的什么性能？

5-6　噪声的大小用什么指标来衡量？单位是什么？

5-7　图 5-19 是分压式偏置放大电路的失真分析结果，试分析谐波失真范围及应在电路上采取什么措施。

第6章　Multisim10.0在电路分析中的应用

基本要求

（1）能熟练应用Multisim10.0软件中各种仪器测量电路参数的方法。

（2）掌握应用Multisim10.0软件分析法分析直流电路、瞬态电路和交流电路。

（3）通过仿真分析，加深对电路基本定理、基本分析方法的理解。

（4）通过仿真分析，进一步了解双口网路Z、Y参数的求解过程。

（5）掌握一阶瞬态电路的分析方法，了解一阶RC电路对矩形波的响应。

（6）通过分析交流电路幅值（有效值）、初相位的变化，加深对交流电路相量分析法的理解。掌握正弦电路中有功功率的测量，了解功率因数提高的意义和方法。

（7）通过交流电路的幅频特性和相频特性，掌握电路发生谐振时的特点。

（8）了解对称三相负载Y形和Δ形连接时相电压与线电压、相电流与线电流的关系。理解三相四线制电路中中线的作用。

（9）掌握非正弦周期电路中的有效值的计算方法。

仿真注意事项

仿真电路主要用到电压表、电流表、数字万用表、瓦特表、函数信号发生器、示波器和波特图仪。仿真电路时应注意以下几点：

（1）元件库中有两种工业标准，即ANSI（美国标准）和DIN（欧洲标准），本章电路所用元器件均采用欧洲标准。任何电路仿真时都要有接地元件“⊥”，否则得不到正确的仿真结果。

（2）测量直流量时各仪表应选DC挡。测量交流量时各仪表应选AC挡，且各仪表读数均为有效值。

（3）电压表使用时应并联在被测元件两端，其“+”端接参考高电位点，“–”端接参考低电位点。电流表要串联在被测支路中，电流从正端流入负端流出。为了使仿真测量结果与理论计算值一致，提高测量精度，电压表的内阻应很大，电流表的内阻应很小。

（4）用万用表测电压、电流时与电压表、电流表的使用是一样的，测电阻时应并接在被测无源网络两端，且所测网络必须接地。且每次切换万用表挡位后，都要重新运行电路后再读数。

（5）瓦特表可以用来测量交、直流电路中元件的平均功率和功率因数。使用时要将电压线圈与所测元件并联，电流线圈与所测元件串联。

（6）波特图仪可用来分析电路的频率响应，可以测试电路的幅频特性和相频特性，与实验室的扫频仪相似。波特图仪在测量时必须在输入端加一个交流电压源的激励信号，这是与扫频仪不同的。

（7）函数信号发生器可以输出正弦波、锯齿波和矩形波三种波形，其输出波形的频率、幅度及占空比等参数均可以调节，修改时可直接在控制面板上进行。

（8）示波器是用来观察信号波形并可测量信号幅度、频率、周期等参数的仪器。示波器只能测量电压波形，电流的波形可通过 1Ω 电阻上电压波形间接得到。

6.1 直流线性电路

1. 一般直流电路

【例 6-1】 电路如图 6-1（a）所示，求 A 点的电位 U_A。

解：使用电压表测量 A 点的电位，仿真电路如图 6-1（b）所示，测量得 U_A=−14.286V。

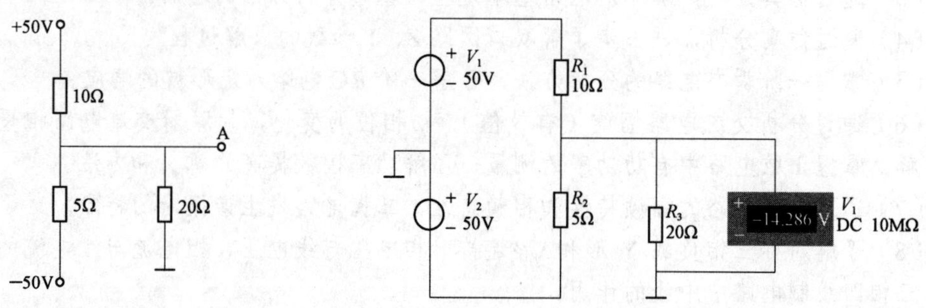

图 6-1 （a）［例 6-1］电路　　　　图 6-1 （b）使用电压表测量 A 点电位

【例 6-2】 求图 6-2（a）所示二端网络的等效电阻 R_{ab}。

解：使用万用表欧姆挡测量二端网络的等效电阻，仿真电路如图 6-2（b）所示，测量得 R_{ab}=0.91Ω。

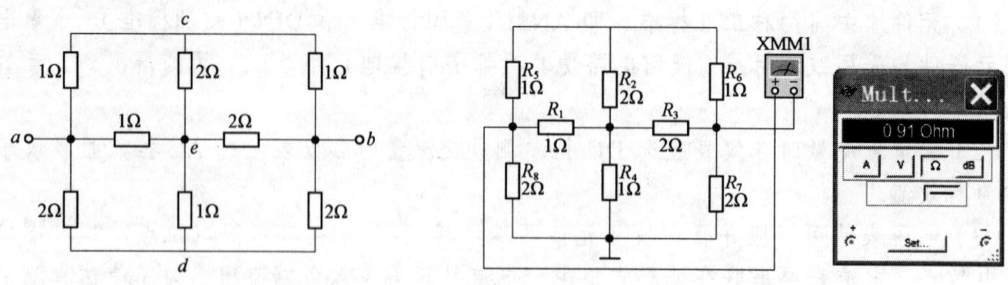

图 6-2 （a）［例 6-2］电路　　　　图 6-2 （b）使用万用表测量等效电阻

【例 6-3】 电路如图 6-3（a）所示，试求电压 U_1、U_2、U_3 以及电流 I_1、I_2、I_3、I_4、I_5。

解：方法一：使用仪表测量

使用电压表测量各电压，使用电流表测量各支路电流，仿真电路如图 6-3（b）所示，测量得

$$U_1=6.299\text{V},\ U_2=10.500\text{V},\ U_3=-4.500\text{V}$$

$$I_1=2.100\text{mA},\ I_2=0.010\text{A},\ I_3=3.600\text{mA}$$

I_4=9.001mA，I_5=0.013A

方法二：采用直流工作点分析法分析

单击菜单 Options/Sheet Properties/Circuit/Net Names 命令显示电路节点，如图 6-3（c）所示。单击菜单栏 Simulate/Analyses/DC Operation Point Analysis 命令，在直流工作点分析页面中设置要分析的输出变量，如图 6-3（d）所示。同时，在 More Options 选项中，单击 Add Device/Model Parameter 按钮，在对话框中添加元件参数或模型参数，设置完成后，单击 OK 按钮保存设置。单击 Simulate 按钮，仿真结果如图 6-3（e）所示。所以

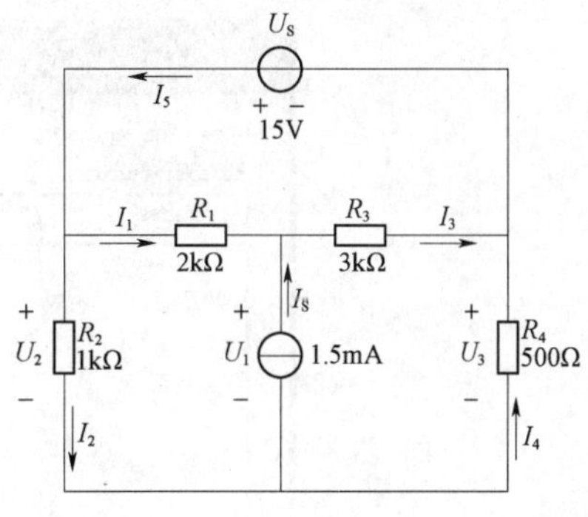

图 6-3 （a）［例 6-3］电路

$$U_1 = 6.30000\text{V}，U_2 = 10.50000\text{V}，U_3 = -4.50000\text{V}$$

$$I_1 = 2.10000\text{mA}，I_2 = 10.50000\text{mA}，I_3 = 3.60000\text{mA}，I_4 = 9.00000\text{mA}，I_5 = 12.60000\text{mA}$$

可见，分析法与测量法结果吻合。在此，分析法结果相对准确，测量法数据有微小差别，主要原因在测量仪器的内阻上。电压表内阻越大，电流表内阻越小，测量越准确。

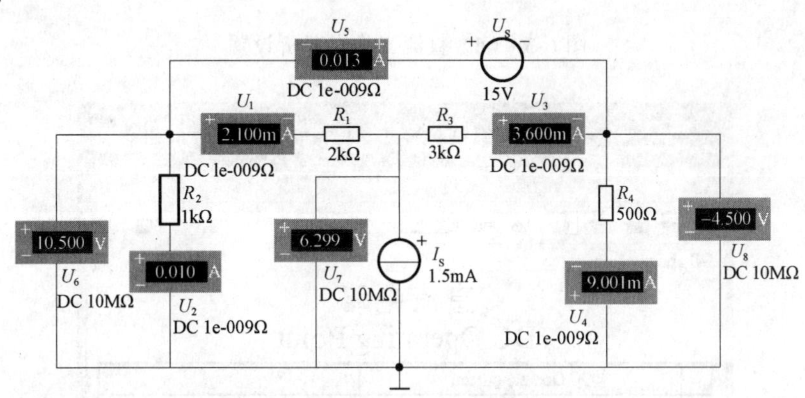

图 6-3 （b）［例 6-3］测量电路

2. 叠加定理和替代定理

【例 6-4】 电路如图 6-4（a）所示，已知 U_S=2V，I_S=3A，R_1=4Ω，R_2=3Ω，试用叠加定理求流过电阻 R_1 的电流 I_1、电流源两端电压 U_X 和电阻 R_2 的功率 P_{R2}，并说明电压、电流和功率是否满足叠加定理。

解：（1）当电压源单独作用时，仿真电路如图 6-4（b）所示，测量得

$$I_1' = 500\text{mA}，U_X' = -1\text{V}，P_{R2}' = 3.000\text{W}$$

（2）当电流源单独作用时，仿真电路如图 6-4（c）所示，测量得

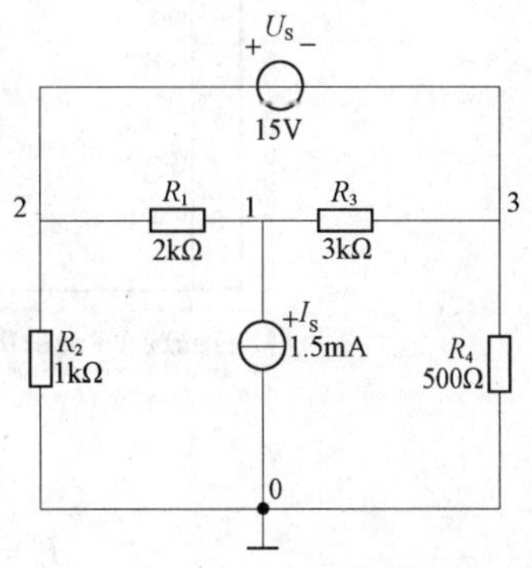

图 6-3 （c）显示节点的电路

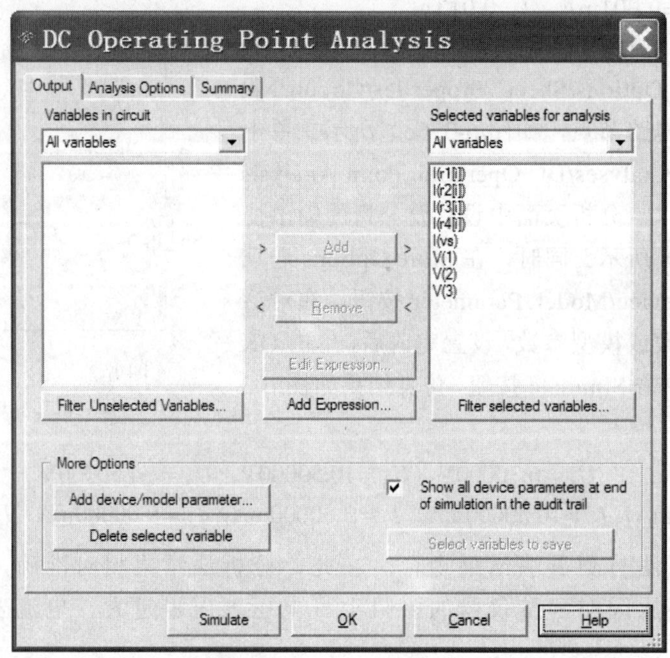

图 6-3 （d）直流工作点分析设置

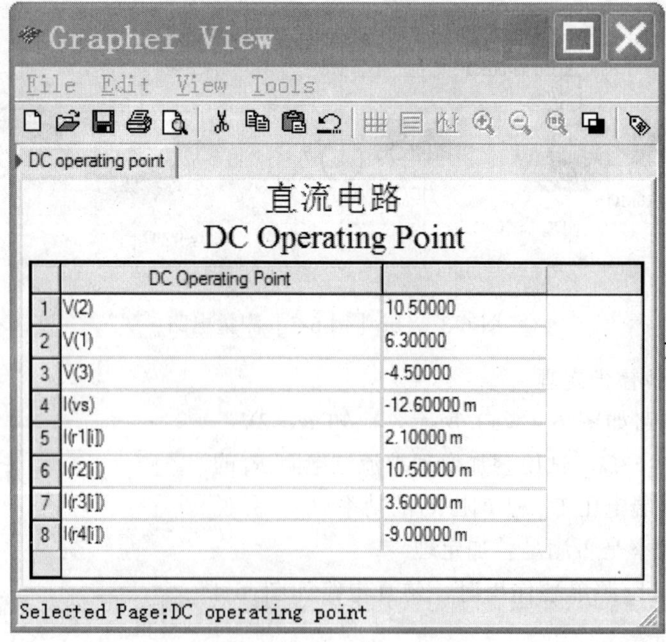

直流电路

DC Operating Point

	DC Operating Point	
1	V(2)	10.50000
2	V(1)	6.30000
3	V(3)	-4.50000
4	I(vs)	-12.60000 m
5	I(r1[i])	2.10000 m
6	I(r2[i])	10.50000 m
7	I(r3[i])	3.60000 m
8	I(r4[i])	-9.00000 m

图 6-3 （e）仿真分析结果

$$I_1''=0\text{A}，U_X''=9\text{V}，P_{R2}''=27.000\text{W}$$

（3）当电压源与电流源共同作用时，仿真电路如图 6-4（d）所示，测量得

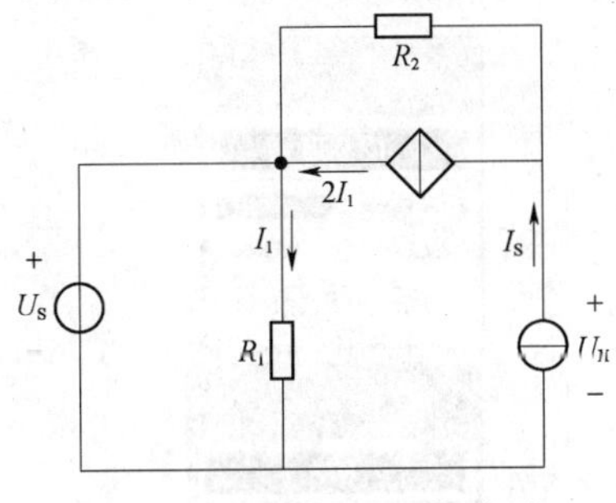

图 6-4 （a）[例 6-4] 电路

$$I_1 = 500\text{mA}，U_X = 8\text{V}，P_{R2} = 12.000\text{W}$$

由仿真可见，线性电路中的电压和电流满足叠加定理，而功率不满足叠加定理，即不能用叠加定理求功率。

【例 6-5】 电路如图 6-5（a）所示，已知 U_S =5V，I_S=20mA，R_1=1kΩ，R_2=4kΩ，R_3=2kΩ，试求电压 U_2 并证明替代定理。

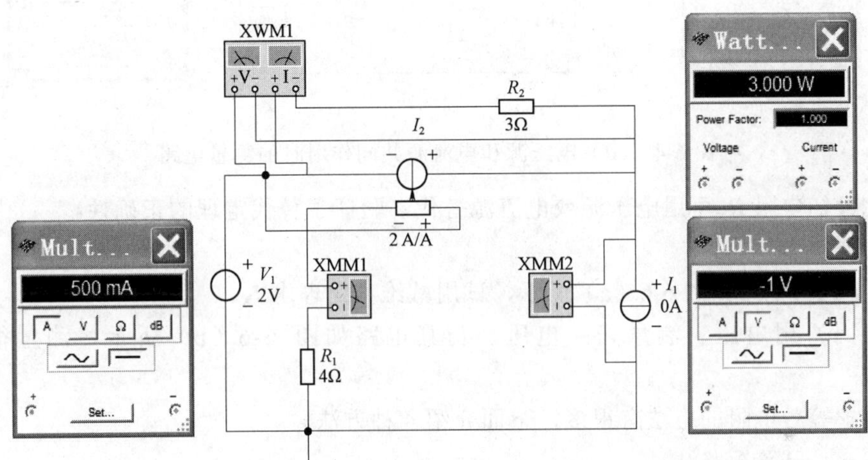

图 6-4 （b）电压源单独作用时的测量电路

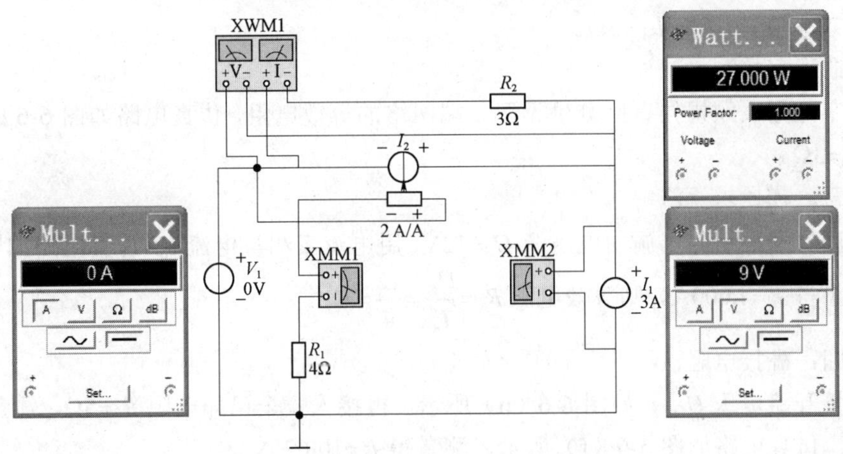

图 6-4 （c）电流源单独作用时的测量电路

解：（1）仿真电路如图 6-5（b）所示，测量结果电压 U_2= –8.578V。

（2）把图 6-5（b）所示电路的电阻 R_3 用电压源替代，如图 6-5（c）所示，可以观察到电路中的电压 U_2 与图 6-5（b）中的电压相同。

（3）把图 6-5（b）所示电路的电阻 R_3 再用电流源替代，如图 6-5（d）所示，发现电路中的电压 U_2 与图 6-5（b）中的电压也相同。

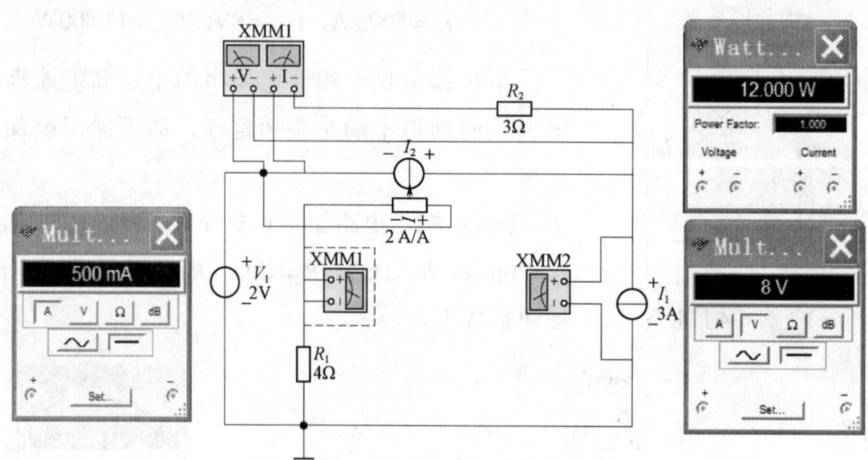

图 6-4 （d）电压源和电流源共同作用时的测量电路

由此可知电阻 R_3 可用电压源或电流源替代，验证了替代定理的正确性。

3. 戴维南定理

【例 6-6】 电路如图 6-6（a）所示，试用戴维南定理求 I_X。

解：（1）用电压表测量开路电压，仿真电路如图 6-6（b）所示，测量得 U_{OC}=17.000V。

（2）求等效电阻的方法有很多，下面介绍 4 种方法。

方法一：开路短路法

用电流表测量短路电流，仿真电路如图 6-6（c）所示，测量得 I_{SC}=5.667A。

则等效电阻 $R_o=U_{OC}/I_{SC}=3\Omega$。

方法二：直接测量法

用数字万用表欧姆挡直接测量无源二端网络的等效电阻，仿真电路如图 6-6（d）所示，测量得 $R_o=3\Omega$。

方法三：加压求流法

在无源二端网络两端施加电压源 U_S=12V，用电流表测量电流 I_o，仿真电路如图 6-6（e）所示，测量得 I_o=4.000A。则等效电阻 $R_o=\dfrac{U_S}{I_o}=\dfrac{12}{4}=3\Omega$。

方法四：外接电阻法

先测量开路电压 U_{OC}，如图 6-6（b）所示。再接入一个已知电阻 $R_3=5\Omega$，测量 R_3 两端的电压 U，仿真电路如图 6-6（f）所示，测量得 U=10.625V。

则等效电阻 $R_o=\left(\dfrac{U_{OC}}{U}-1\right)R_3=\left(\dfrac{17}{10.625}-1\right)\times 5=3\Omega$。

（3）求电流 I_X，戴维南等效电路如图 6-6（g）所示，测量得 I_X=3.400A。

【例 6-7】 电路如图 6-7（a）所示，已知 U_{S1}=18V，U_{S2}=15V，$R_1=6\Omega$，$R_2=3\Omega$，$R_3=4\Omega$，$R_4=6\Omega$，$R_5=5.6\Omega$，$R_6=10\Omega$。（1）试用戴维南定理求 R_6 的电流 I 和功率 P；（2）若 R_6 可变，变化范围为 0～5Ω，求 R_6 为多少时获得最大功率？最大功率为多少？

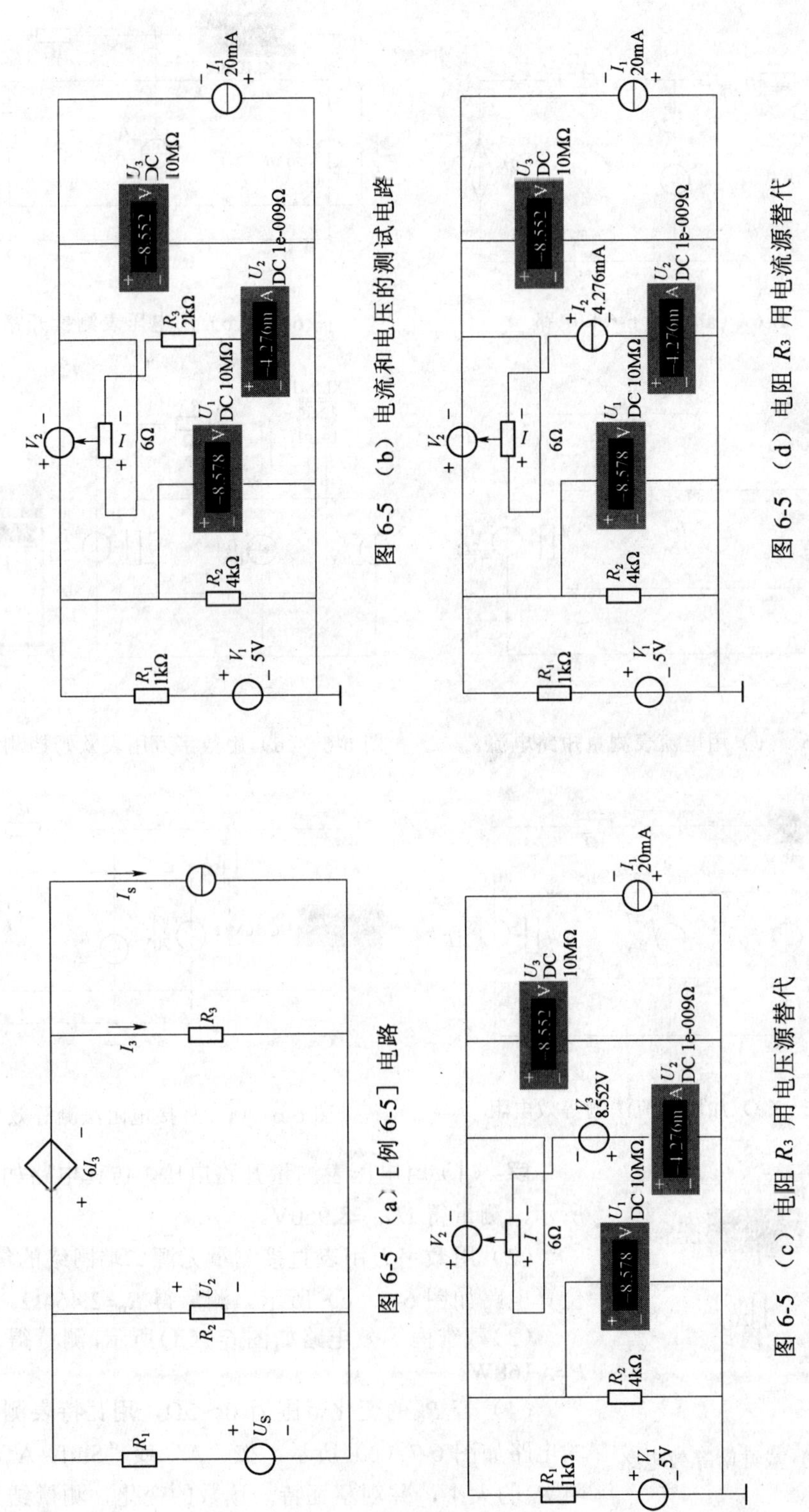

图 6-5 （a）［例 6-5］电路

图 6-5 （b）电流和电压的测试电路

图 6-5 （c）电阻 R_3 用电压源替代

图 6-5 （d）电阻 R_3 用电流源替代

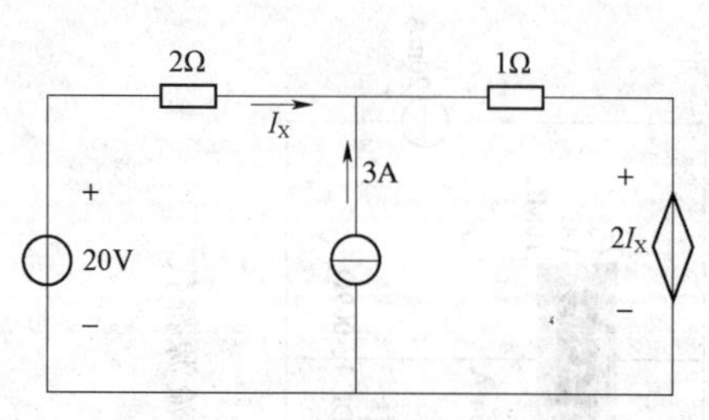

图 6-6 （a）［例 6-6］电路

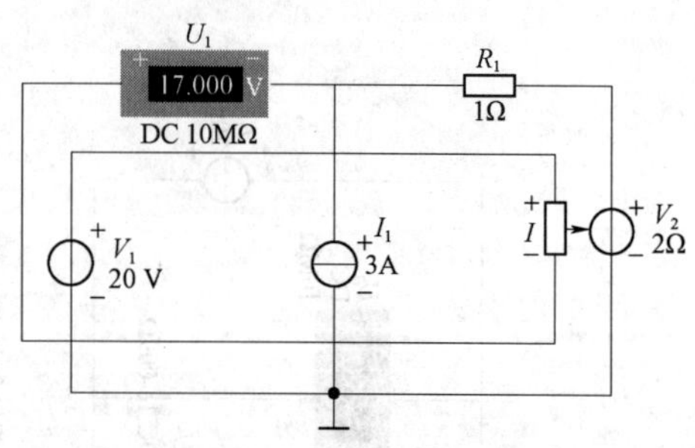

图 6-6 （b）用电压表测量开路电压

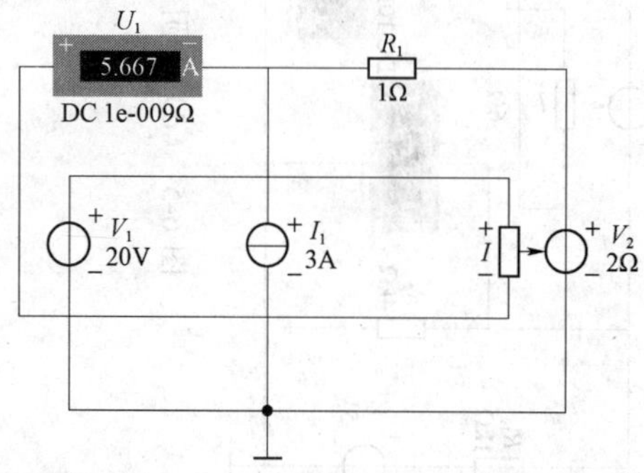

图 6-6 （c）用电流表测量短路电流

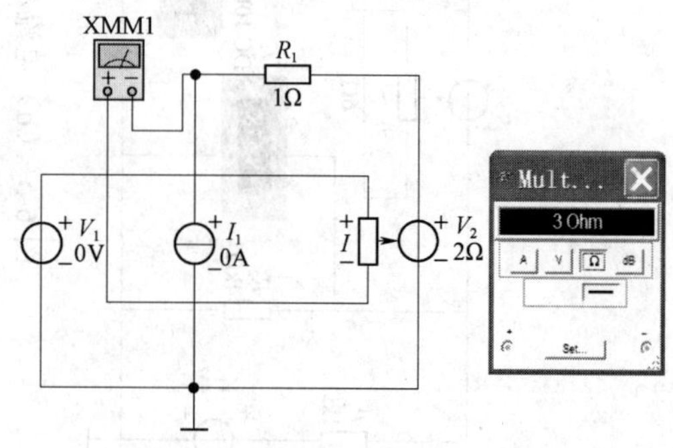

图 6-6 （d）用数字万用表欧姆挡测等效电阻

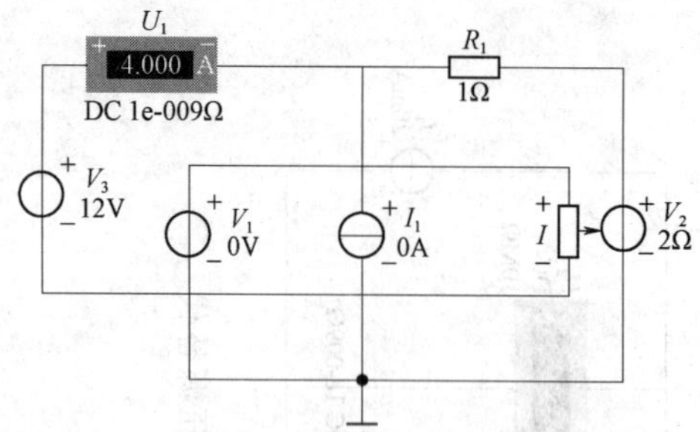

图 6-6 （e）加压求流法测等效电阻

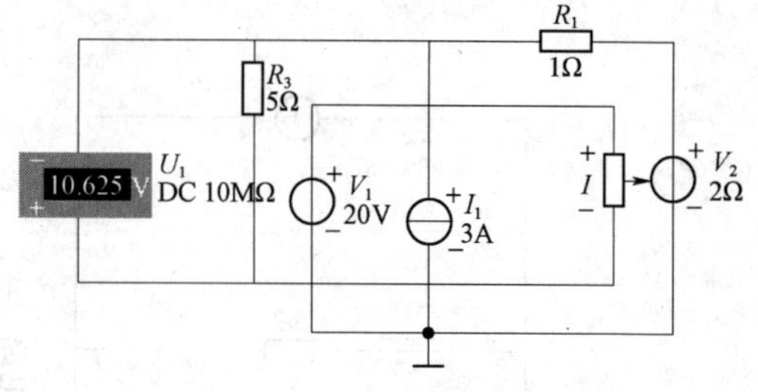

图 6-6 （f）外接电阻法测等效电阻

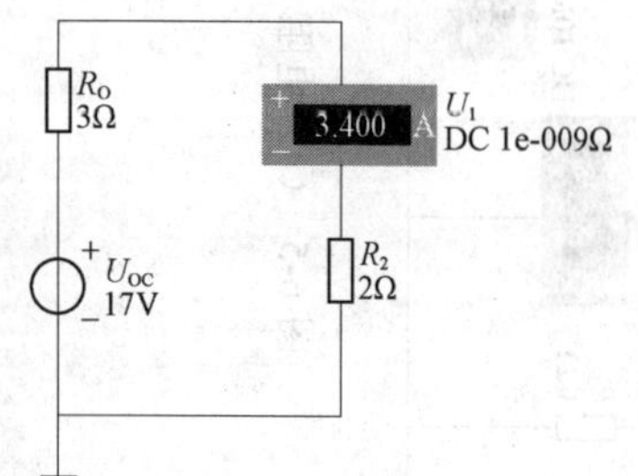

图 6-6 （g）戴维南等效电路

解：（1）用电压表测量开路电压，仿真电路如图 6-7（b）所示，测量得 U_{OC}=8.960V。

（2）用数字万用表直接测量无源二端网络的等效电阻，仿真电路如图 6-7（c）所示，测量得 R_o=2.464Ω。

（3）戴维南等效电路如图 6-7(d)所示，测量得 I=0.719A，P=5.168W。

（4）若 R_6 的变化范围为 0～5Ω，用瓦特表测量 R_6 功率的电路如图 6-7（e）所示，按“A”或“Shift+A”键调节电阻 R_6 的大小，并观察瓦特表读数的变化，测量结果如表 6-1 所示。从表 6-1 可知：当 R_6≈2.5Ω 时可获得最大功率，最大功率约为 8.145W。

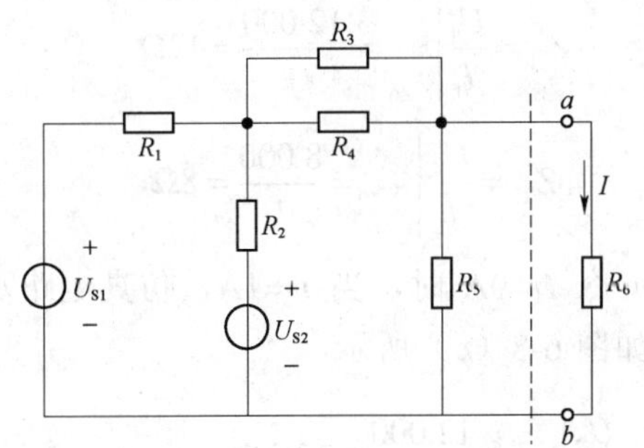

图 6-7 （a）[例 6-7] 电路

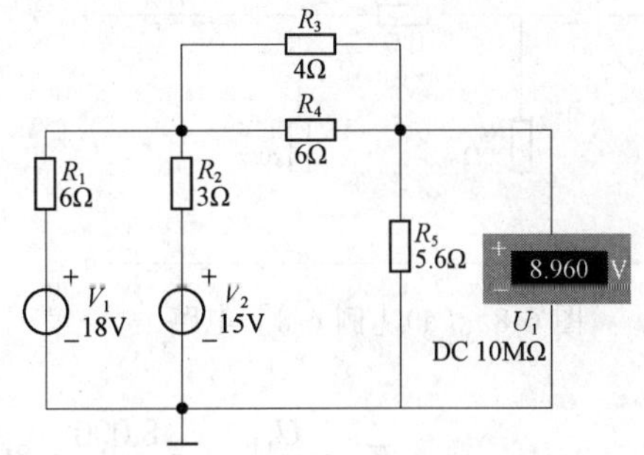

图 6-7 （b）用电压表测量开路电压

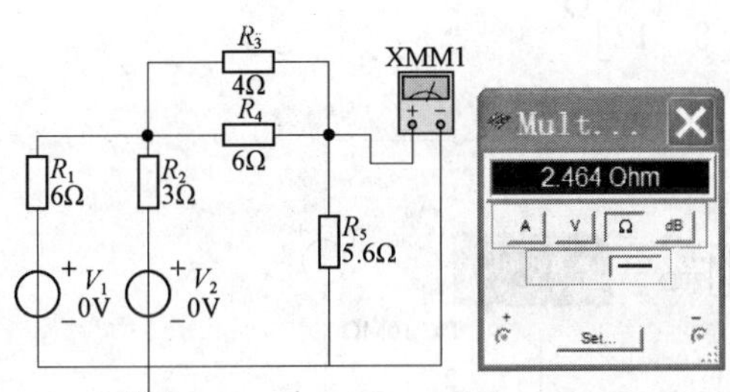

图 6-7 （c）用数字万用表欧姆挡测等效电阻

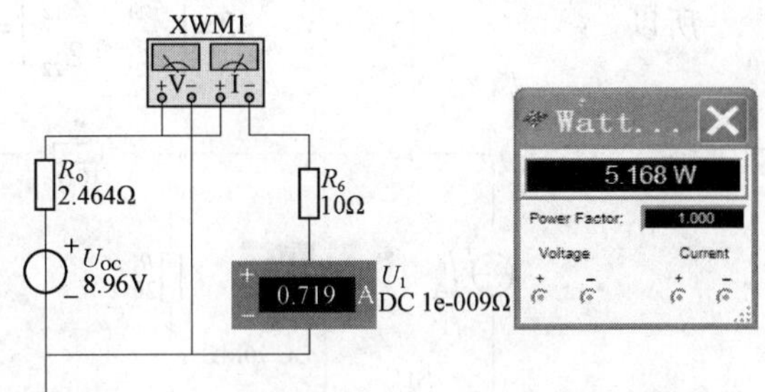

图 6-7 （d）戴维南等效电路测量电流和功率

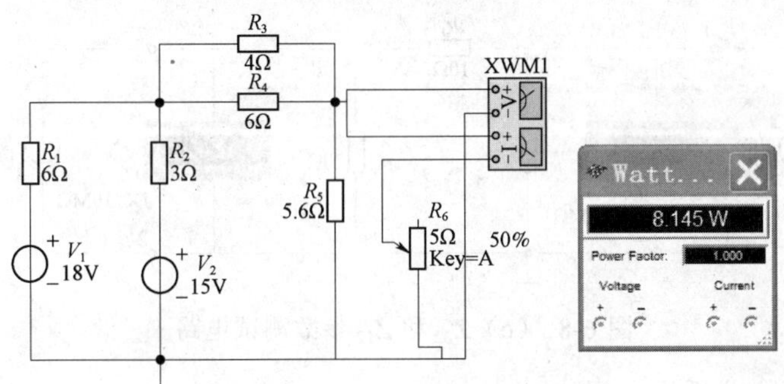

图 6-7 （e）用瓦特表测量功率

表 6-1 R_6 功 率 测 量 结 果

R_6（Ω）	0.5	1	1.5	2	2.5	3	3.5	4	4.5	5
P（W）	4.569	6.691	7.664	8.057	8.145	8.067	7.900	7.686	7.449	7.205

6.2 双 口 网 络

【例 6-8】 求图 6-8（a）所示双口网络的 Z 参数矩阵。

解：方法一：根据定义求解

（1）令 I_2=0A 时，当 I_1=1A，仿真电路及测量结果如图 6-8（b）所示。

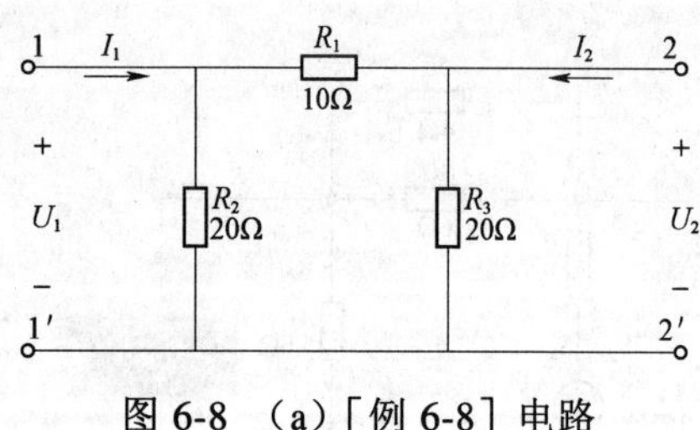

图 6-8 (a)[例 6-8] 电路

$$Z_{11}=\left.\frac{U_1}{I_1}\right|_{I_2=0}=\frac{12.000}{1}=12\Omega$$

$$Z_{21}=\left.\frac{U_2}{I_1}\right|_{I_2=0}=\frac{8.000}{1}=8\Omega$$

(2)令 I_1=0A 时，当 I_2=1A，仿真电路及测量结果如图 6-8（c）所示。

$$Z_{12}=\left.\frac{U_1}{I_2}\right|_{I_1=0}=\frac{8.000}{1}=8\Omega\text{，}\quad Z_{22}=\left.\frac{U_2}{I_2}\right|_{I_1=0}=\frac{12.000}{1}=12\Omega$$

所以

$$\boldsymbol{Z}=\begin{bmatrix}Z_{11} & Z_{12}\\ Z_{21} & Z_{22}\end{bmatrix}=\begin{bmatrix}12 & 8\\ 8 & 12\end{bmatrix}\Omega$$

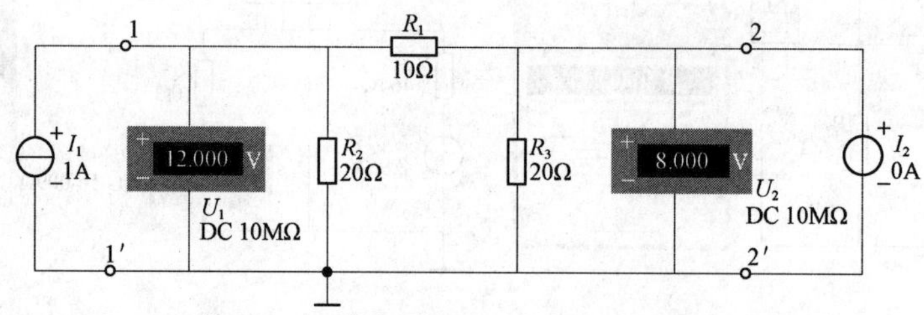

图 6-8 （b）Z_{11} 和 Z_{21} 参数测试电路

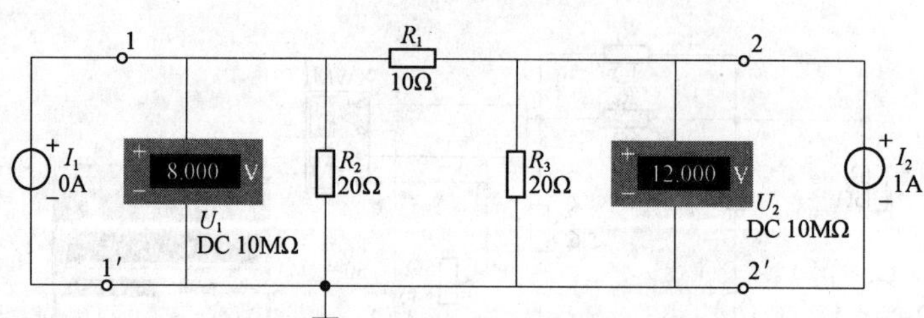

图 6-8 （c）Z_{22} 和 Z_{12} 参数测试电路

方法二：用网络分析仪求解

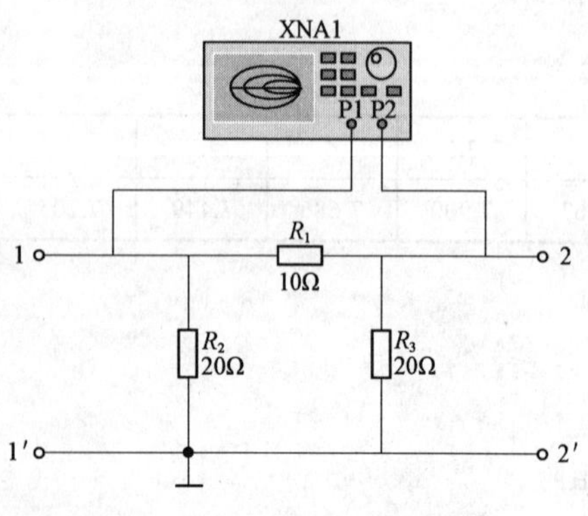

图 6-8 （d）用网络分析仪求解 Z 参数的电路

按图 6-8（d）接电路，双击网络分析仪，弹出如图 6-8（e）所示的控制面板，在 Mode 选项区选择 Measurement，在 Graph 选项区选择 Z 参数，在 Trace 选项区单击 Z_{11}、Z_{12}、Z_{21}、Z_{22} 按钮，在显示窗口便可读出 Z 参数和 Z_0 的相对关系，所以

$$\boldsymbol{Z}=50\times\begin{bmatrix}0.24+\mathrm{j}0 & 0.16+\mathrm{j}0\\ 0.16+\mathrm{j}0 & 0.24+\mathrm{j}0\end{bmatrix}\Omega=\begin{bmatrix}12 & 8\\ 0 & 12\end{bmatrix}\Omega$$

【例 6-9】 求图 6-9（a）所示双口网络的 Y 参数矩阵。

解： 方法一：根据定义求解

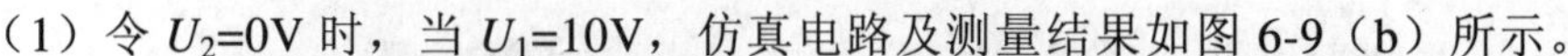

（1）令 U_2=0V 时，当 U_1=10V，仿真电路及测量结果如图 6-9（b）所示。

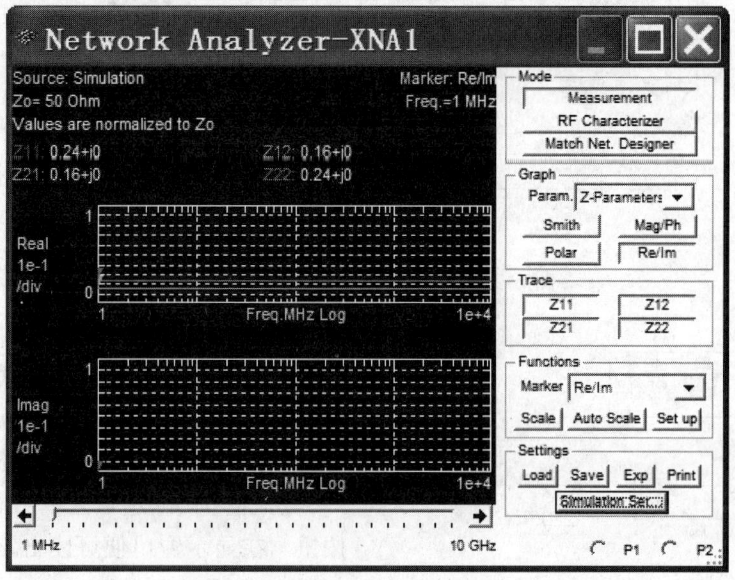

图 6-8 （e）网络分析仪分析结果

$$Y_{11}=\left.\frac{I_1}{U_1}\right|_{U_2=0}=\frac{-3.333}{10}=-0.333\text{S}，\quad Y_{21}=\left.\frac{I_2}{U_1}\right|_{U_2=0}=\frac{16.667}{10}=1.667\text{S}$$

（2）令 U_1=0V 时，当 U_2=10V，仿真电路及测量结果如图 6-9（c）所示。

$$Y_{22}=\left.\frac{I_2}{U_2}\right|_{U_1=0}=\frac{6.667}{10}=0.667\text{S}$$

$$Y_{12}=\left.\frac{I_1}{U_2}\right|_{U_1=0}=\frac{-3.333}{10}=-0.333\text{S}$$

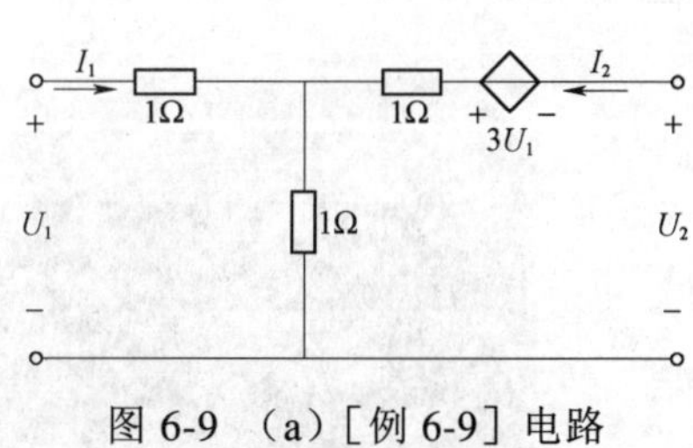

图 6-9 （a）［例 6-9］电路

所以 $Y=\begin{bmatrix}Y_{11} & Y_{12}\\ Y_{21} & Y_{22}\end{bmatrix}=\begin{bmatrix}-0.333 & -0.333\\ 1.667 & 0.667\end{bmatrix}\text{S}$

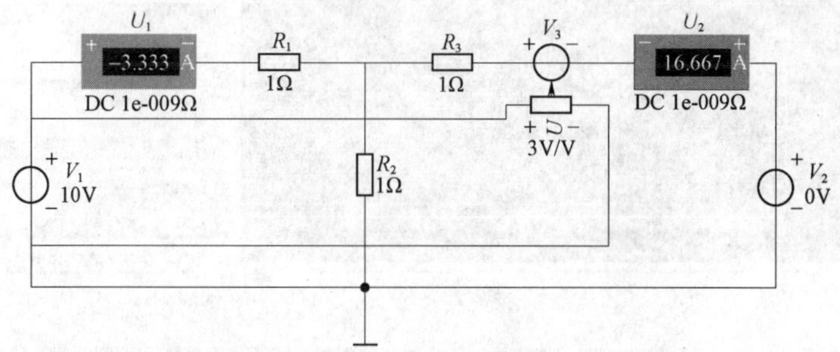

图 6-9 （b）Y_{11} 和 Y_{21} 参数测试电路

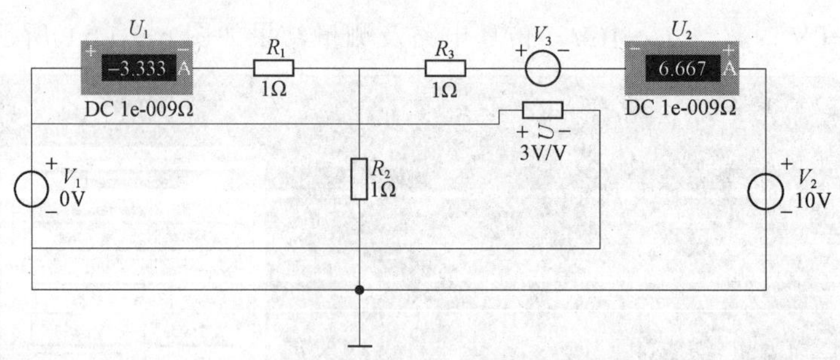

图 6-9 （c）Y_{22} 和 Y_{12} 参数测试电路

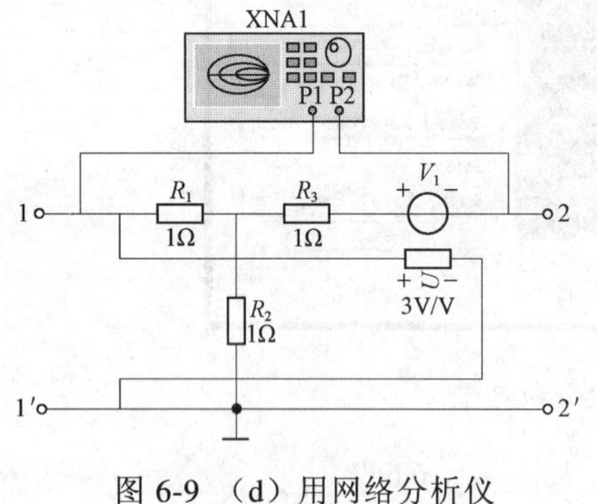

图 6-9 （d）用网络分析仪求解 Y 参数的电路

方法二：用网络分析仪求解

按图 6-9（d）接好电路，双击网络分析仪，弹出如图 6-9（e）所示的控制面板，在 Mode 选项区选择 Measurement，在 Graph 选项区选择 Y 参数，在 Trace 选项区单击 Y_{11}、Y_{12}、Y_{21}、Y_{22} 按钮，在显示窗口便可读出 Y 参数和 Z_0 的相对关系，所以

$$Y = \frac{1}{50} \times \begin{bmatrix} -16.667 + \mathrm{j}0 & -16.667+\mathrm{j}0 \\ 83.333+\mathrm{j}0 & 33.333+\mathrm{j}0 \end{bmatrix} \mathrm{S}$$

$$= \begin{bmatrix} -0.333 & -0.333 \\ 1.667 & 0.337 \end{bmatrix} \mathrm{S}$$

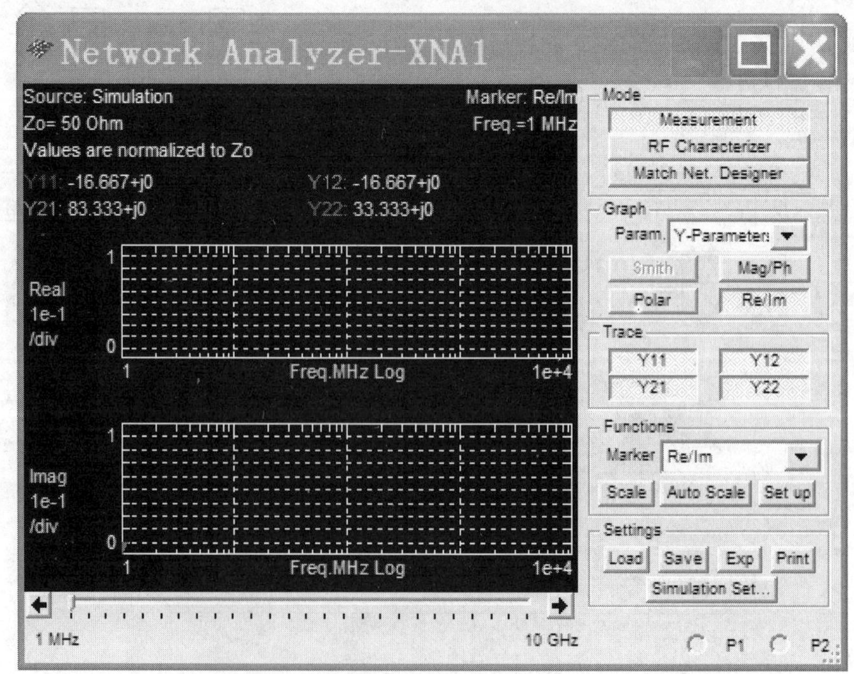

图 6-9 （e）网络分析仪分析结果

6.3 瞬 态 电 路

6.3.1 一阶瞬态电路

【例 6-10】 如图 6-10（a）所示电路原处于稳态，在 $t=0$ 时将开关 S 闭合。（1）用三要素法求换路后电容电压 u_C 的表达式。（2）测量电容电压 u_C 的变化曲线并求经过一个时间常数后的电容电压值。

解：1. 用三要素法求换路后电容电压的表达式

（1）用电压表测量电容电压的初始值，即换路前电容电压的稳态值，仿真电路如图 6-10（b）所示，测量得 $u_C(0_+)$=11.994V。

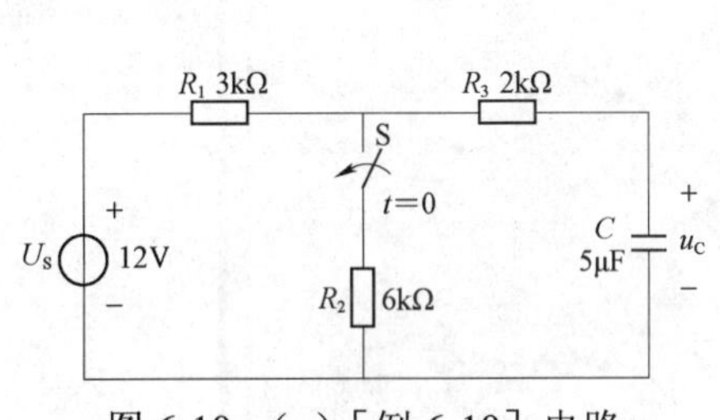

图 6-10 （a）［例 6-10］电路

图 6-10 （b）用电压表测量初始值

（2）用电压表测量换路后电容电压的稳态值，仿真电路如图 6-10（c）所示，测量得 $u_C(\infty)$=7.997V。

（3）用万用表欧姆挡测量换路后电容 C 两端的戴维南等效电阻，仿真电路如图 6-10（d）所示，测量得 R_o=4kΩ，则时间常数为 $\tau=R_oC=4\times10^3\times5\times10^{-6}$=20ms。

由三要素公式可得电容电压的表达式为：$u_C(t)=8+4e^{-50t}$V。

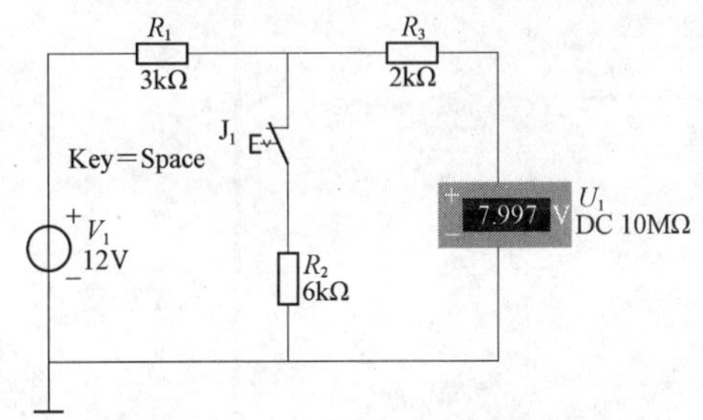

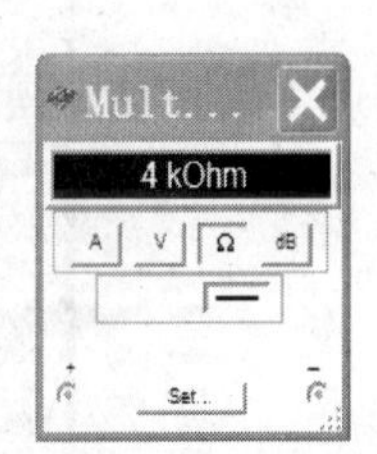

图 6-10 （c）用电压表测量稳态值

图 6-10 （d）用万用表欧姆挡测量等效电阻

2. 用瞬态分析法观测电容电压 u_C 的波形

单击 Options/Sheet Properties/Circuit/Net Names 命令显示电路节点，如图 6-10（e）所示。用鼠标左键双击电容，在弹出窗口的 Value 页面中选择 Initial Condition，并设置初始条件为 12V，如图 6-10（f）所示。

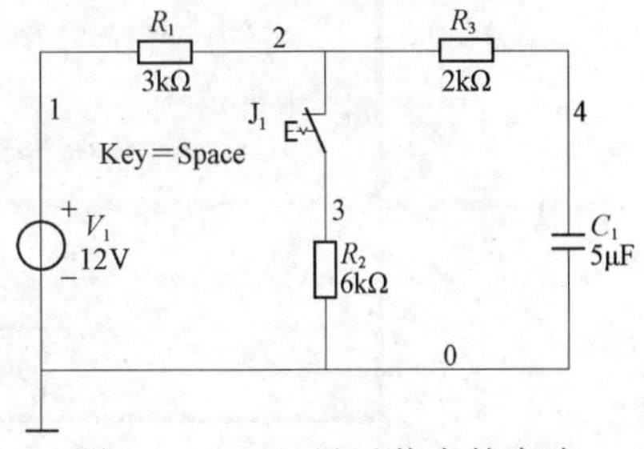

图 6-10 （e）显示节点的电路

单击 Simulate/Analyses/Transient Analysis 命令，在瞬态分析对话框中设置初始条件为“User- defined”，设置起始时间和终止时间（终止时间通常取 5τ），如

图 6-10（g）所示。在图 6-10（h）所示输出变量页面设置 4 节点为要分析的节点，单击 Simulate 按钮即可得到电容电压（即 4 节点到地之间的电压）波形如图 6-10（i）所示。点击 按钮可读数，将游标拖至 20ms 处即可得到经过一个时间常数后的电容电压值为 $u_C(\tau)\approx 9.46$V。

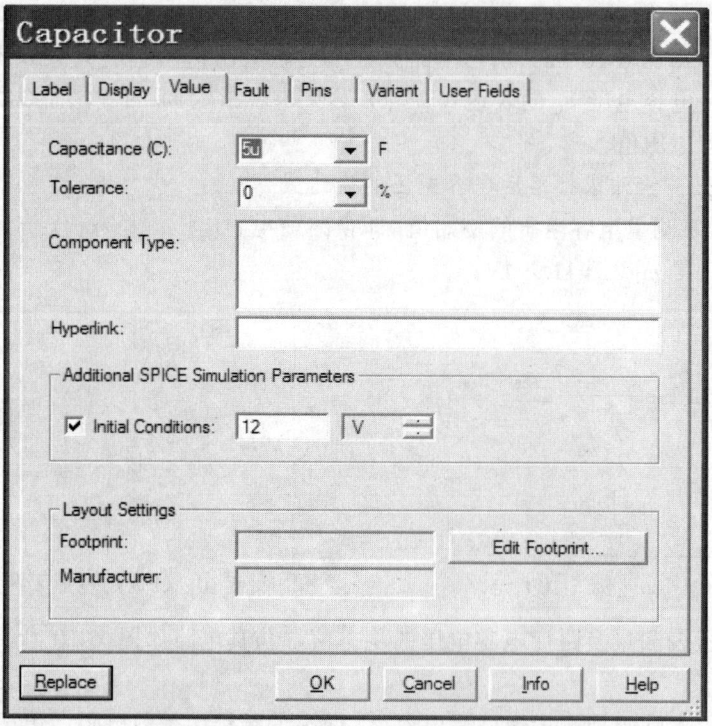

Capacitor
Label | Display | Value | Fault | Pins | Variant | User Fields
Capacitance (C): 5u F
Tolerance: 0 %
Component Type:
Hyperlink:
Additional SPICE Simulation Parameters
Initial Conditions: 12 V
Layout Settings
Footprint: Edit Footprint...
Manufacturer:
Replace OK Cancel Info Help

图 6-10　（f）设置电容的初始电压

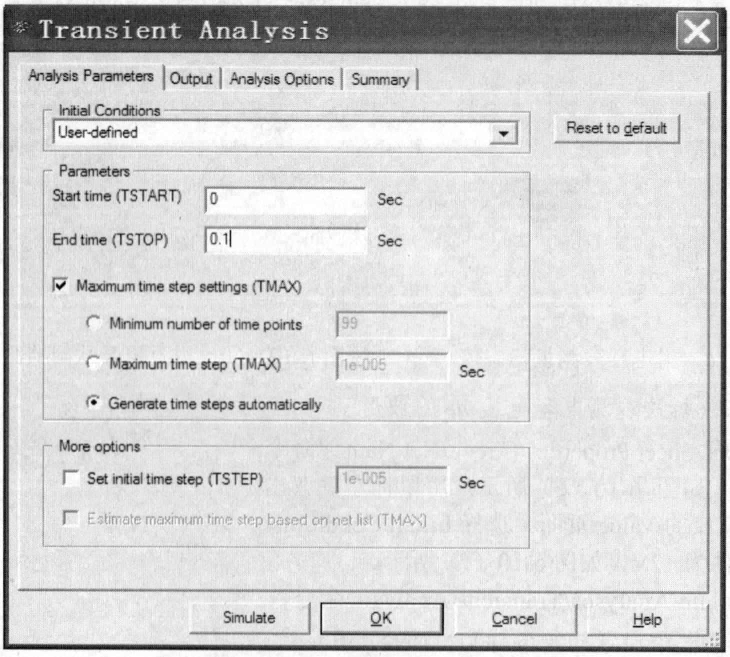

Transient Analysis
Analysis Parameters | Output | Analysis Options | Summary
Initial Conditions
User-defined
Reset to default
Parameters
Start time (TSTART) 0 Sec
End time (TSTOP) 0.1 Sec
Maximum time step settings (TMAX)
Minimum number of time points 99
Maximum time step (TMAX) 1e-005 Sec
Generate time steps automatically
More options
Set initial time step (TSTEP) 1e-005 Sec
Estimate maximum time step based on net list (TMAX)
Simulate OK Cancel Help

图 6-10　（g）瞬态分析对话框设置

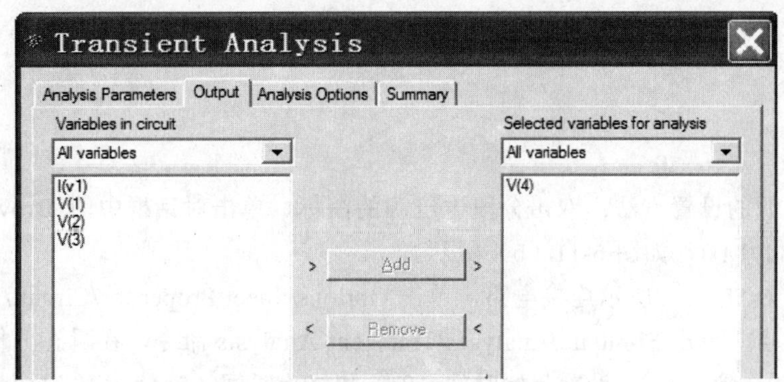

图 6-10 （h）瞬态分析输出变量设置

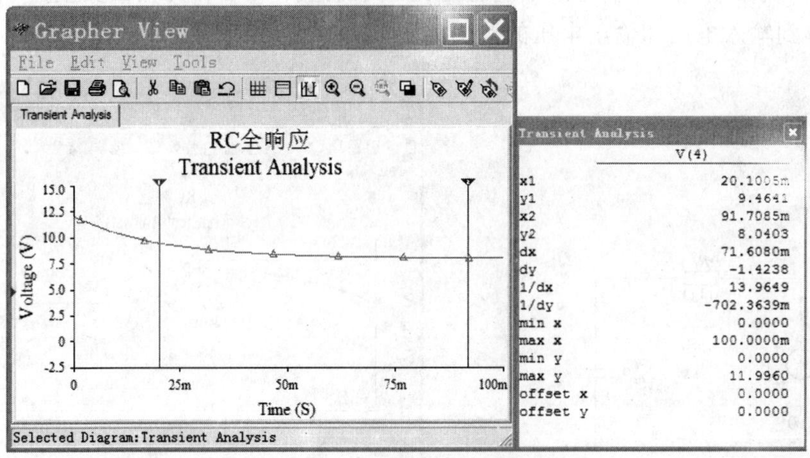

图 6-10 （i）电容电压 u_C 的波形

【例 6-11】 电路及输入电压波形如图 6-11（a）所示，求输出电压 u_C 的波形。

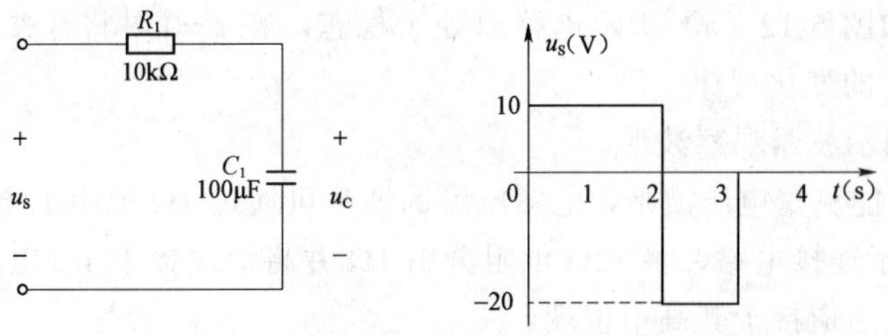

图 6-11 （a）［例 6-11］电路及输入电压波形

解：（1）输入电压源采用分段电压源，该分段电压源由文本文件的内容决定，文本文件用写字板写入，写完后，命名文件名如 fddy1，保存为文本文件（后缀.txt）模式。该文本文件的内容如下：

时间（s）	电压（V）
0	0
0	10

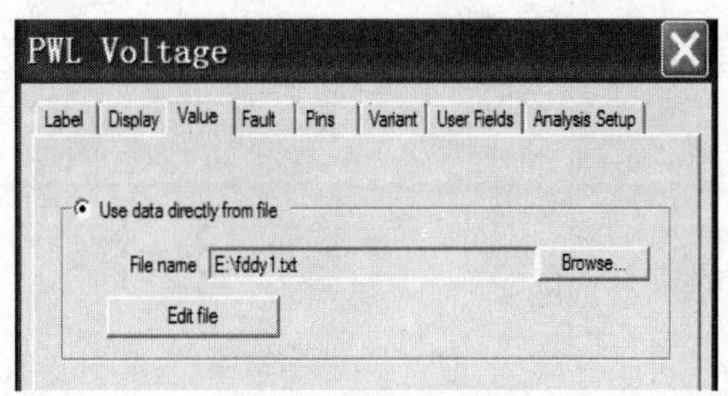

图 6-11 （b）分段电压源的设置

2	10
2	–20
3	–20
3	0

分段电压源的设置方法：双击分段电压源的图标，单击对话框中的 Browse 按钮，在选项中选择 fddy1.txt，如图 6-11（b）所示。

（2）按图 6-11（c）所示连接电路，单击 Options/Sheet Properties/Circuit/Net Names 命令显示电路节点，单击 Simulate/Analyses/Transient Analysis 命令，在瞬态分析对话框设置初始条件为"Set to Zero"，设置起始时间（0s）和终止时间（5s），在输出变量页面设置要分析的节点，为了将输入、输出波形进行对比，同时选择 1、2 作为输出变量，单击 Simulate 按钮即可得到输入电压和输出电压的波形如图 6-11（d）所示。

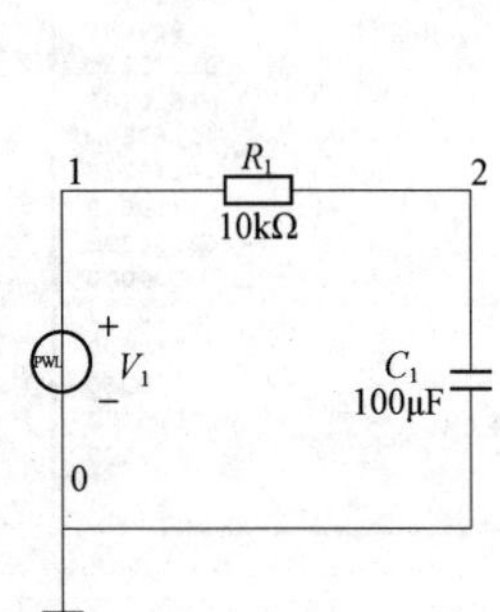

图 6-11 （c）显示节点的电路

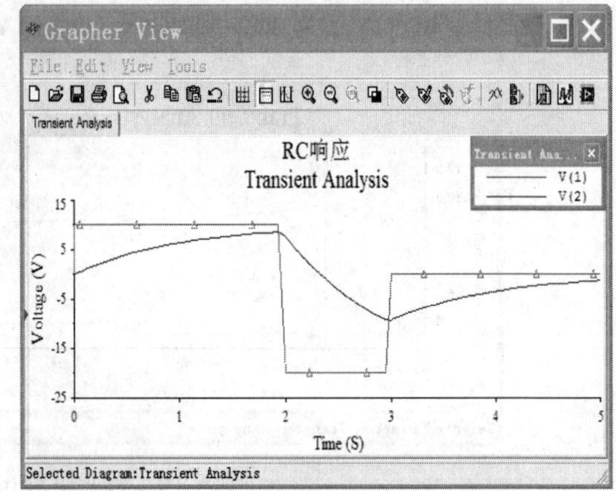

图 6-11 （d）输入电压和输出电压的波形

【例 6-12】 如图 6-12（a）所示电路原处于稳态，在 t =0 时将开关 S 闭合，试观察 S 闭合后电感电流 i_L 的变化规律。

解：本题采用示波器观察波形。

（1）示波器只能测量电压波形，电感电流的波形可通过 1Ω 电阻上电压波形间接得到。按图 6-12（b）所示连接电路，将 12Ω 电阻分出 1Ω 并将地线接于 1Ω 电阻的低电位端，将示波器的任意一个通道接于其高电位端。

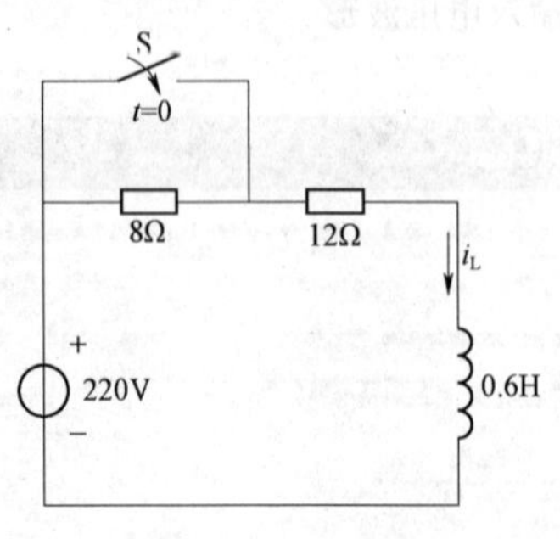

图 6-12 （a）［例 6-12］电路

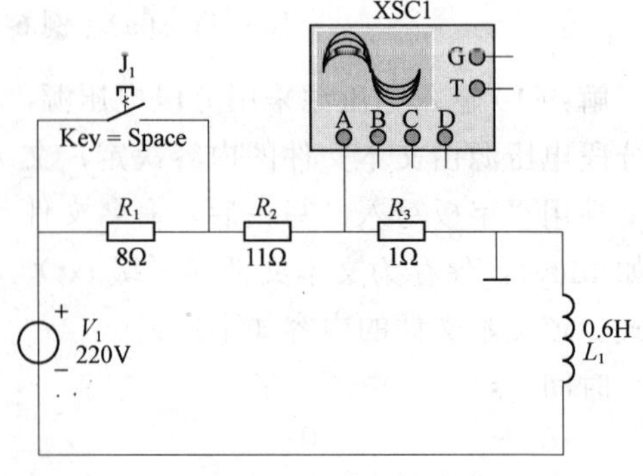

图 6-12 （b）测量电路

（2）接通仿真电源开关，再按空格键将 S 闭合，并调整时间轴刻度和纵轴刻度即可得到如图 6-12（c）所示波形。用鼠标左键拖动游标可同时读出曲线上任意两点的数据及其差值，并显示在示波器观察窗口中。由图可知 $i_L(0_+)=11\text{A}$，$i_L(\infty)=18.3\text{A}$，$\tau=0.6/12=0.05\text{s}$。

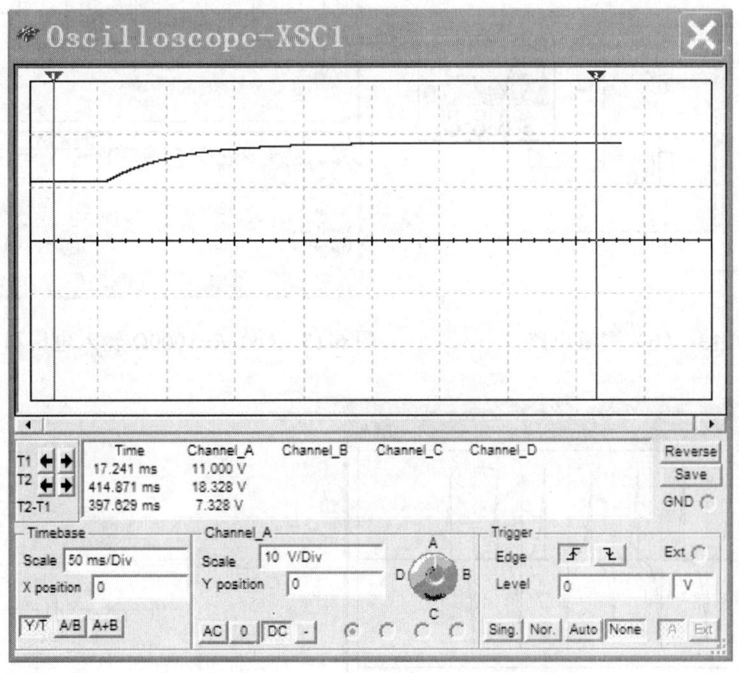

图 6-12 （c）示波器显示的电感电流波形

所以电感电流 $$i_L(t)=18.3-7.3\text{e}^{-20t}\text{A}$$

本题也可采用瞬态分析法分析，请读者自己分析并总结分析要点。

【例 6-13】 电路如图 6-13（a）所示，已知输入电压 u_S 为频率 1000Hz 的方波，$C=1\mu\text{F}$，若电阻（1）$R=1000\Omega$；（2）$R=100\Omega$，试分别画出电阻电压 u_o 的波形。

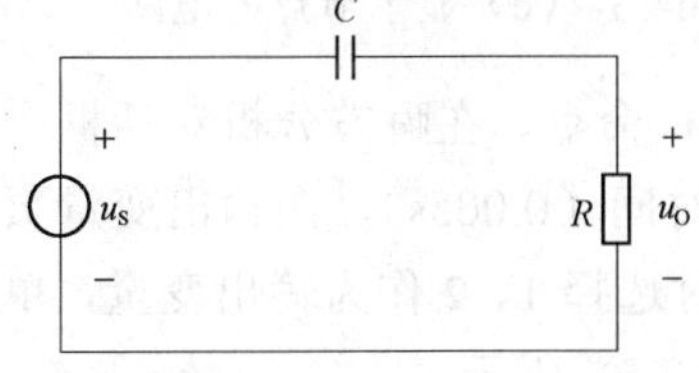

图 6-13 （a）［例 6-13］电路

解：方法一：用示波器观察波形

（1）$R=1000\Omega$ 时，在电路工作窗口创建分析的电路，如图 6-13（b）所示。用示波器测量波形，单击暂停按钮，使示波器显示的波形静止，输入电压和电阻电压的波形如图 6-13（c）所示。

（2）把电阻改为 $R=100\Omega$，重新仿真，输入电压和电阻电压的波形如图 6-13（d）所示。

从上面的分析可以看出：电阻阻值越小，输出波形越尖，输出电压越接近于输入电压的微分。

方法二：用瞬态分析法分析波形

（1）$R=1000\Omega$ 时，单击 Options/Sheet Properties/Circuit/Net Names 命令显示电路节点，

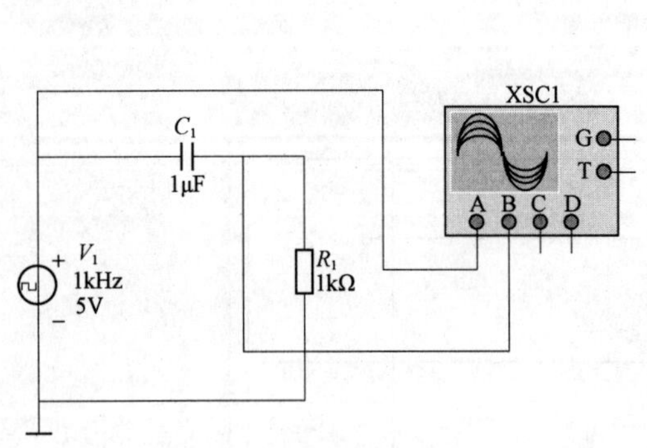

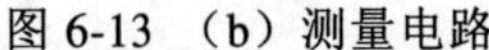
图 6-13 （b）测量电路

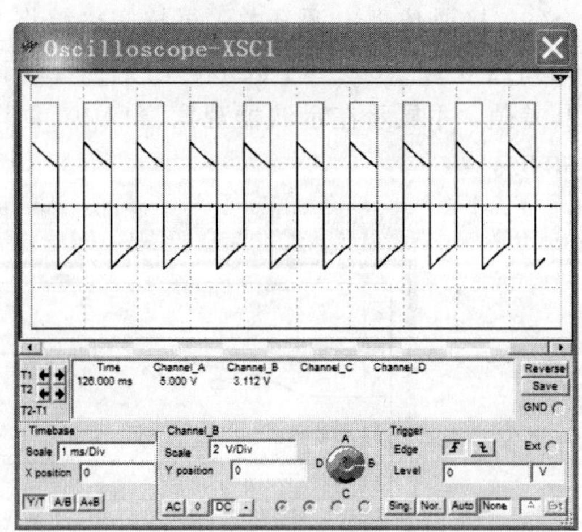

图 6-13 （c）*R*=1000Ω 输入电压和电阻电压波形

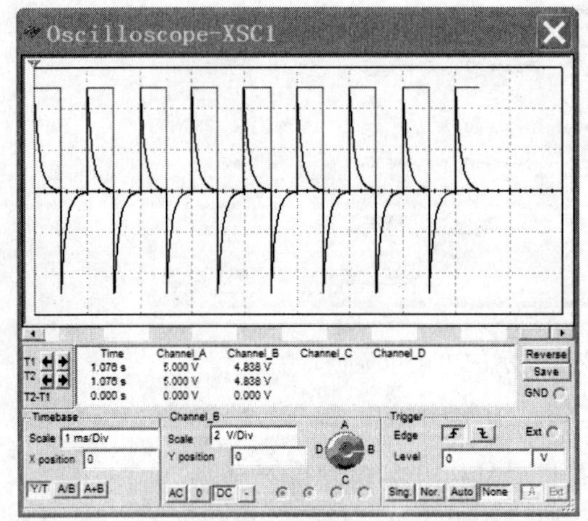

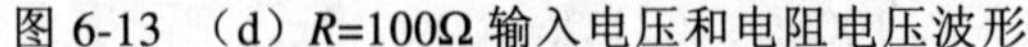
图 6-13 （d）*R*=100Ω 输入电压和电阻电压波形

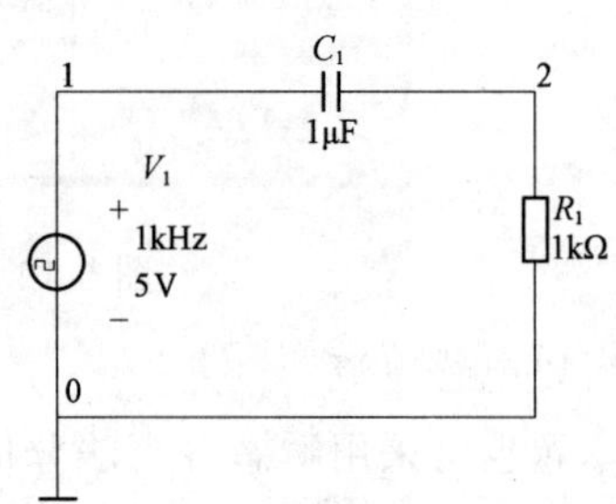

图 6-13 （e）显示节点的电路

如图 6-13（e）所示。单击 Simulate/Analyses/Transient Analysis 命令，在瞬态分析对话框中设置初始条件为“Set to Zero”，设置起始时间（0s）和终止时间（0.005s），在输出变量页面设置要分析的节点，为了将输入、输出波形进行对比，同时选择 1、2 作为输出变量，单击 Simulate 按钮即可得到输入电压和电阻电压波形如图 6-13（f）所示。

（2）把电阻改为 *R*=100Ω，重新仿真，输入电压和电阻电压波形如图 6-13（g）所示。

方法三：用参数扫描法分析波形

单击 Simulate/Analyses/ Parameter Sweep 命令，对 Parameter Sweep 对话框进行设置，如图 6-13（h）所示。在输出变量页面设置要分析的节点，为了将输入、输出波形进行对比，同时选择 1、2 作为输出变量。同时点击 Edit Analysis 进行设置，在瞬态分析扫描对话框中设置初始条件为“Set to Zero”，设置起始时间（0s）和终止时间（0.005s）。单击 Simulate 按钮，屏幕显示如图 6-13（i）所示的分析结果。

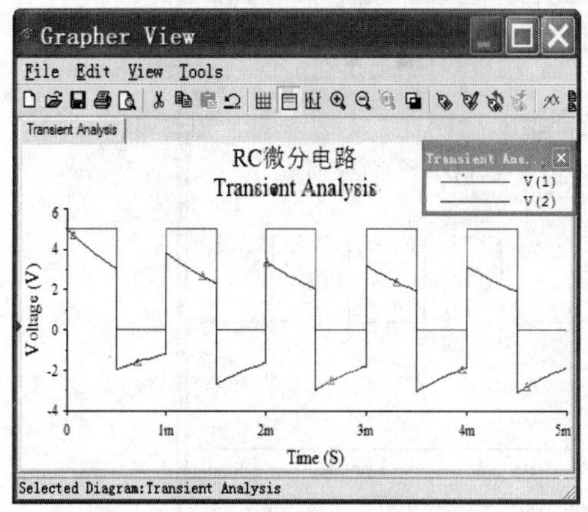

图 6-13 （f）R=1000Ω 输入电压和电阻电压波形

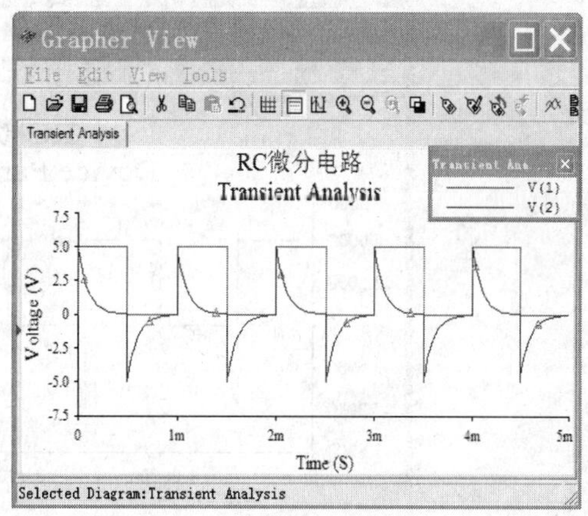

图 6-13 （g）R=100Ω 输入电压和电阻电压波形

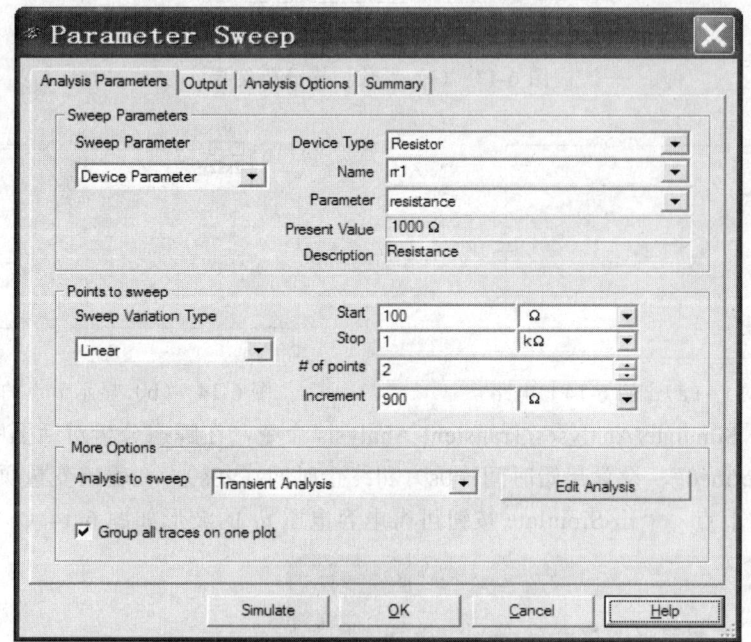

图 6-13 （h）参数扫描分析设置

6.3.2 二阶瞬态电路

【例 6-14】 电路如图 6-14（a）所示，已知 R=2kΩ，L=1H，C=2.5mF，电容初始电压 $u_C(0_+)$=2V，试求电容电压 u_C 的变化曲线。

解：本题为二阶电路的零输入响应，采用瞬态分析法观测波形。

（1）单击 Options/Sheet Properties/Circuit/Net Names 命令显示电路节点，如图 6-14（b）所示。用鼠标左键双击电容，在弹出窗口的 Value 页面中选择 Initial Condition，并设置初始条件为 2V。

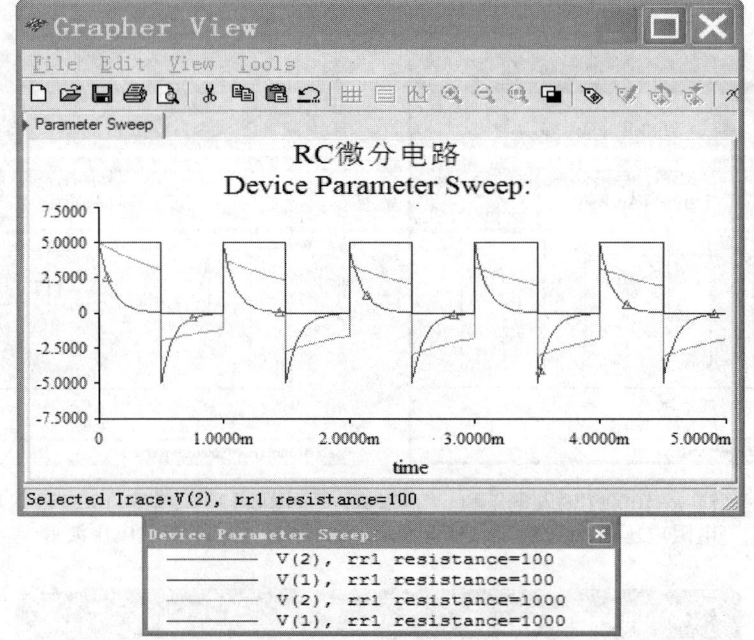

图 6-13 （i）参数扫描分析结果

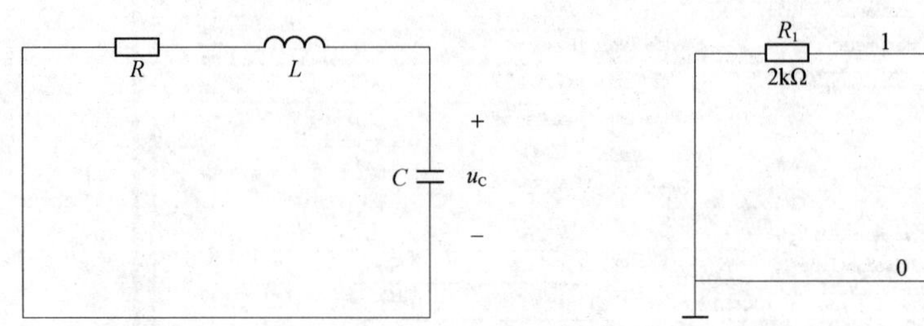

图 6-14 （a）[例 6-14] 电路　　　　图 6-14 （b）显示节点的电路

（2）单击 Simulate/Analyses/Transient Analysis 命令，在瞬态分析对话框中设置初始条件为“User-defined”，设置起始时间（0s）和终止时间（20s），在输出变量页面设置 2 节点为要分析的节点，单击 Simulate 按钮可得电容电压 u_C 的波形如图 6-14（c）所示。

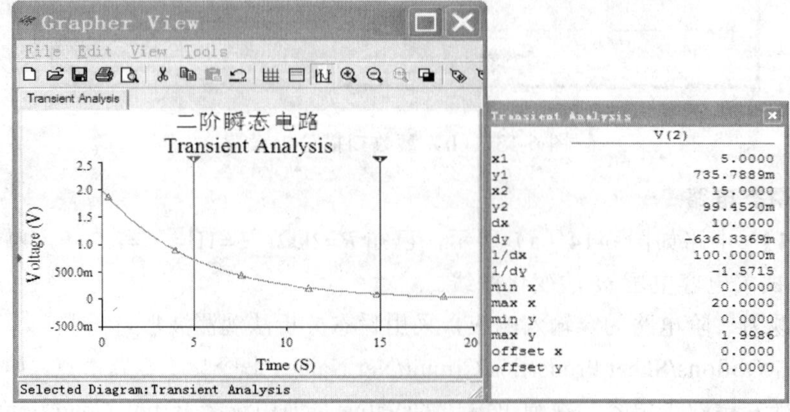

图 6-14 （c）电容电压 u_C 的波形

【例 6-15】 图 6-15（a）所示电路原处于稳态，在 t=0 时将开关 S 闭合，已知 I_S=1A，L=1H，C=1F，求 t>0 时电感电流 i_L 的变化曲线。若（1）R=0.1Ω；（2）R=0.5Ω；（3）R=10Ω。

解：本题为二阶电路的零状态响应，采用瞬态分析法观测波形。

（1）R=0.1Ω时，在电路工作窗口创建分析的电路，如图 6-15（b）所示。单击 Simulate/Analyses/Transient Analysis 命令，在瞬态分析对话框设置初始条件为“Set to Zero”，设置起始时间（0s）和终止时间（50s），在输出变量页面设置 3 节点为要分析的节点，单击 Simulate 按钮可得电感电流 i_L 的波形如图 6-15（c）所示，可知电路处于过阻尼状态。

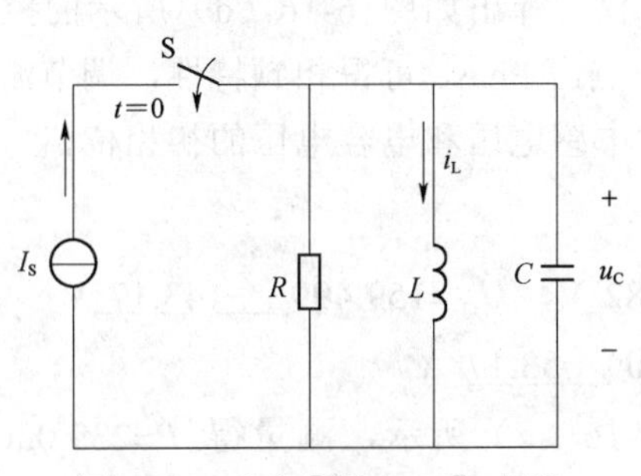

图 6-15 （a）［例 6-15］电路

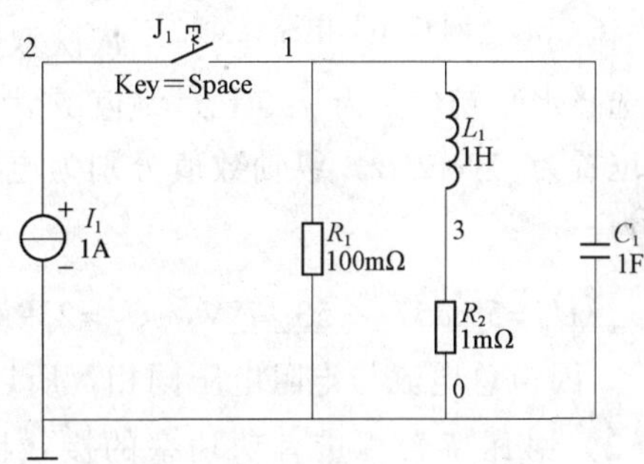

图 6-15 （b）显示节点的电路

（2）把电阻改为 R=0.5Ω时，重新仿真，电感电流 i_L 的波形如图 6-15（d）所示，此时电路处于临界阻尼状态。

（3）把电阻改为 R=10Ω时，重新仿真，电感电流 i_L 的波形如图 6-15（e）所示，此时电路处于欠阻尼状态。

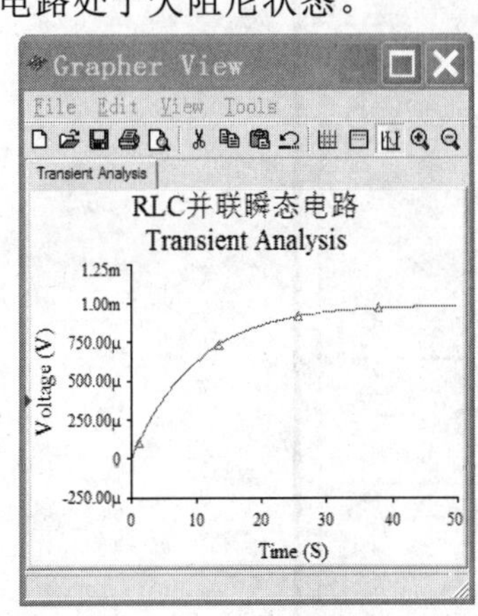

图 6-15 （c）R=0.1Ω时 i_L 波形

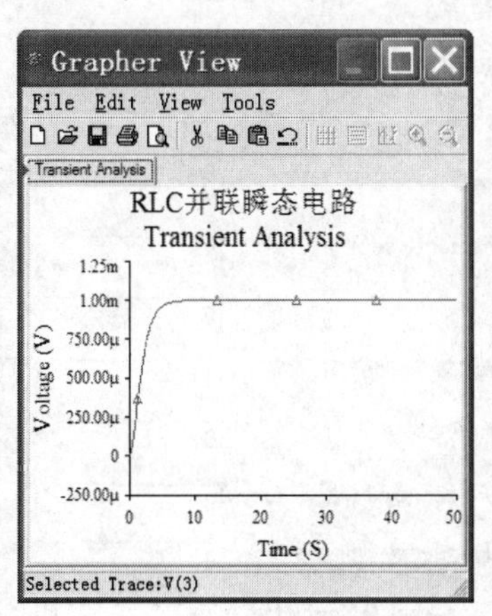

图 6-15 （d）R=0.5Ω时 i_L 波形

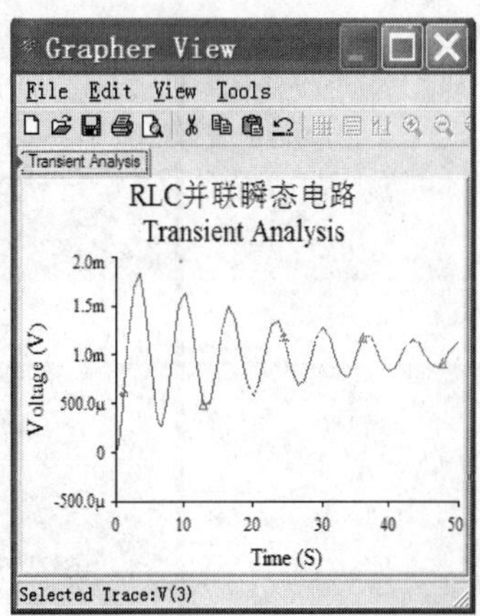

图 6-15 （e）R=10Ω时 i_L 波形

6.4 单 相 交 流 电 路

6.4.1 用测量法分析交流电路

【例 6-16】 在图 6-16(a)所示的 RLC 串联电路中，已知输入电压 $u=100\sqrt{2}\cos(5000t)$V，

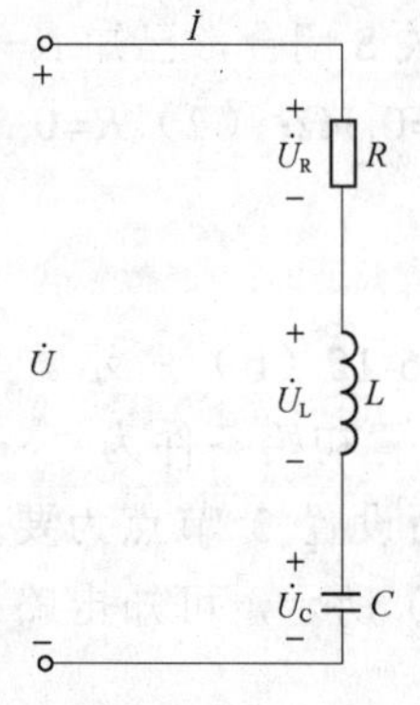

图 6-16 （a）［例 6-16］电路

R=15Ω，L=12mH，C=5μF，试求：（1）电压相量$\dot{U}_R$、$\dot{U}_L$、$\dot{U}_C$和电流相量$\dot{I}$；（2）有功功率P、无功功率Q和视在功率S。

解：（1）在电路工作窗口创建所要分析的电路，用鼠标双击电压源，对交流电压源进行设置如图 6-16（b）所示，本题 $f=\dfrac{5000}{2\pi}=796.2\text{Hz}$。用电压表和电流表的 AC 挡测量各电压和电流的有效值，用波特图仪测量各电压的初相位，测量电路如图 6-16（c）所示。

依次双击波特图仪，弹出如图 6-16（d）所示的控制面板。选择水平初值 I 为 790Hz，终值 F 为 800Hz，点击 Phase 可得相频特性，调节游标的水平位置为 796.2Hz，纵轴数值分别为电阻电压、电感电压和电容电压的初相位值。测量结果为

$$\dot{U}_R=59.857\angle -53.17^\circ\text{V}，\ \dot{U}_L=239.605\angle 36.82^\circ\text{V}，\ \dot{U}_C=159.499\angle -143.17^\circ\text{V}$$

因为总电流与电阻电压同相，所以$\dot{I}=3.990\angle -53.17^\circ\text{A}$。

（2）用瓦特表测量有功功率的接线图如图 6-16（e）所示，测量得 P=239.030W，$\cos\varphi=0.599$（$\cos\varphi$为负载的功率因数），可求得 $\varphi=\arccos 0.599\approx 53^\circ$，视在功率

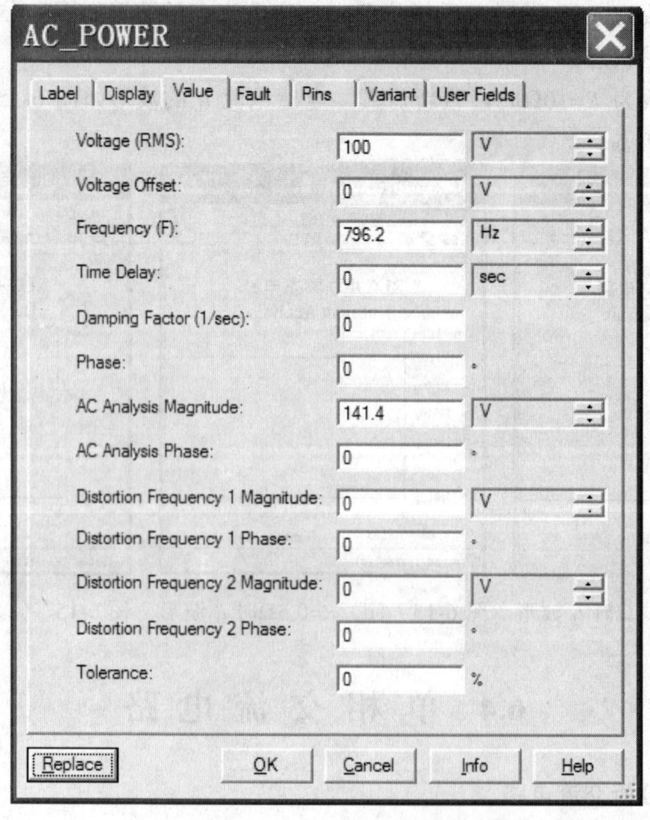

图 6-16 （b）对交流电压源进行设置

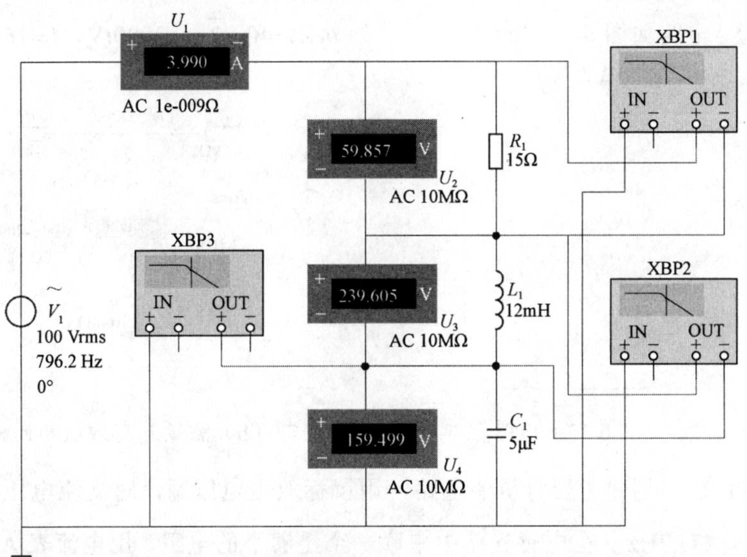

图 6-16 （c）测量有效值和初相位的电路图

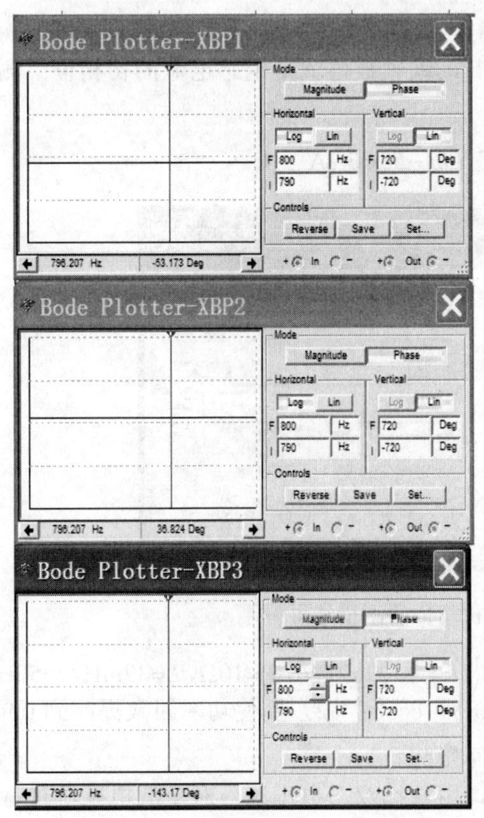

图 6-16 （d）电阻电压、电感电压和电容电压的相频特性

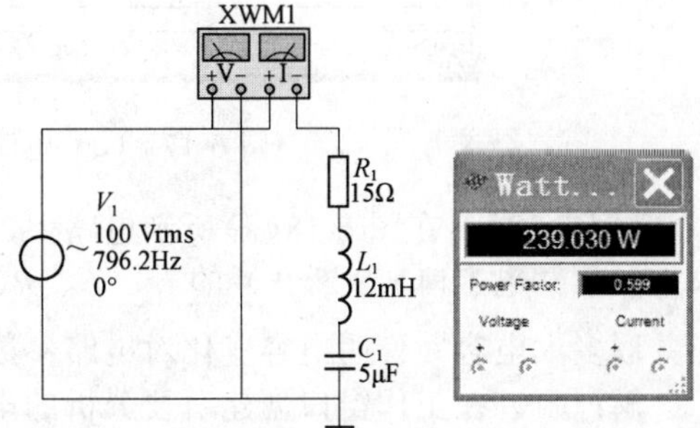

图 6-16 （e）用瓦特表测量有功功率的接线图

$S=\dfrac{P}{\cos\varphi}=\dfrac{239}{0.599}=399\text{VA}$，无功功率 $Q=S\sin\varphi\approx399\times\sin53°\approx319\,\text{var}$。

【例 6-17】　电路如图 6-17（a）所示，已知 $u_S(t)=40\sqrt{2}\cos3000t$V，$L$=1/3H，$C$=1/6μF，$R_1=1.5\text{k}\Omega$，$R_2=1\text{k}\Omega$，求电感电流 i_L。

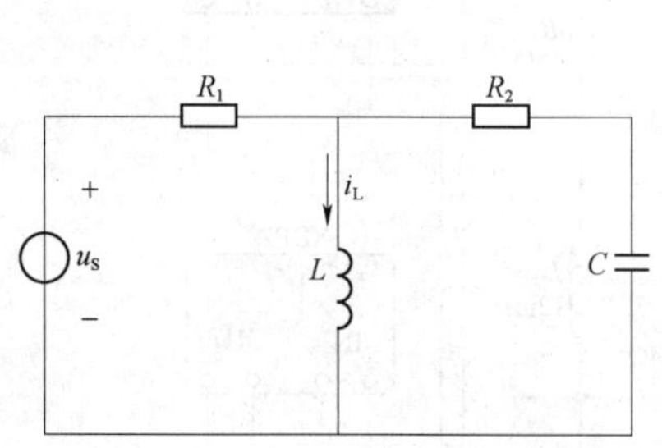

图 6-17　(a)［例 6-17］电路

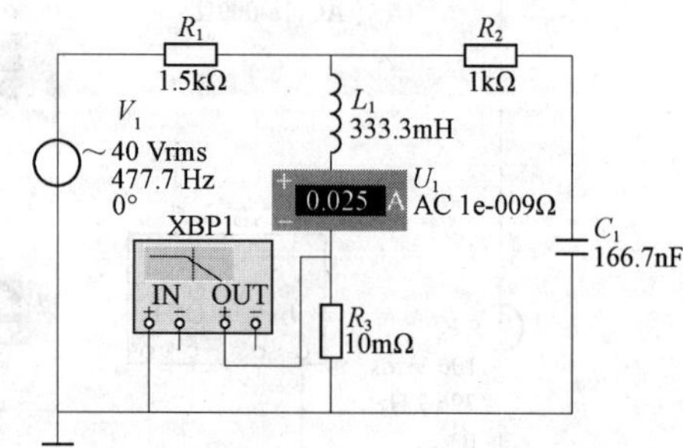

图 6-17　(b) 测量 i_L 有效值和初相位的电路图

解：在工作窗口创建所要分析的电路，用鼠标双击电压源，对交流电压源进行设置，本题 $f=\dfrac{3000}{2\pi}=477.7\text{Hz}$。在电感支路中串联一个足够小的电阻，用电流表 AC 挡测量电感电流的有效值，用波特图仪测量初相位，电路如图 6-17（b）所示。双击波特图仪，弹出如图 6-17（c）所示的控制面板。选择水平初值 I 为 470Hz，终值 F 为 485Hz。点击 Phase 便得相频特性，调节游标的水平位置为 477.7Hz，纵轴数值就是电感电流的初相位。测量得 $\dot{I}_L=0.025\angle{-55.33°}$A，所以

$$i_L(t)=0.025\sqrt{2}\cos(3000t-55.33°)\text{A}$$

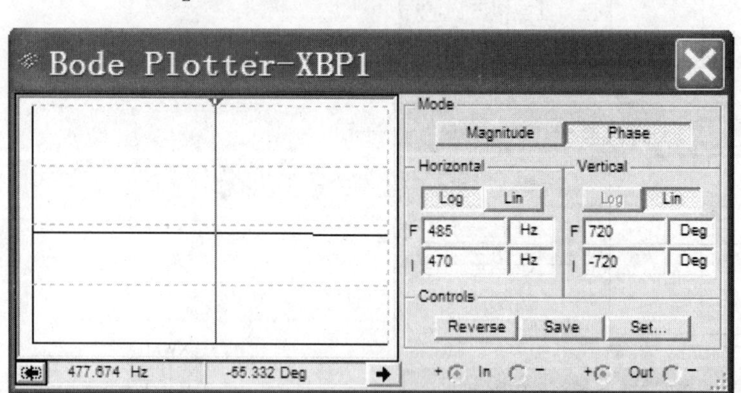

图 6-17　(c) 电流 i_L 初相位的测量结果

【例 6-18】　在图 6-18(a)所示电路中，已知 $\dot{U}=20\sqrt{2}\angle0°\text{V}$，$R$=10Ω，$L$=32mH，$f$=50Hz。求：(1) 并电容前（S 断开）的 $\dot{I}_1$、$\dot{I}$、P、Q、S、$\cos\varphi$；(2) 要使功率因数提高到 0.95，应并联多大电容？说明电容变化对电路参数有何影响？

解：(1) 在工作窗口创建所要分析的电路，用鼠标双击电压源，对交流电压源进行设置，本题 f=50Hz。用电流表 AC 挡测量电流的有效值，用瓦特表测量有功功率和功率因数，并电容前（S 断开）的测量电路如图 6-18（b）所示，可得

$P\approx40$W，$\cos\varphi=\cos\varphi_1=0.705$（$\cos\varphi_1$ 为负载的功率因数），$\varphi=\arccos0.705=45°$

$\dot{I}=\dot{I}_1\approx2\angle{-45°}$A，　$S=UI\approx28.28\times2=56.56\text{VA}$，　$Q=S\sin\varphi\approx40\,\text{var}$

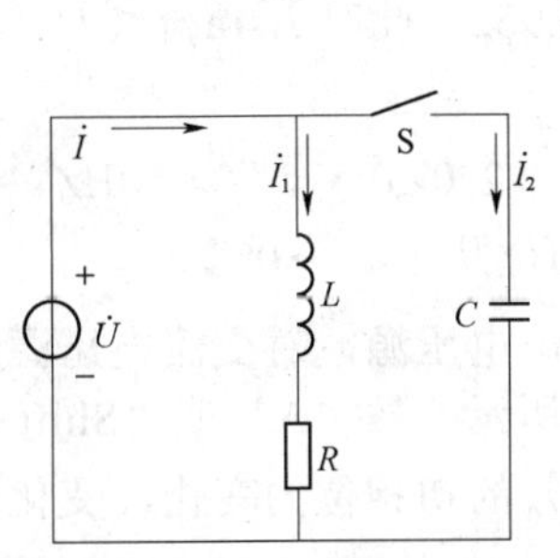

图 6-18 （a）[例 6-18] 电路

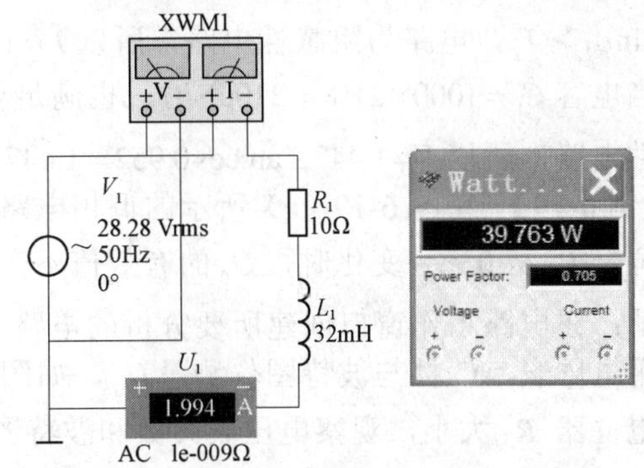

图 6-18 （b）并电容前的测量电路

（2）要提高电路的功率因数，需在感性负载两端并联电容。闭合开关 S，将电容 C 用可变电容 C_1 代替，按“C”或“Shift+C”键调节电容的大小，并观察电路中各量的变化并列表，如表 6-2 所示。如图 6-18（c）所示是 C_1=110μF 时的测量结果。

从表 6-2 可以看出：随着电容 C_1 的增大，I_2 逐渐增大，I 先减小后增大，cosφ 先增大后减小，P 和 I_1 基本保持不变。可见并联电容后，负载的电压、电流、功率因数均没有改变，即负载的工作状态不变。提高功率因数指的是提高整个电路的功率因数，而不是负载本身的功率因数。

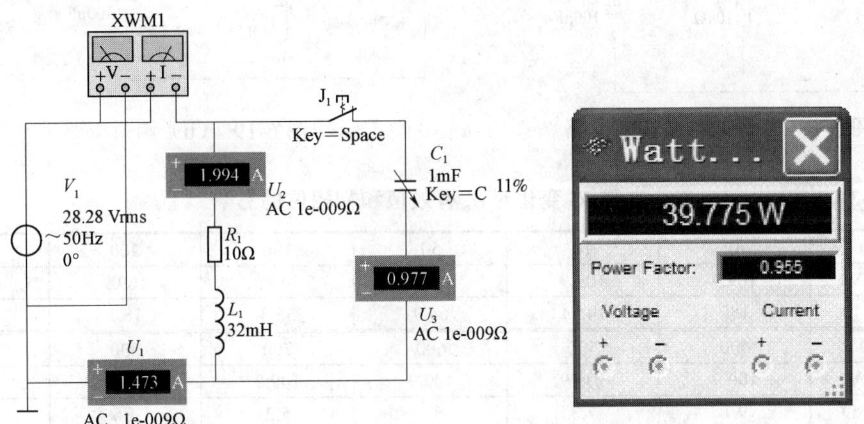

图 6-18 （c）并电容 C_1=110μF 后的测量结果

表 6-2　　电容 C_1 变化对电路的影响

C_1（μF）	I（A）	I_1（A）	I_2（A）	P（W）	cosφ	备　注
0	1.994	1.994	0	39.751	0.705	未并电容
10	1.932	1.994	0.089	39.785	0.728	欠补偿
60	1.660	1.994	0.533	39.753	0.847	
110	1.473	1.994	0.977	39.775	0.955	
160	1.407	1.994	1.422	39.777	1.000	完全补偿
210	1.447	1.994	1.866	39.772	0.952	过补偿
260	1.668	1.994	2.310	39.757	0.843	
310	1.943	1.994	2.754	39.778	0.724	

由图 6-18（c）可知：当电容 $C_1=1000\times11\%=110\mu\text{F}$ 时，满足要求 cosφ=0.955，此

时 $I_1\sin\varphi_1 > I_2$，电路为阻感性电路，所以 $\dot{I}=1.473\angle\arccos 0.955=1.473\underline{/-17.3°}\text{A}$。

当电容 $C_1=1000\times 21\%=210\mu\text{F}$ 时，也满足要求 $\cos\varphi=0.952$，此时 $I_1\sin\varphi_1 < I_2$，电路为阻容性电路，所以 $\dot{I}=1.447\angle\arccos 0.952=1.447\underline{/17.8°}\text{A}$。

【例 6-19】 在图 6-19（a）所示的调相电路中，已知 $\dot{U}=220\angle 0°\text{V}$，$f=50\text{Hz}$。试证明当电位器 R_3 从 0→∞变化时，$\dot{U}_0$ 的有效值不变，它的初相位从 180°→0°变化。

解：在电路工作窗口创建所要分析的电路，用鼠标双击电压源，对交流电压源进行设置。用电压表 AC 挡与波特图仪测量 $\dot{U}_0$，如图 6-19（b）所示。按“A”或“Shift+A”键调节电位器 R_3 大小，观察电压表读数和波特图仪指示的 $\dot{U}_0$ 的初相位的变化，变化规律见表 6-3。如图 6-19（c）所示是 R_3=100Ω 时的测量结果。

从表 6-3 可知：当 R_3 从 0 变到最大时，$\dot{U}_0$ 的有效值 U_0=109.945 保持不变，$\dot{U}_0$ 的初相位从 180°→0°变化。

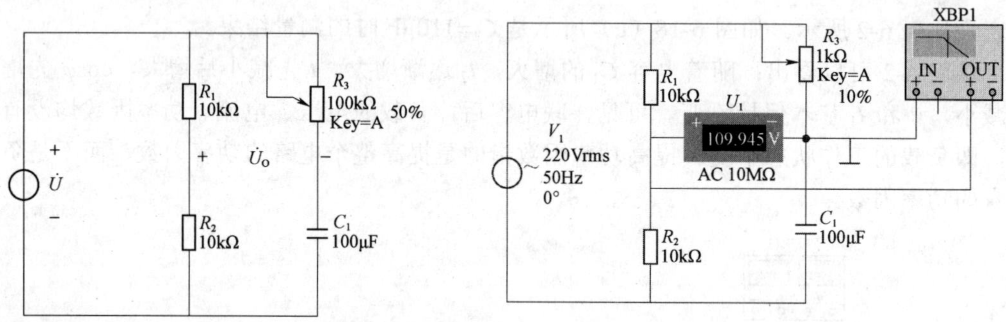

图 6-19 （a）[例 6-19] 电路　　　　图 6-19 （b）测量电路

表 6-3　　电阻 R_3 变化对 $\dot{U}_0$ 有效值和初相位的影响

R_3（Ω）	0	10	50	100	200	300
有效值（V）	109.9	109.9	109.9	109.9	109.9	109.9
初相位（°）	180	145.1	64.9	35.3	18.1	12.1
R_3（Ω）	400	500	600	700	800	900
有效值（V）	109.9	109.9	109.9	109.9	109.9	109.9
初相位（°）	9.1	7.3	6.1	5.2	4.6	4.1

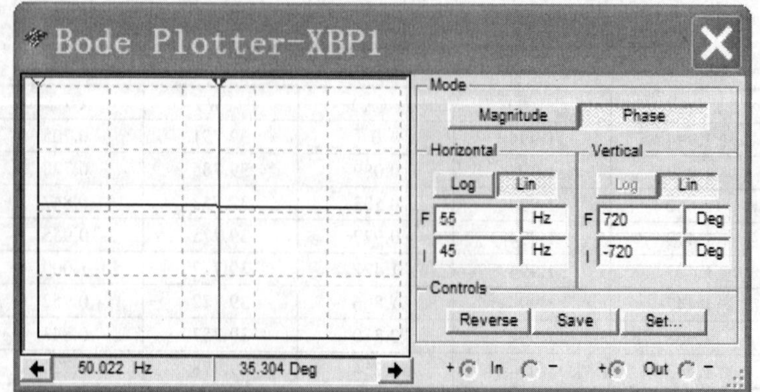

图 6-19 （c）R_3=100 时的测量结果

【例 6-20】 在图 6-20（a）所示电路中，已知$\dot{U}=10\angle 0°$ V，f=1000Hz。求：（1）有功功率 P、功率因数 $\cos\varphi$、阻抗模$|Z|$和总电流$\dot{I}$；（2）判断该电路是感性还是容性电路。

解：（1）在电路工作窗口创建所要分析的电路，如图 6-20（b）所示。用电压表 AC 挡测量总电压有效值，测得 U=10.000V。用电流表 AC 挡测量总电流有效值，测得 I=0.391A。用瓦特表测量有功功率及功率因数，测得 P=3.063W，$\cos\varphi$=0.783。根据测量值可计算出

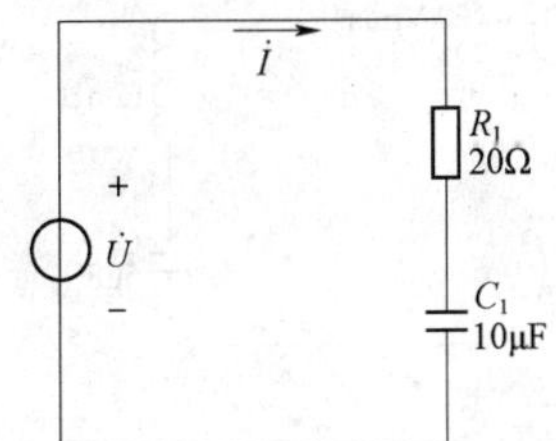

图 6-20 （a）[例 6-20] 电路

$$|Z|=\frac{U}{I}=\frac{10.000}{0.391}\approx 25.8\Omega,\quad \dot{I}=0.391\angle\arccos 0.783=0.391\angle 38.5°\text{A}$$

（2）在图 6-20（b）电路中，R_2 是用于测量电流波形的辅助元件，它的取值必须足够小，不能影响 RC 电路的特性。用示波器可以观察到 RC 电路的电流和电压的波形如图 6-20（c）所示，可以判断出电流超前电压，电路应显容性。

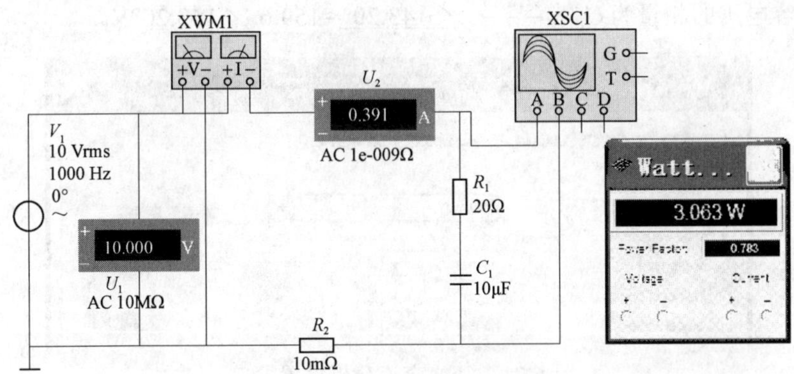

图 6-20 （b）测量电路

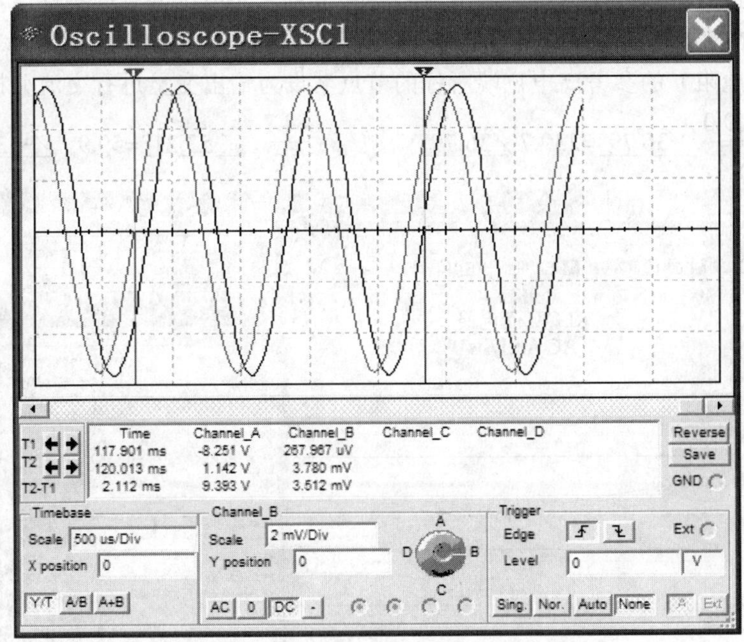

图 6-20 （c）RC 电路的电流和电压波形

6.4.2　用分析法分析交流电路

【例 6-21】 采用交流分析法重新求解［例 6-16］中各电压相量$\dot{U}_R$、$\dot{U}_L$、$\dot{U}_C$。

解：（1）在工作窗口创建分析的电路，用鼠标双击电压源，对交流电压源进行设置，本题 $f=\dfrac{5000}{2\pi}=796.2\text{Hz}$，显示节点的电路如图 6-21（a）所示。

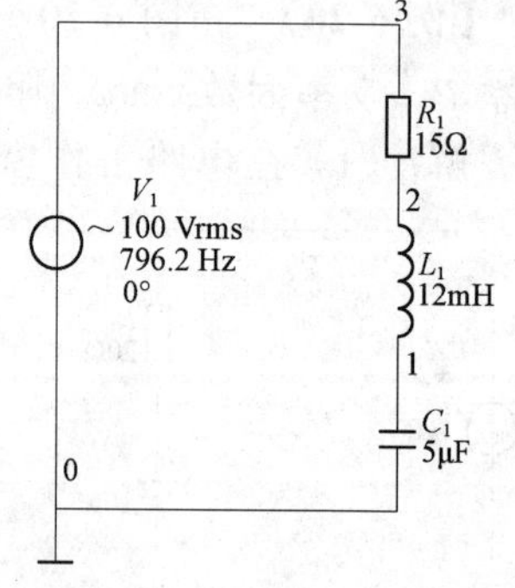

图 6-21　（a）显示节点的电路

（2）单击 Simulate/Analyses/ AC Analysis 命令，对 Frequency Parameters 对话框进行设置，按图 6-21（b）所示进行频率范围、扫描形式、纵轴标尺的设置，点击 Output 选择要分析的节点 1。单击 Simulate 按钮，屏幕显示如图 6-21(c)所示的分析结果，即电容电压的幅频特性曲线和相频特性曲线。将游标拖至 796.2Hz 处，即得电容电压的相量为 $\dot{U}_C=\dfrac{225.7}{\sqrt{2}}\angle -143.20°=159.6\angle -143.20°\text{V}$。

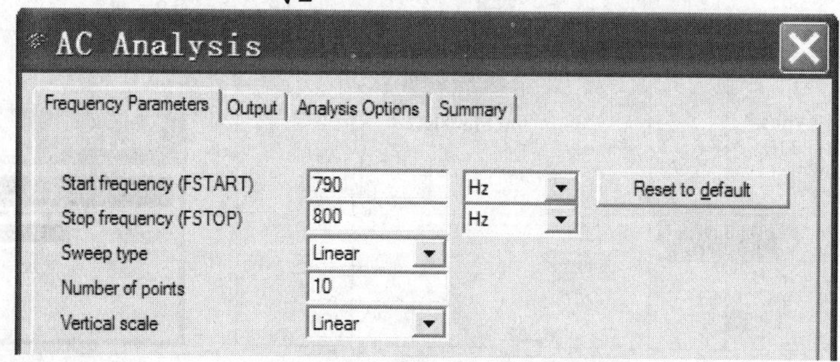

图 6-21　（b）交流分析设置窗口

注意：交流分析法只能分析所选节点与参考节点之间电压的频率特性。本题中欲求电感（或电阻）的电压相量，必须先将电感（或电阻）的参考低电位端设为参考节点（接地），再将电感（或电阻）的参考高电位端所标的节点名设为输出变量进行交流分析，可得

$$\dot{U}_L=\frac{339.0}{\sqrt{2}}\angle 36.79°=239.7\angle 36.79°\text{V},\quad \dot{U}_R=\frac{84.7}{\sqrt{2}}\angle -53.21°=59.9\angle -53.21°\text{V}$$

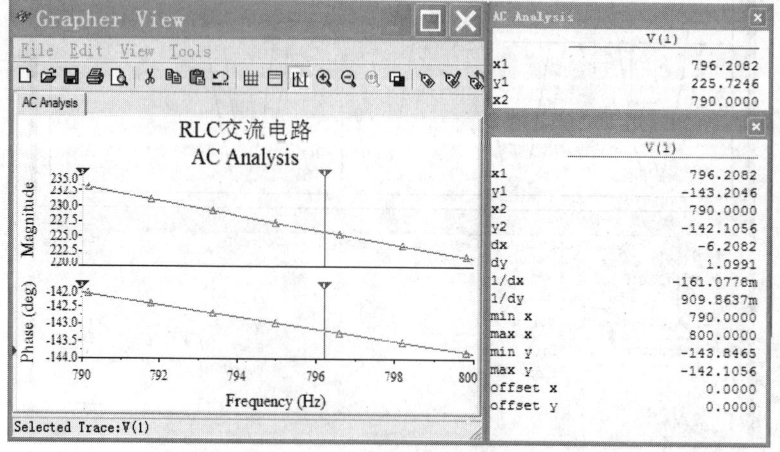

图 6-21　（c）交流分析给出的幅频和相频特性

【例 6-22】 电路如图 6-22（a）所示，已知输入电压 $u_{\mathrm{i}}\sqrt{2}\cos100\pi\mathrm{V}$，试分析带通滤波电路的频率特性。

解：(1) 在电路工作窗口创建分析的电路，用鼠标双击电压源，对交流电压源进行设置，显示节点的电路如图 6-22（b）所示。

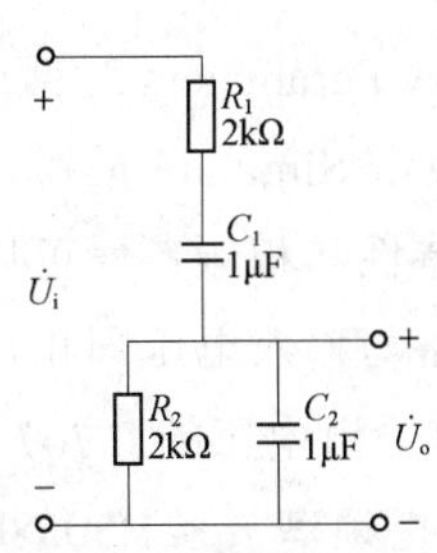

图 6-22 (a)［例 6-22］电路

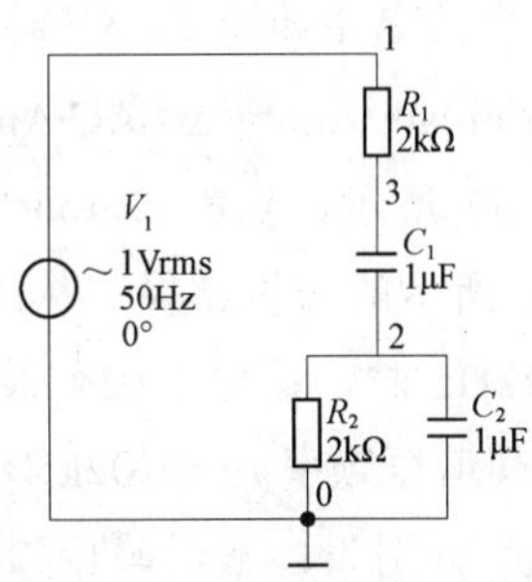

图 6-22 (b) 显示节点的电路

(2) 单击 Simulate/Analyses/AC Analysis 命令，对 Frequency Parameters 对话框进行设置，按图 6-22（c）所示进行频率范围、扫描形式、纵轴标尺的设置，点击 Output 选择要分析的节点 2。单击 Simulate 按钮，屏幕显示如图 6-22（d）所示的分析结果。

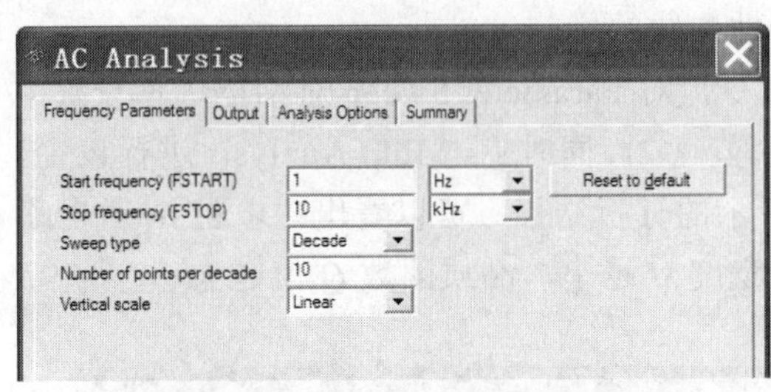

图 6-22 (c) 交流分析设置

从图 6-22（d）所示的幅频特性可知：该带通滤波电路的最高输出电压是输入电压幅值的 1/3，其对应的频率大约为 79.92Hz，而从相频特性可知：最高输出电压的相位约为 0°，即 $\dot{U}_{\mathrm{o}}$ 与 $\dot{U}_{\mathrm{i}}$ 同相位，电路发生谐振，其谐振频率 $f_0\approx79.92\mathrm{Hz}$。由幅频特性还可得到在最高输出电压的 0.707 倍（约 333.3mV）处所对应的频率分别为：下限截止频率 $f_{\mathrm{L}}\approx24.02\mathrm{Hz}$，上限截止频率 $f_{\mathrm{H}}\approx265.94\mathrm{Hz}$。两者之差即为通频带宽度：$\Delta f=f_{\mathrm{H}}-f_{\mathrm{L}}=242\mathrm{Hz}\approx3f_0$。

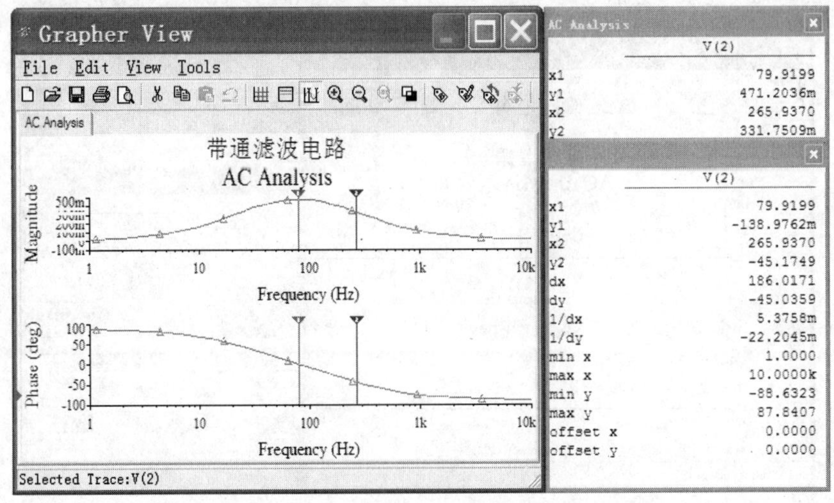

图 6-22 (d) 交流分析给出的幅频和相频特性

【例 6-23】 在 RLC 串联交流电路中，已知输入电压有效值为 1V，f=1000Hz，R=470Ω，L=91mH，C=270μF。（1）当发生串联谐振时，求谐振频率 f_0、品质因数 Q 和通频带宽度 Δf；（2）改变电阻 R，试分析对谐振频率、品质因数和通频带宽度有何影响。

解：（1）在电路工作窗口创建分析的电路，用鼠标双击电压源，对交流电压源进行设置，显示节点的电路如图 6-23（a）所示。

单击 Simulate/Analyses/ AC Analysis 命令，对 Frequency Parameters 对话框进行设置，如图 6-23（b）所示，点击 Output 选择要分析的节点 2，单击 Simulate 按钮，屏幕显示如图 6-23（c）所示的分析结果。从图 6-23（c）所示的幅频特性和相频特性可以看出：当频率为 1.0202kHz 时，输出电压有最大值 1.4131V，输出电压与输入电压同相位，电路发生串联谐振，其谐振频率 f_0≈1.02kHz。移动读数轴，在最大值输出电压的 0.707 位置读出上、下限截止频率分别为：下限截止频率 f_L≈695.2Hz，上限截止频率 f_H≈1.5038kHz。两者之差即为通频带宽度$\Delta f = f_H - f_L$=808.56Hz。品质因数 $Q=\dfrac{f_0}{\Delta f}=\dfrac{1020.2}{808.56}=1.26$。

（2）利用参数扫描法分析不同 R_1 对频率特性曲线的影响。

单击 Simulate/Analyses/ Parameter Sweep 命令，对 Parameter Sweep 对话框进行设置，如图 6-23（d）所示。点击 Output 选择要分析的节点 2，同时点击 Edit Analysis 进行设置。单击 Simulate 按钮，屏幕显示如图 6-23（e）所示的分析结果。可以看出：电阻 R_1 对电路的谐振频率不产生影响，电阻 R_1 越小，通频带宽度Δf 越小，品质因数 Q 值越大。

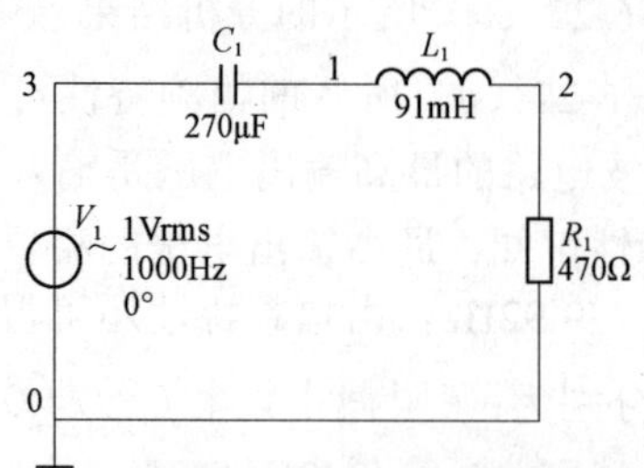

图 6-23 （a）显示节点的电路

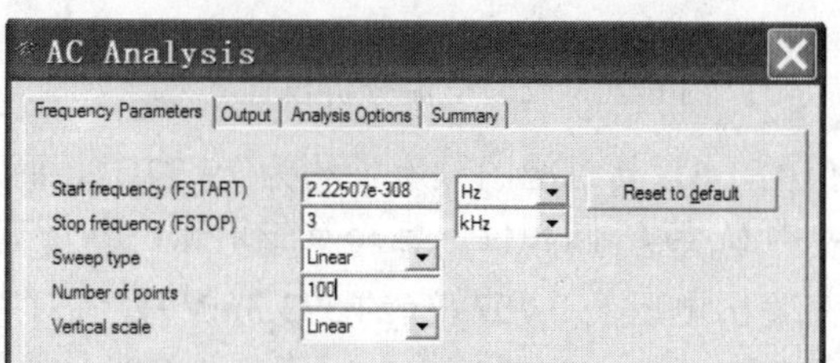

图 6-23 （b）交流分析设置

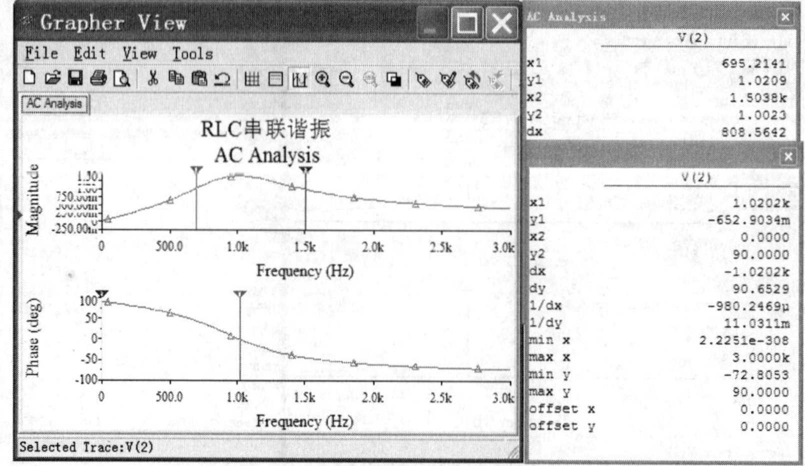

图 6-23 （c）交流分析给出的幅频和相频特性

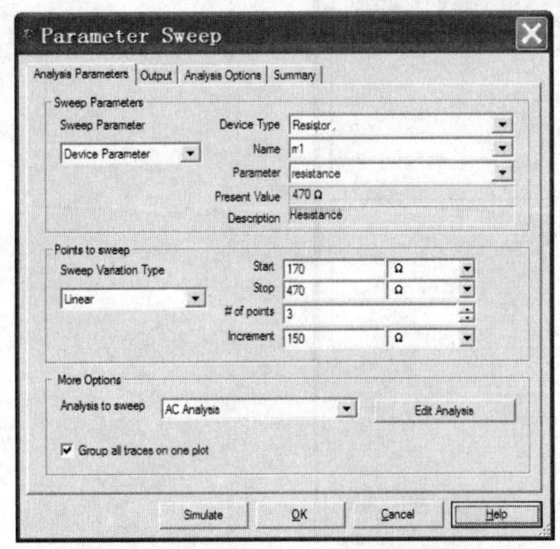

图 6-23 （d）参数扫描分析设置

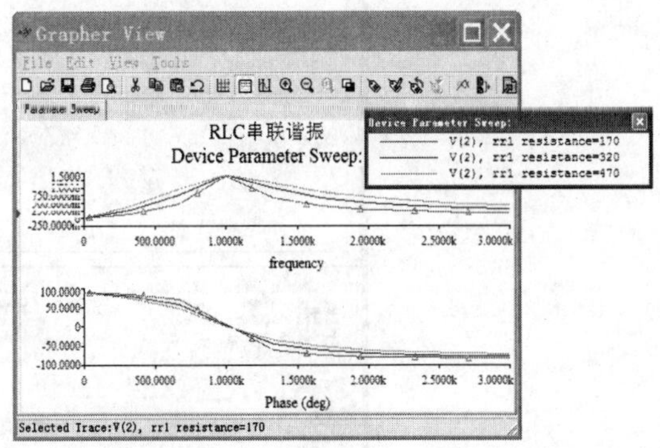

图 6-23 （e）参数扫描给出的幅频和相频特性

6.5　含有耦合电感的交流电路

【例 6-24】 分析无铁芯线圈的特性。

解： 在工作窗口创建所要分析的电路，对交流电流源进行设置（本题中交流电流源幅值为 1A）。无铁芯线圈可设置的参数是线圈匝数，用来模拟线性或非线性铁芯元器件。

（1）无铁芯线圈的匝数 N=1 时，测试电路如图 6-24（a）所示。输出磁动势的波形如图 6-24（b）所示。

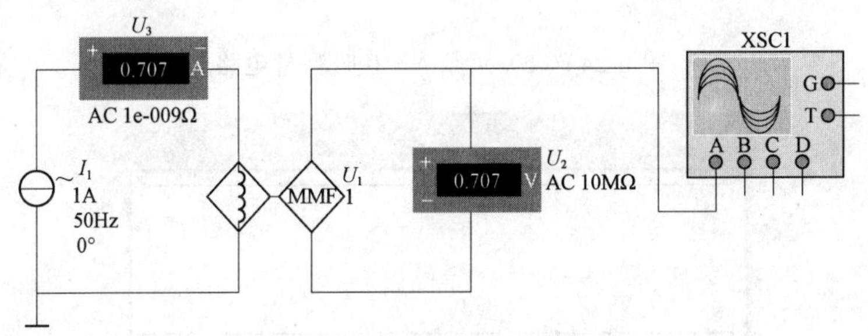

图 6-24 （a）匝数 N=1 的测量电路

（2）无铁芯线圈的匝数 N=10 时，测试电路如图 6-24（c）所示。输出磁动势的波形如图 6-24（d）所示。

由分析可知，输出磁动势的大小为输入电流有效值与线圈匝数的乘积。输入电流为正弦量时，输出磁动势也为正弦量。

【例 6-25】 已知耦合电感 L_1=16mH，L_2=4mH，ω=314rad/s，当其耦合系数 k=0.8 时，分别求两耦合电感顺接串联和反接串联时的等效电感。

解：（1）在工作窗口创建所要分析的电路，用鼠标双击电压源，对交流电压源进行设置。双击耦合电感元件，按图 6-25（a）所示进行设置。两耦合电感顺接串联时的连接

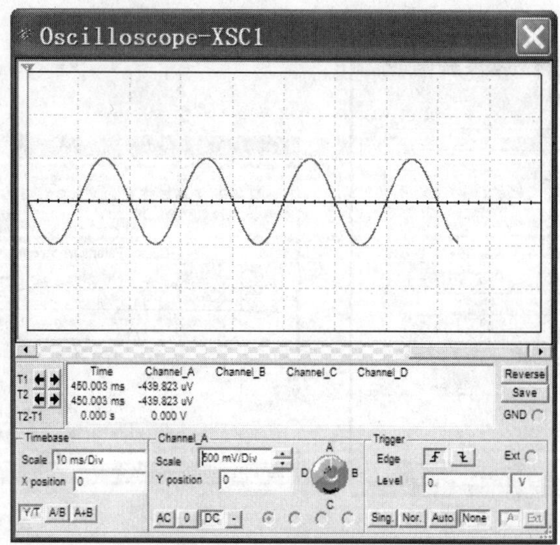

图 6-24 （b）匝数 N=1 的输出波形

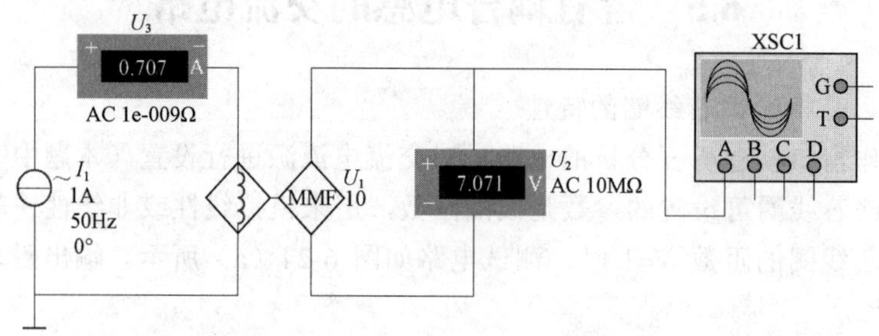

图 6-24 （c）匝数 N=10 时测量电路

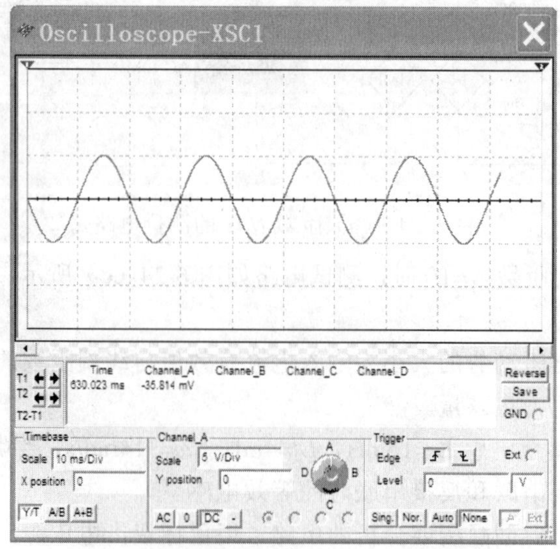

图 6-24 （d）匝数 N=10 的输出波形

电路如图 6-25（b）所示。则

$$\left|Z_{顺接}\right| = \frac{U}{I} = \frac{100}{9.705} = 10.304\Omega$$

$$L_{顺接} = \frac{\left|Z_{顺接}\right|}{\omega} = \frac{10.304}{314} = 32.8\,\text{mH}$$

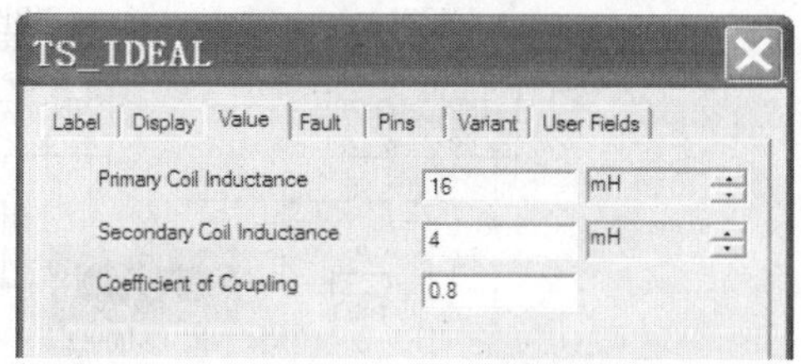

图 6-25 （a）对耦合电感元件进行设置

（2）两耦合电感反接串联时的连接电路如图 6-25（c）所示。则

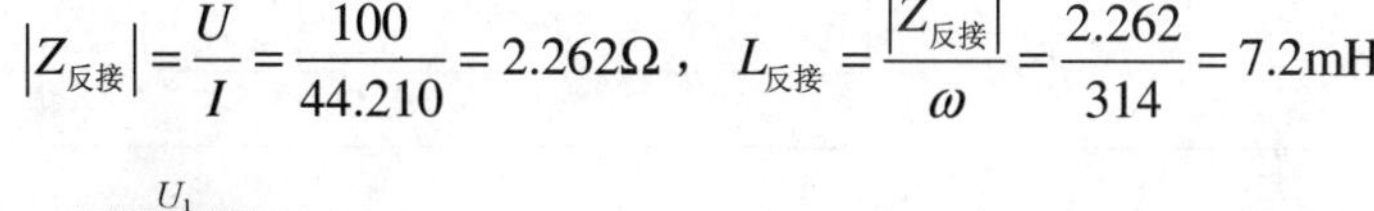

$$\left|Z_{反接}\right| = \frac{U}{I} = \frac{100}{44.210} = 2.262\Omega，\quad L_{反接} = \frac{\left|Z_{反接}\right|}{\omega} = \frac{2.262}{314} = 7.2\text{mH}$$

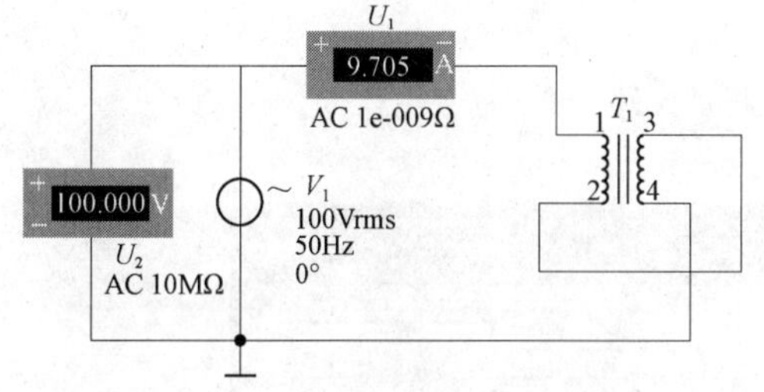

图 6-25 （b）顺接串联时测量电路

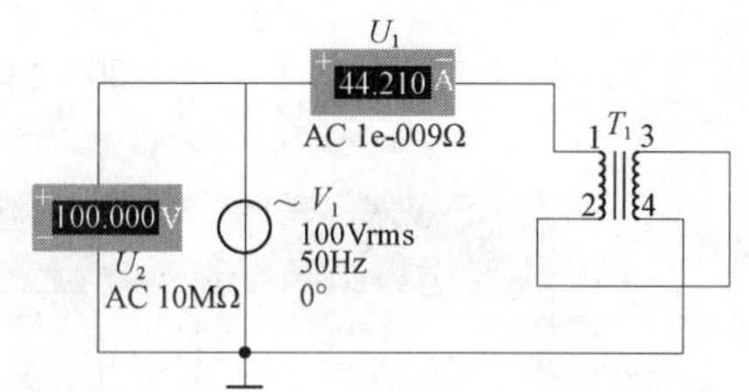

图 6-25 （c）反接串联时测量电路

【例 6-26】 图 6-26（a）中两个磁耦合线圈反向串联，已知输入电压 $u = 220\sqrt{2}\cos 314t\text{V}$，两个线圈耦合系数 k=0.913。试求通过两线圈的电流及两线圈的电压相量。

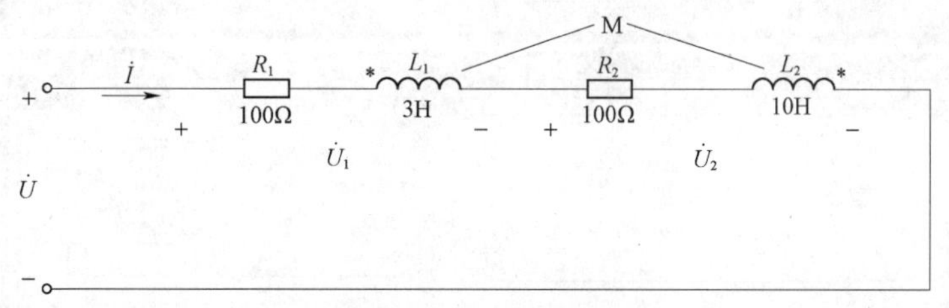

图 6-26 （a）［例 6-26］电路

解： 在工作窗口创建所要分析的电路，对交流电压源和耦合电感元件进行设置。在支路中串联一个足够小的电阻，用电流表 AC 挡测量电流有效值，用电压表 AC 挡测量电压有效值，用波特图仪测量初相位，电路如图 6-26（b）所示。

依次双击波特图仪，弹出如图 6-26（c）所示的控制面板。选择水平初值 I 为 45Hz，终值 F 为 55Hz，点击 Phase 可得相频特性，调节游标的水平位置为 50Hz，纵轴数值即为电流和电压初相位值。测量结果为

$$\dot{I} = 0.228\angle{-78.00°}\text{A}，\quad \dot{U}_1 = 145.373\angle{-159.01°}\text{V}，\quad \dot{U}_2 = 359.503\angle{8.33°}\text{V}$$

【例 6-27】 验证线性变压器的变压特性。

解：（1）负载接到变压器二次侧 3、4 端，测试电路如图 6-27（a）所示。

（2）负载接到变压器二次侧 3、5 端，测试电路如图 6-27（b）所示。

可见，输出电压=输入电压/变比。

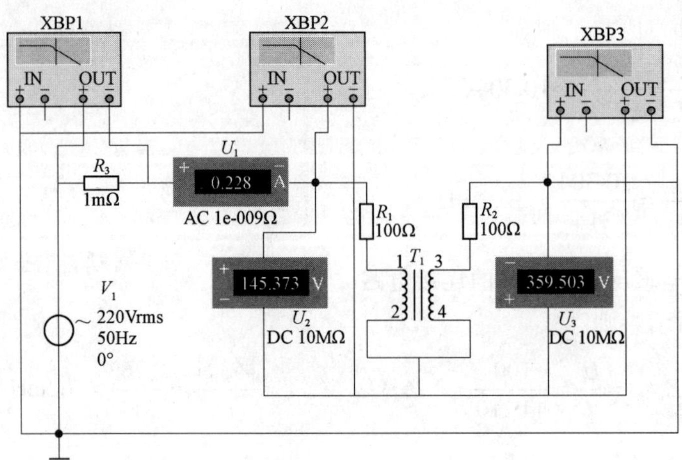

图 6-26 （b）测量电路

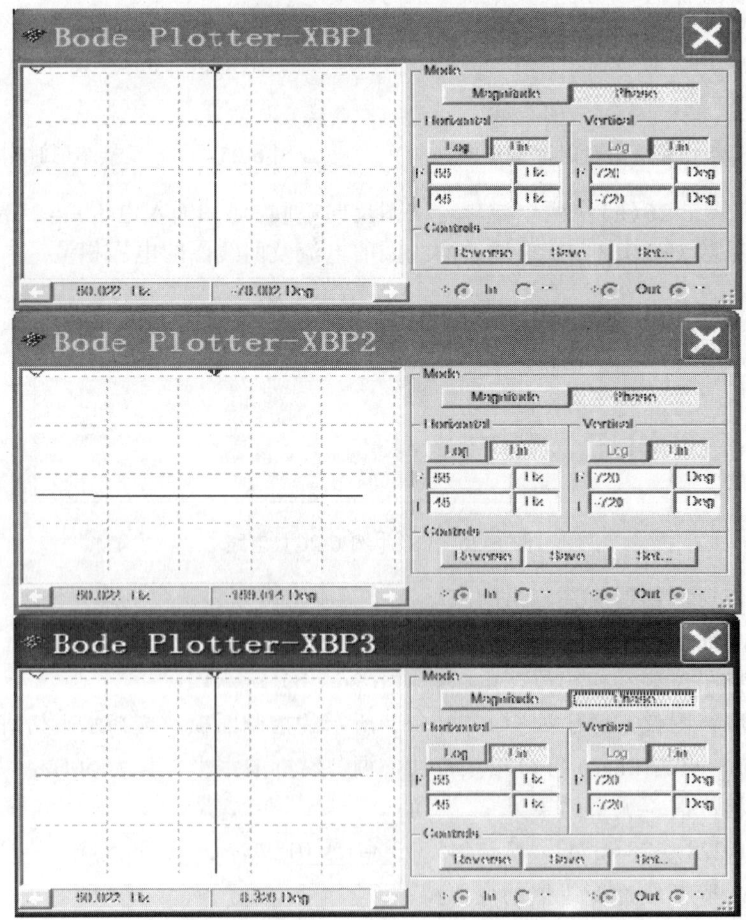

图 6-26 （c）电流和电压的相频特性

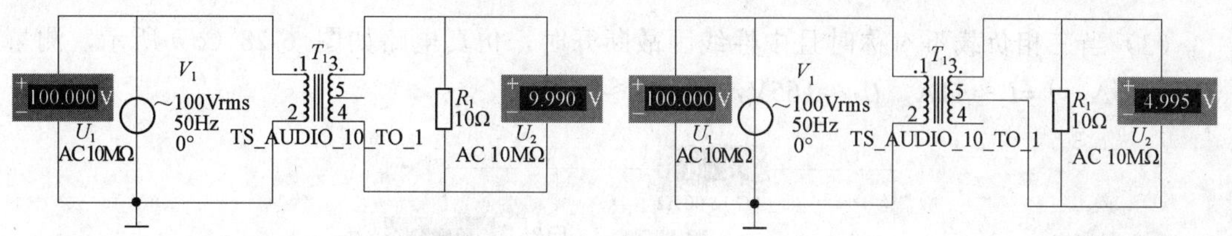

图 6-27 （a）负载接二次侧 3、4 端的测试电路　图 6-27 （b）负载接二次侧 3、5 端的测试电路

6.6 三相交流电路

【例 6-28】 已知对称三相电源的相电压 U_P=220V，电源的频率为 50Hz。（1）有中性线且三相负载对称时，$R_1=R_2=R_3=22\Omega$，求负载的相电流与中线电流；（2）有中性线但三相负载不对称时，$R_1=11\Omega$，$R_2=R_3=22\Omega$，求负载的相电流与中线电流；（3）若中性线断开，三相负载不对称时，$R_1=11\Omega$，$R_2=R_3=22\Omega$，求负载的相电流与相电压；（4）若中性线断开且 R_1 负载短路时，$R_2=R_3=22\Omega$，求负载的相电流与相电压；（5）若中性线断开且 R_3 负载开路时，$R_1=11\Omega$，$R_2=22\Omega$，求负载的相电流与相电压。

解：（1）有中性线且三相负载对称时，仿真电路如图 6-28（a）所示，测量得 $I_1=I_2=I_3\approx10$A，$I_N\approx0$A。

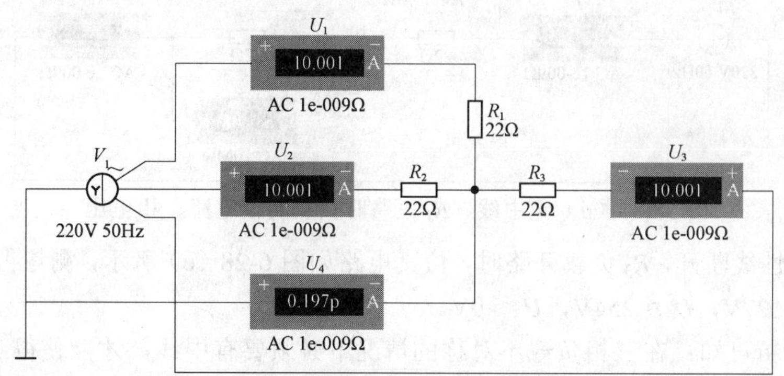

图 6-28 （a）对称负载的相电流与中线电流

（2）有中性线且三相负载不对称时，仿真电路如图 6-28（b）所示，测量得 $I_1\approx20$A，$I_2=I_3\approx10$A，$I_N\approx10$A，$U_1=U_2=U_3\approx220$V。

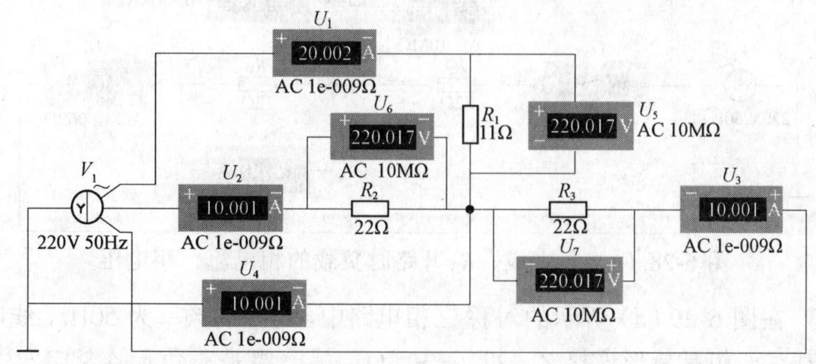

图 6-28 （b）不对称负载的相电流、相电压与中线电流

（3）当三相负载不对称时且中性线因故断开时，仿真电路如图 6-28（c）所示，测量得 $I_1 \approx 15A$，$I_2=I_3 \approx 11A$，$U_1 \approx 165V$，$U_2=U_3 \approx 252V$。

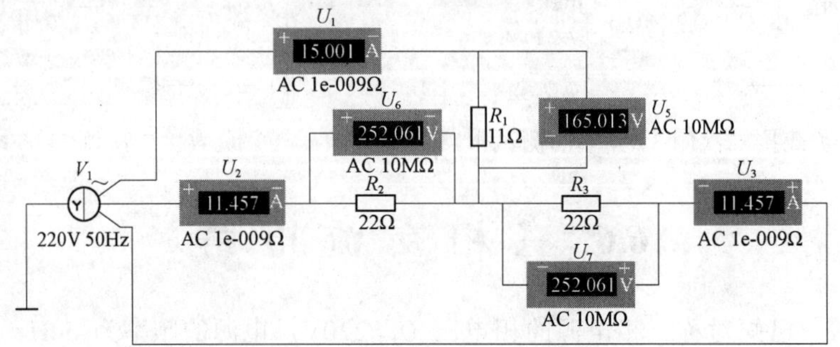

图 6-28 （c）无中线不对称负载的相电流、相电压

（4）当中性线断开，R_1 负载短路时，仿真电路如图 6-28（d）所示，测量得 $I_1 \approx 30A$，$I_2=I_3 \approx 17A$，$U_1=0V$，$U_2=U_3 \approx 381V$。

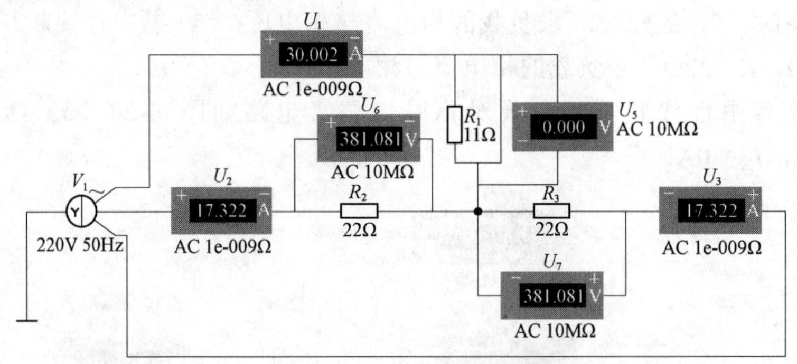

图 6-28 （d）无中线、R_1 短路时负载的相电流、相电压

（5）当中性线断开，R_3 负载开路时，仿真电路如图 6-28（e）所示，测量得 $I_1=I_2 \approx 11A$，$I_3 \approx 0A$，$U_1 \approx 127V$，$U_2 \approx 254V$，$U_3 \approx 0V$。

由以上分析可知：在三相负载不对称的情况下必须要有中线，才能使得三相负载的相电压对称，保证负载的正常工作。

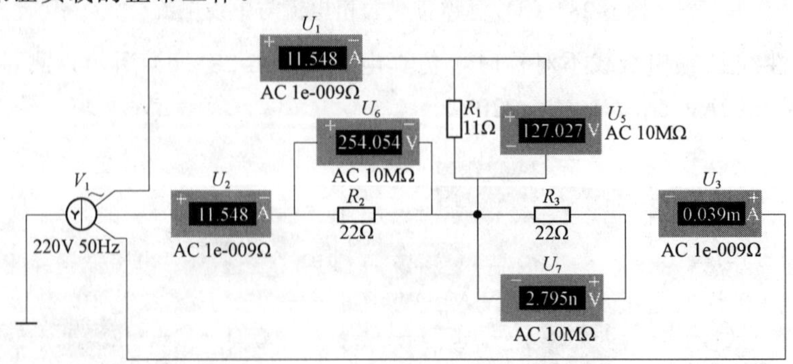

图 6-28（e）无中线、R_3 开路时负载的相电流、相电压

【例 6-29】 在图 6-29（a）所示的对称三相电路中，电源的频率为 50Hz，线电压为 380V，有两组对称负载，一组是星形连接 $Z_Y=22\angle{-30°}\ \Omega$，另一组是三角形连接 $Z_\Delta=38\angle{60°}\ \Omega$。求：（1）星形连接负载的相电压；（2）三角形连接负载的相电流；（3）线路电流 $\dot{I}_1$、$\dot{I}_2$、$\dot{I}_3$。

解：（1）Z_Y等效为一个电阻和一个电容串联，即

$$R_Y = 22\cos(-30°) = 19\Omega$$

$$C_Y = \frac{1}{2\pi \times 50 \times 22\sin 30°} \approx 290\mu F$$

Z_Δ等效为一个电阻和一个电感串联，即

$$R_\Delta = 38\cos 60° = 19\Omega,\quad L_\Delta = \frac{38\sin 60°}{2\pi \times 50} \approx 105mH$$

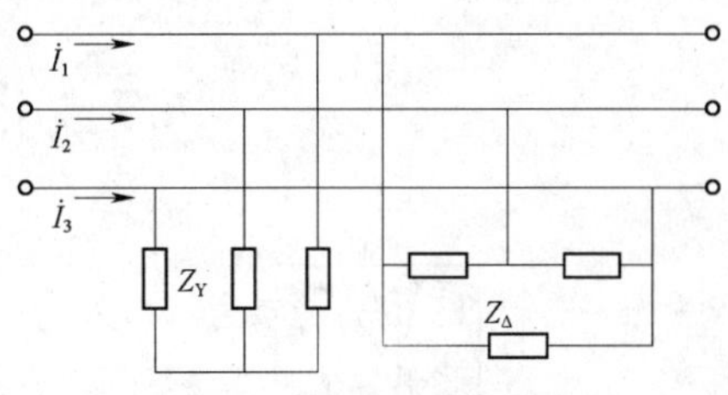

图 6-29 （a）［例 6-29］电路

（2）在电路工作窗口创建分析的电路，用鼠标双击电压源，对交流电压源进行设置。测量电路如图 6-29（b）所示，用电压表和电流表 AC 挡测量电压和电流有效值，测量得星形连接负载的相电压为 $U_1=U_2=U_3\approx 220V$，三角形连接负载的相电流为 $I_{12}=I_{23}=I_{31}\approx 10A$，线路电流为 $I_1=I_2=I_3\approx 20A$。

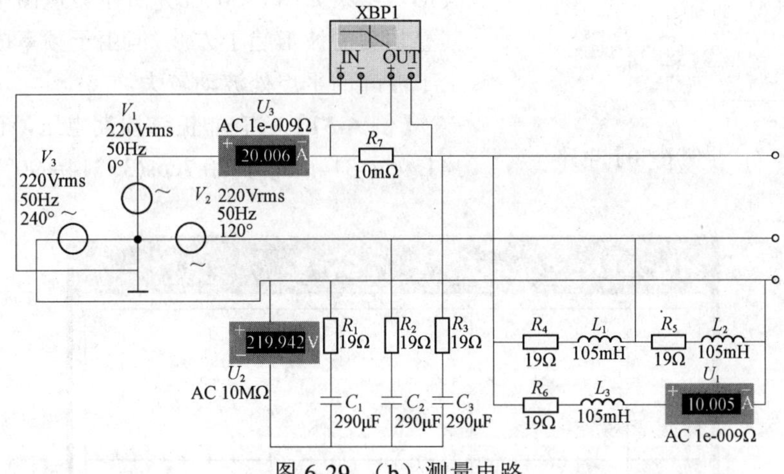

图 6-29 （b）测量电路

（3）为了测量$\dot{I}_1$的初相位，可在该支路中串一个小阻值（10mΩ）电阻，用波特图仪测量小电阻上的电压初相位即为电流初相位，如图 6-29（b）所示。按图 6-29（c）设置波特图仪，就可得到$\dot{I}_1$的相频特性，测得$\dot{I}_1 \approx 20\angle{-30°}A$。

因为是对称三相电路，所以

$$\dot{I}_2 \approx 20\angle 90° A,\quad \dot{I}_3 \approx 20\angle{-150°} A$$

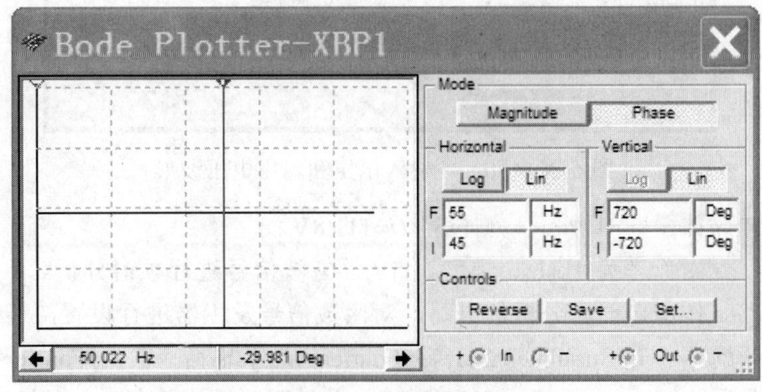

图 6-29 （c）$\dot{I}_1$初相位的测量结果

6.7　非正弦周期交流电路

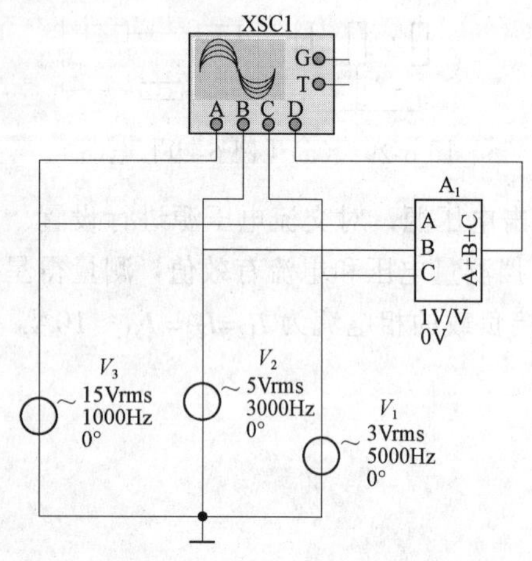

图 6-30 （a）[例 6-30] 电路

【例 6-30】 如图 6-30（a）所示为一个波形叠加电路，在电压加法器的输入端分别输入有效值为 15V 频率 1kHz、有效值为 5V 频率 3kHz、有效值为 3V 频率 5kHz 的三路正弦波，试观察输出端叠加后的电压波形。

解：按照图 6-30（a）搭建电路，运行仿真开关，用示波器观察各输入电压和输出叠加后的电压波形，结果如图 6-30（b）所示。从图中可以看出：其叠加后的波形趋于方波，但由于频率成分比较少，上下波峰的平坦处波动较大。

【例 6-31】 有非正弦周期电压，已知 $u=[10+141.4\cos(314t+30°)+70.7\cos(3\times314t+90°)]$V，求电压的有效值。

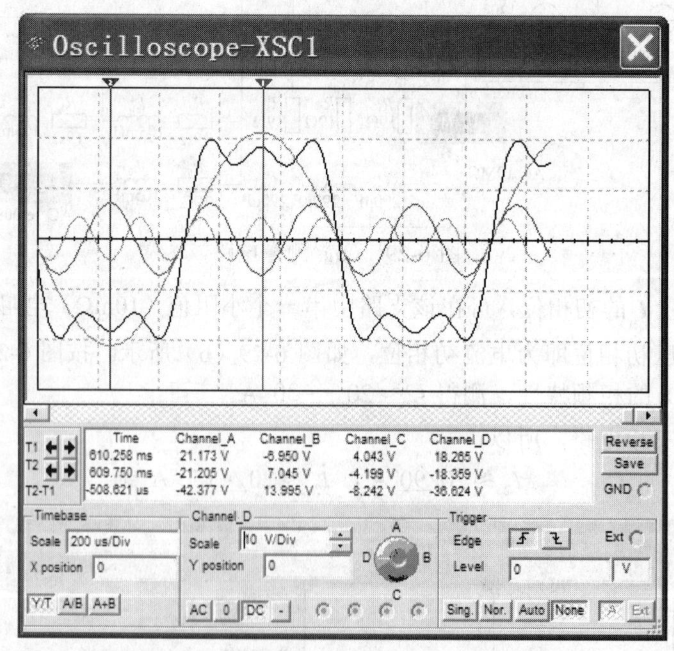

图 6-30 （b）各输入电压和输出电压波形

解：仿真电路如图 6-31 所示，测量得 U=111.8V。

【例 6-32】 试对频率为 1kHz、幅度为 5V 的方波信号进行频谱分析。

解：在电路工作窗口创建分析的电路，对函数信号发生器进行设置，显示节点的电路如图 6-32（a）所示。单击 Simulate/Analyses/Fourier Analysis 命令，对 Fourier Analysis 对话框进行设置，如图 6-32（b）所示，点击 Output 选择要分析的节点 1，单击 Simulate 按钮，屏幕显示出如图 6-32（c）所示的傅里叶分析结果。

【例 6-33】 如图 6-33（a）所示电路中，已知 $u_s(t)=4\sqrt{2}\cos 2t\text{V}$，$i_s(t)=4\sqrt{2}\cos 4t\text{A}$，试用叠加定理求电容电压 $u_C(t)$。

解：需要注意的是，题中两个正弦电源的频率不同，不同频率的正弦量在时域中可以相加，但它们各自的相量是不能相加的，因为相加是无意义的。

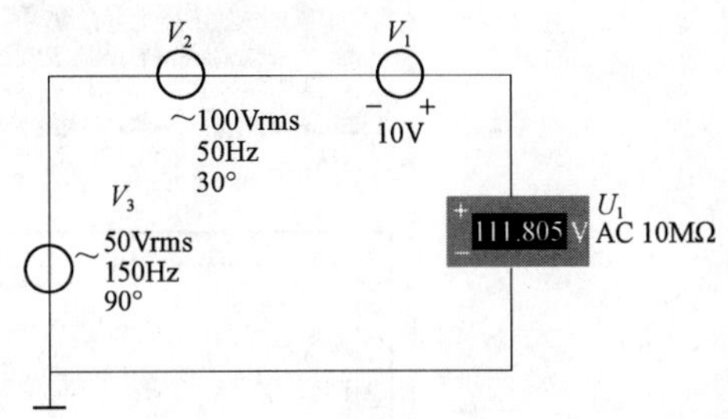

图 6-31 ［例 6-31］测量电路

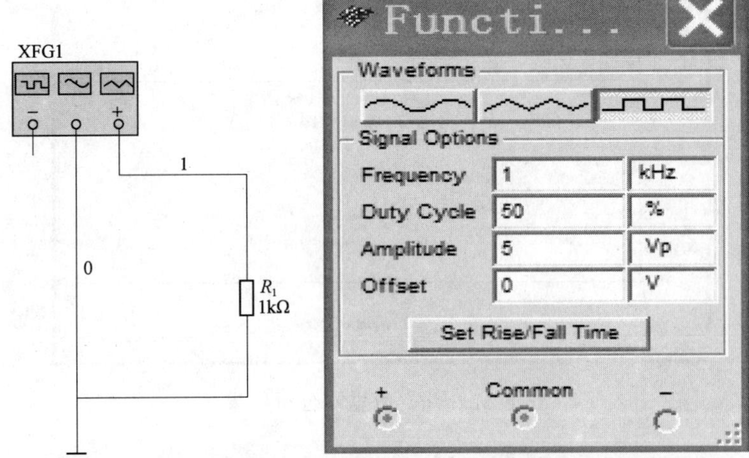

图 6-32 （a）［例 6-32］电路

Fourier Analysis

Analysis Parameters | Output | Analysis Options | Summary

Sampling options

Frequency resolution (Fundamental frequency): 1000 Hz Estimate

Number of harmonics: 5

Stop time for sampling (TSTOP): 0.0009 sec Estimate

Edit transient analysis

Results

☑ Display phase　Display: Chart and Graph

☑ Display as bar graph

☐ Normalize graphs　Vertical scale: Linear

More Options

☐ Degree of polynomial for interpolation: 1

Sampling frequency: 80000 Hz

Simulate　OK　Cancel　Help

图 6-32 （b）傅里叶分析设置

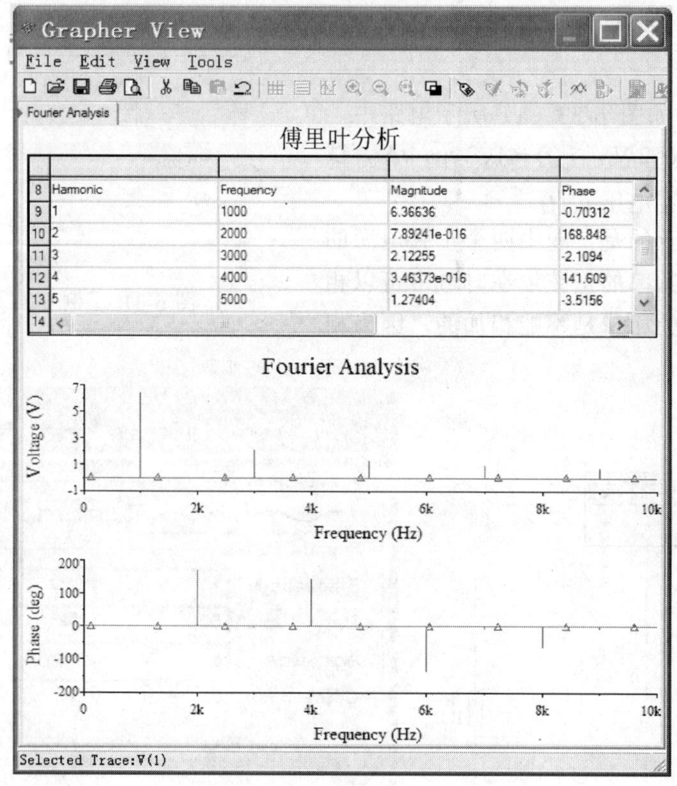

8	Harmonic	Frequency	Magnitude	Phase
9	1	1000	6.36636	-0.70312
10	2	2000	7.89241e-016	168.848
11	3	3000	2.12255	-2.1094
12	4	4000	3.46373e-016	141.609
13	5	5000	1.27404	-3.5156
14				

图 6-32　(c) 傅里叶分析结果

(1) 当 $u_S(t)$单独作用时，对交流电压源进行设置，本题 $f=\dfrac{2}{2\pi}=0.318\text{Hz}$，显示节点的电路如图 6-33(b)所示。单击 Simulate/Analyses/ AC Analysis 命令，对 Frequency Parameters 对话框进行设置，如图 6-33 (c) 所示。点击 Output 选择要分析的节点 3，单击 Simulate 按钮，屏幕显示出如图 6-33 (d) 所示的分析结果。可知

$$\dot{U}_{\text{cm1}}=1.573\underline{/-146.26^\circ}\text{V},\quad u_{\text{C1}}=1.573\cos(2t-146.26^\circ)\text{V}$$

(2) 当 $i_S(t)$单独作用时，对交流电流源进行设置，本题 $f=\dfrac{4}{2\pi}=0.637\text{Hz}$，显示节点的电路如图 6-33 (e) 所示。对 Frequency Parameters 对话框进行设置，如图 6-33 (f) 所示。点击 Output 选择要分析的节点 3，单击 Simulate 按钮，屏幕显示出如图 6-33 (g) 所示的分析结果。可知 $\dot{U}_{\text{cm2}}=0.364\underline{/-165.08^\circ}\text{V}$，$u_{\text{C2}}=0.364\cos(4t-165.08^\circ)\text{V}$。

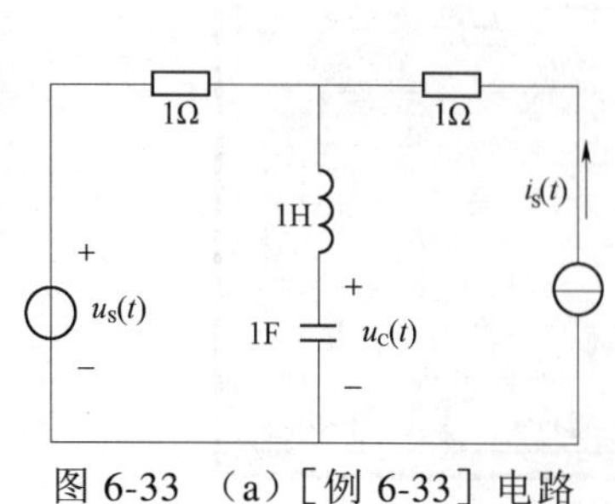

图 6-33　(a) [例 6-33] 电路

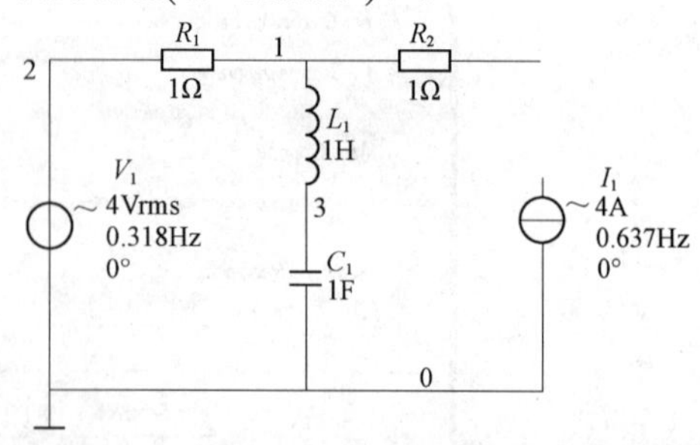

图 6-33　(b) 当 $u_S(t)$单独作用时的电路

（3）当两电源共同作用时，$u_C(t)\,[1.573\cos(2t-146.26°)+0.364\cos(4t-165.08°)]$V。

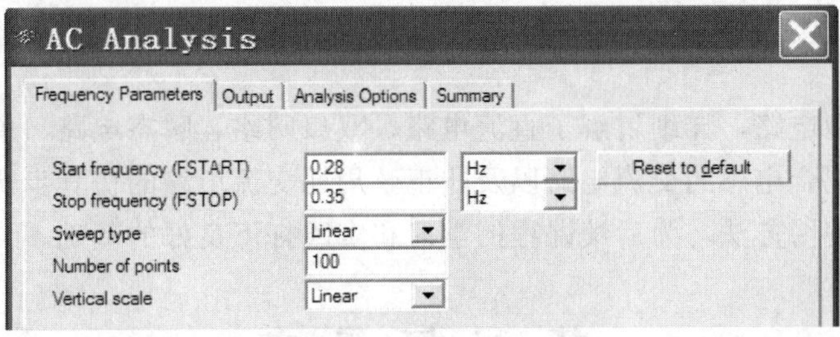

图 6-33 （c）当 $u_S(t)$单独作用时交流分析设置

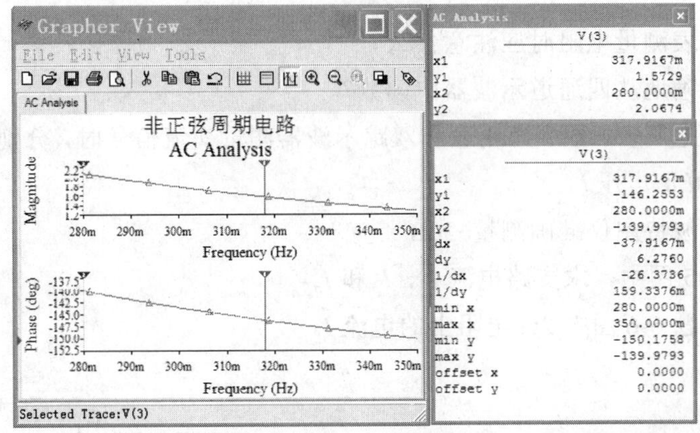

图 6-33 （d）当 $u_S(t)$单独作用时，交流分析给出的幅频和相频特性

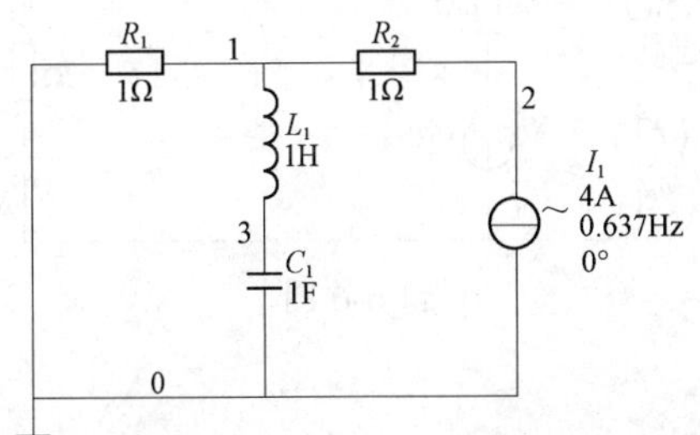

图 6-33 （e）当 $i_S(t)$单独作用时的电路

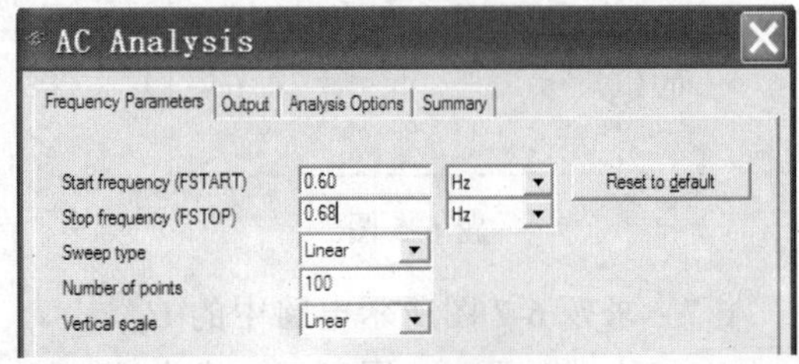

图 6-33 （f）当 $i_S(t)$单独作用时交流分析设置

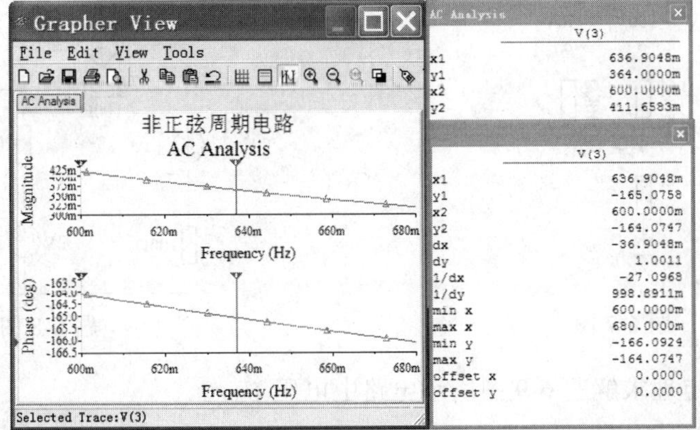

图 6-33 （g）当 $i_S(t)$单独作用时，交流分析给出的幅频和相频特性

本 章 小 结

本章结合典型电路，详细讲解了直流电路、双口网络、瞬态电路、单相交流电路、三相交流电路、含耦合电感的交流电路以及非正弦周期交流电路的仿真步骤，并介绍了一些常用仪器仪表的使用方法，为后续课程的学习和实践打下良好的基础。

练 习 与 思 考

6-1　用万用表测量电阻时应注意什么？

6-2　如何准确地从四通道示波器中读数？

6-3　用交流电压表、数字万用表和双踪示波器测量交流信号时，分别显示的是交流信号的有效值还是峰值电压？

6-4　如何用波特图仪准确测量-3dB 带宽？

6-5　在题 6-5 图中，求支路电流 I_1、I_2和 I_3。

6-6　试计算题 6-6 图中 2Ω 电阻上的电流 I。

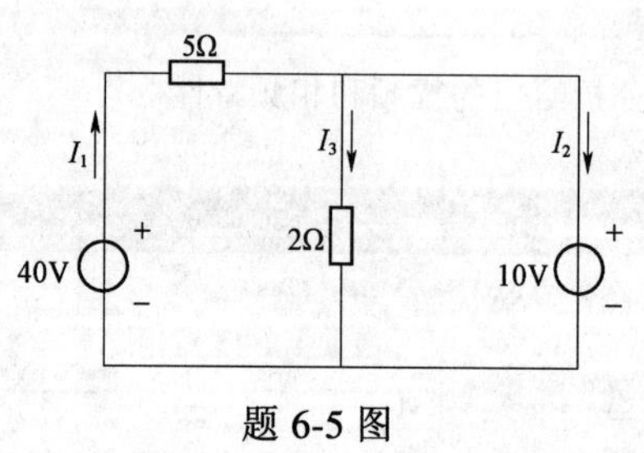

题 6-5 图

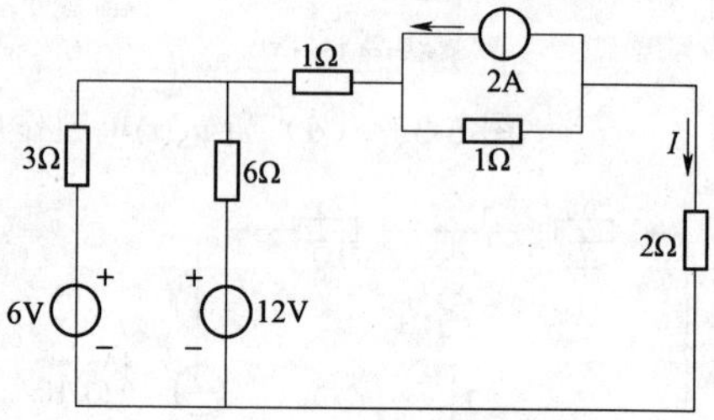

3Ω
6Ω
1Ω
2A
1Ω
I
2Ω
6V
12V

题 6-6 图

6-7　求题 6-7 图所示电路中的 U_{n1}。

6-8　电路如题 6-8 图所示，求电流 I_A 和受控源提供的功率。

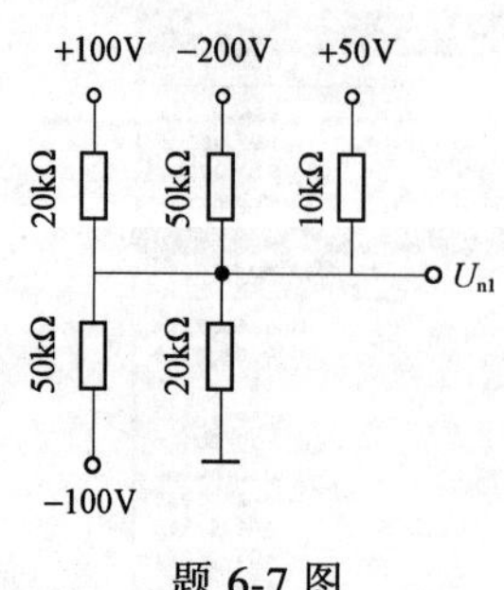

题 6-7 图

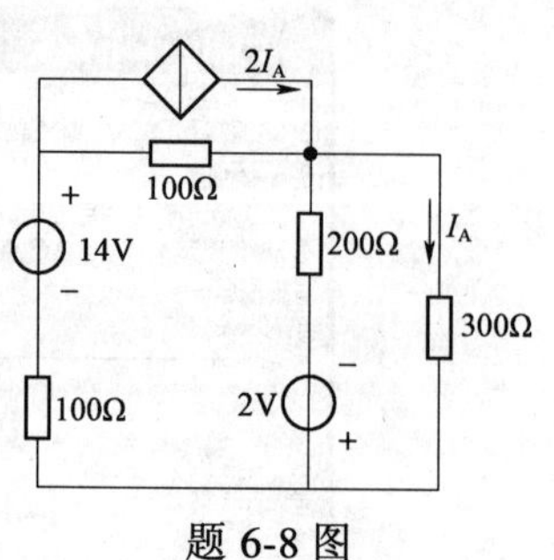

题 6-8 图

6-9　用叠加定理求解题 6-9 图所示电路中电压 U_o。

6-10　试用戴维南定理求解题 6-10 图所示电路中电压 U_2。

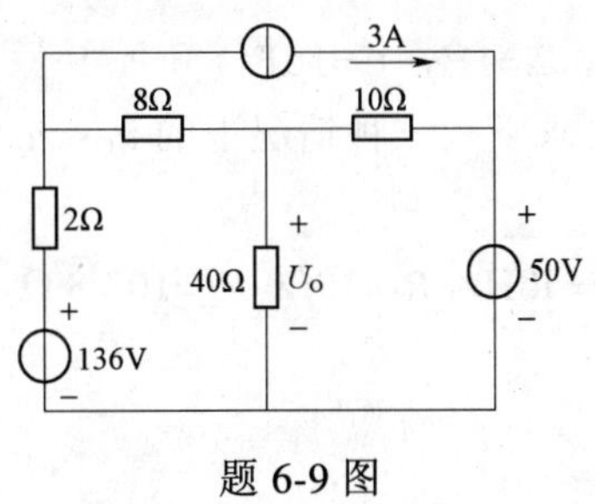

题 6-9 图

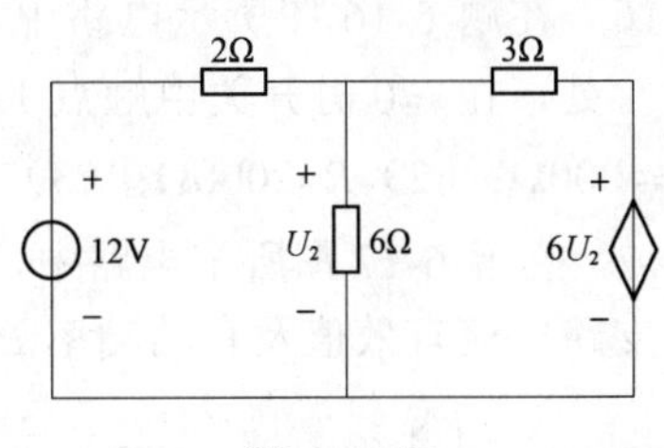

题 6-10 图

6-11　求题 6-11 图所示双口网络的 Z 参数、Y 参数。

6-12　题 6-12 图所示电路在 $t<0$ 时已处于稳态，在 $t=0$ 时将开关 S 由位置 1 切换至位置 2，求换路后的电容电压 $u_C(t)$。

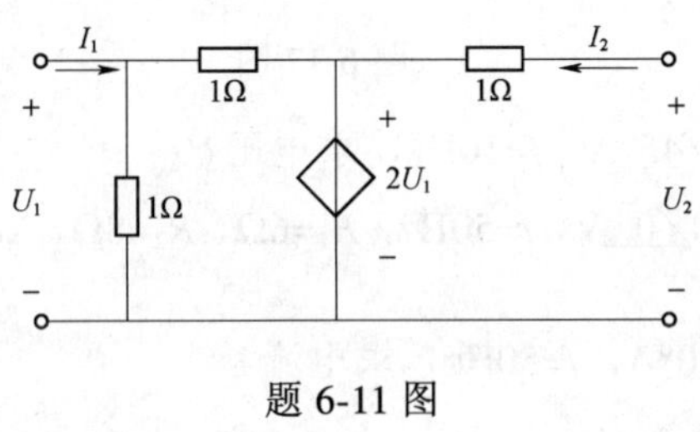

题 6-11 图

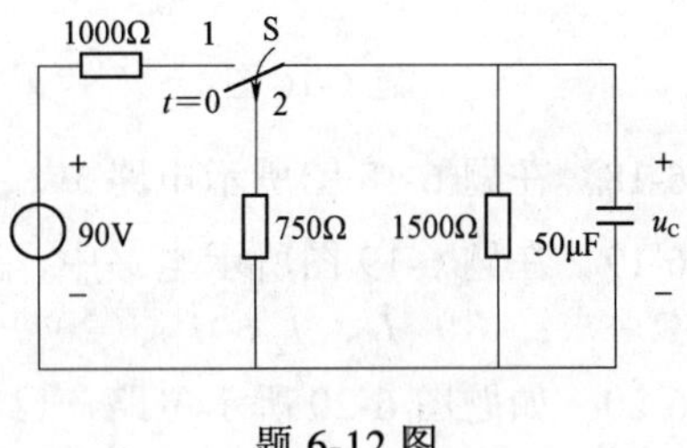

题 6-12 图

6-13　电路如题 6-13 图所示，$t<0$ 时电路处于稳态，在 $t=0$ 时将开关 S 闭合，求电容电压 u_C。

6-14　电路如题 6-14 图所示，电路原处于稳态。在 $t = 0$ 时将开关 S 由位置 1 切换至位置 2，试求 $t>0$ 时 $i_L(t)$和 $i(t)$，并画出它们随时间变化的曲线。

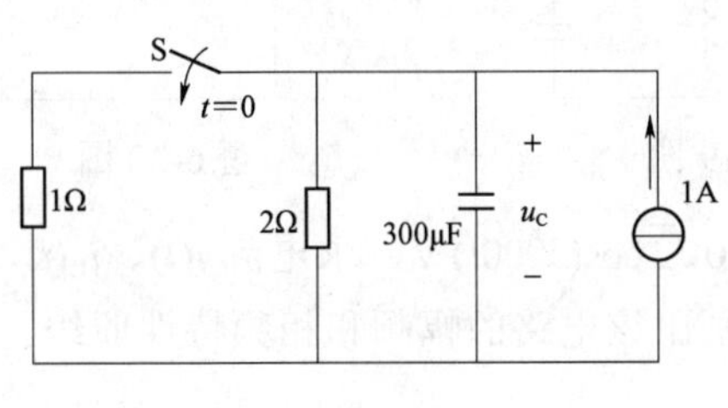

题 6-13 图

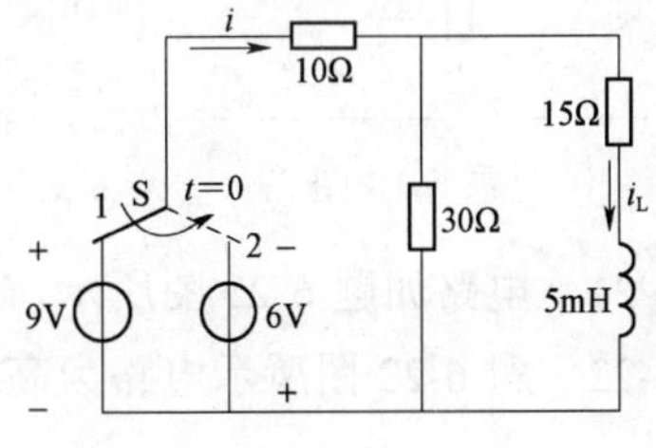

题 6-14 图

6-15　若题 6-15（a）图所示电路的激励 $i_S(t)$的波形如题 6-15（b）图所示，求零状态响应 $u_L(t)$。

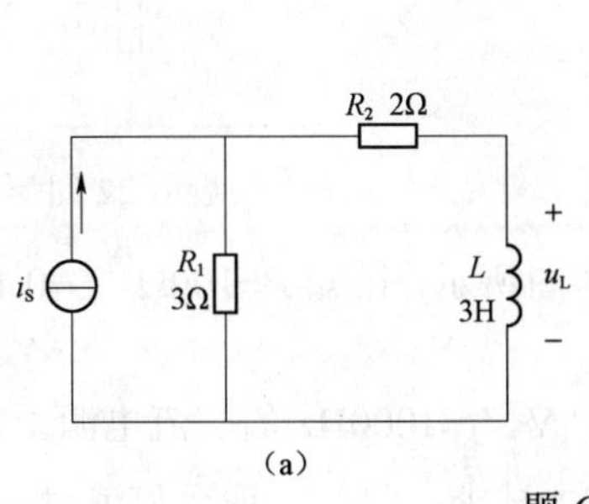

（a）

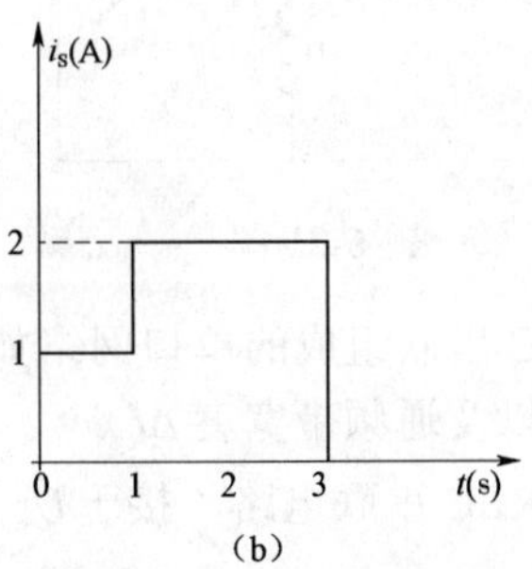

（b）

题 6-15 图

6-16　在题 6-16 图所示电路中，已知 U_S=10V，L=1H，C=1μF，开关 S 原来早已合在触点 1 处，在 t=0 时开关由触点 1 合到触点 2 处。求下列三种情况下的 u_C、u_R、u_L 和 i。（1）R=4000Ω；（2）R=2000Ω；（3）R=5000Ω。

6-17　在题 6-17 图所示电路中，已知 U=220V，f=50Hz，R_1=10Ω，$X_L=10\sqrt{3}$ Ω，R_2=20Ω，试求各支路电流有效值及有功功率 P。

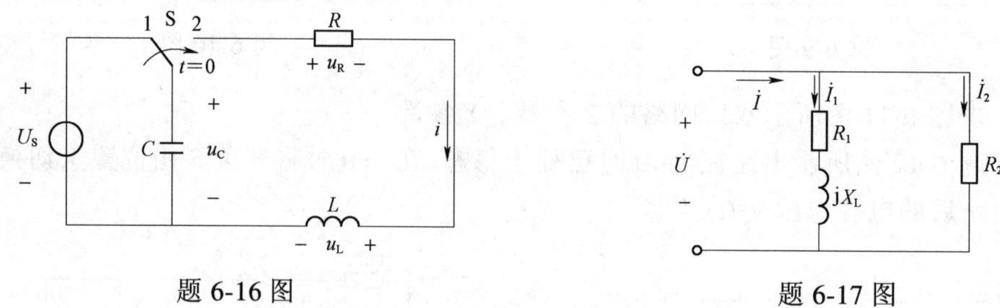

题 6-16 图　　　　题 6-17 图

6-18　在题 6-18 图所示电路中，已知 $\dot{I}=18\angle 45°$A，f=50Hz，求电压 $\dot{U}_{AB}$。

6-19　在题 6-19 图所示电路中，已知 $\dot{U}=220\angle 0°$ V，f=50Hz，R_1=6Ω，R_2=8Ω，X_L=8Ω，X_C=6Ω，求：（1）$\dot{I}_1$、$\dot{I}_2$、$\dot{I}$；（2）P、Q、S。

6-20　如题图 6-20 所示电路，已知 $\dot{I}_S=10\angle 30°$A，f=50Hz，求电流 $\dot{I}$。

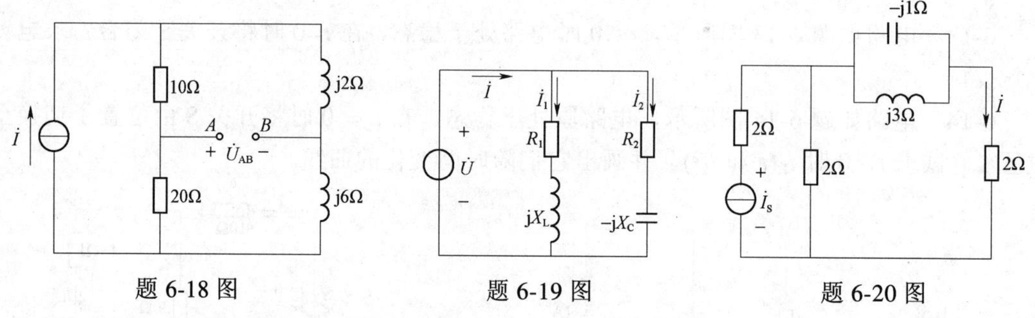

题 6-18 图　　　　题 6-19 图　　　　题 6-20 图

6-21　电路如题 6-21 图所示，其中 $u_S(t)=10\sqrt{2}\cos(5000t)$ V，求电流 $i(t)$、$i_L(t)$、$i_C(t)$。

6-22　题 6-22 图所示电路为高通电路，试画出该电路的幅频和相频特性曲线。

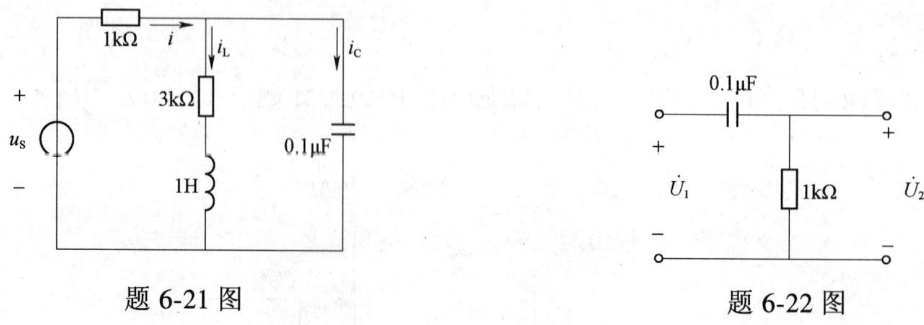

题 6-21 图　　　　题 6-22 图

6-23　RLC 串联组成的单口网络如题 6-23 图所示，已知 R=100Ω，L=0.1mH，C=10pF，求谐振频率 f_0 以及通频带宽度 Δf。

6-24　有 RLC 串联电路，接于 $\dot{U}_m=10\angle 0°$ V、f=1000Hz 的交流电源上。已知 R=1Ω，L=1mH，C 为可变电容，变化范围为 0～47μF，试求：（1）C 调至何值时，该电路发生串

联谐振，并测量谐振电流及各元件上的电压；（2）画出电流的频率特性曲线。

6-25　耦合电感 L_1=8H，L_2=6H，M=4H，试求其串联、并联时的等效电感数值。

6-26　变压电路如题 6-26 图所示。已知 $u_S(t)=115\sqrt{2}\cos 314t$V，$R_1$=20Ω，$L_1$=3.6H，$R_2$=0.08Ω，$L_2$=0.06$H$，$R_L$=42Ω，$k$=1。求电流 $i_1(t)$，$i_2(t)$。

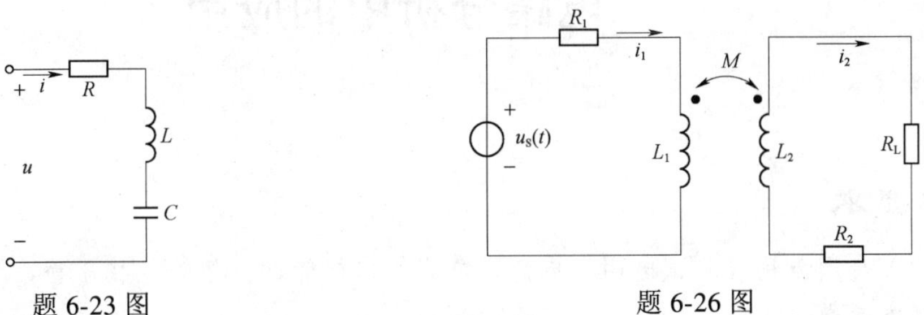

题 6-23 图　　　　题 6-26 图

6-27　某三相对称负载 Z=6+j8Ω，接于线电压 U_L=380V 的三相对称电源上。求：（1）负载星形连接时的有功功率；（2）负载三角形连接时的有功功率。

6-28　题 6-28 图所示三相电路的电源线电压 U_L = 380V，频率为 50Hz，每相负载的阻抗均为 10Ω。试求：（1）各相电流和中线电流；（2）三相电路的有功功率。

6-29　用线电压为 380V 的三相四线制电源给照明电路供电，白炽灯的额定值为 220V、100W，若 A、B 相各接 10 盏，C 相接 20 盏。求：（1）各相电流和线电流，中性线电流；（2）若 A 相输电线断开，求各相负载的电流和电压。（3）若 A 相输电线和中性线都断开，求各相负载的电压和电流，并分析各相负载的工作情况。

6-30　有非正弦周期电压，$u=[40+180\cos(314t)+60\cos(3\times 314t+45°)]$ V，求电压的有效值。

6-31　试对频率为 3kHz、幅度为 5V 的方波信号进行傅里叶分析。

6-32　题 6-32 图所示电路，已知 $i_S(t)$=6A，$u_S(t)$=15$\sqrt{2}\cos t$V，求电压 $u(t)$。

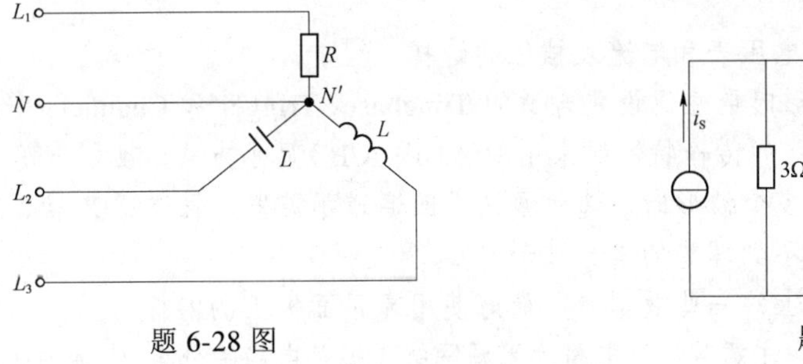

题 6-28 图

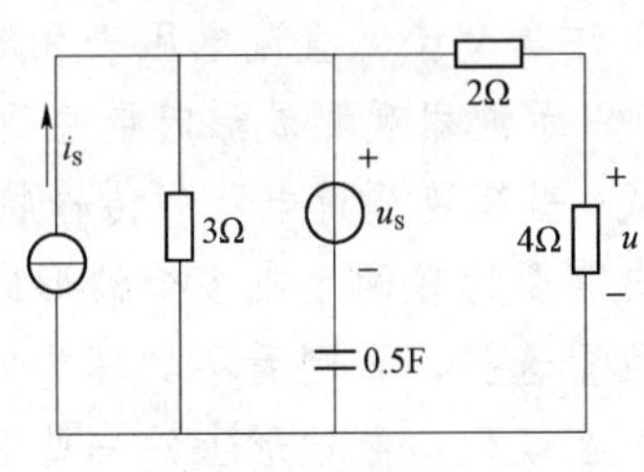

题 6-32 图

第 7 章　Multisim10.0 在模拟电子电路分析中的应用

基本要求

（1）会用万用表测试电阻、电感、电容、二极管、三极管、稳压管、场效应管等元器件的基本参数。

（2）会用示波器观测电路的输入、输出波形。

（3）掌握单管放大电路静态工作点的测量方法。

（4）会使用仪表测量放大电路的输入电阻、输出电阻和电压放大倍数。

（5）会用波特图仪测绘放大电路的频率特性。

（6）通过负反馈放大电路的测试，了解负反馈对放大电路有哪些影响。

（7）掌握差分放大电路的差模放大倍数、共模放大倍数及共模抑制比的测量。

（8）会测量功率放大电路的输入功率、输出功率及工作状态，会用示波器观察信号的失真。

（9）会测试场效应管的静态参数和动态参数。

（10）会用示波器观看运算放大器的电压传输特性。

（11）能通过示波器观测振荡电路的起振过程，并记录时间、计算频率。

（12）会用 Multisim10.0 提供的几种基本分析方法分析电路。

仿真注意事项

（1）注意交流、直流电压表和电流表挡位的选择。

（2）用示波器观测波形时要注意设置合适的 Timebase、Trigger 和 Channel。一般选 Y/T 显示方式，当需要测量电路的传输特性时来用 B/A（或 A/B）显示方式；触发一般采用 Auto 方式；当需要比较两个或多个波形时，选两通道或四通道示波器，且注意 X 轴、Y 轴刻度选择和位置选择，否则看不到理想的信号波形。

（3）在读取信号波形上的一些数据时，最好使用显示面板上的游标。

（4）使用波特图仪时，注意若被测电路为无源网络（振荡电路除外），纵轴的终止值设置为 0dB，初始值设置为负值；若被测电路含有放大环节，纵轴的终止值一般设置为正值（+dB）。

（5）在仪器仪表使用时，除必要设置一些参数外，一般选择默认。

7.1　半导体二极管及其基本电路

【例 7-1】 电路如图 7-1 所示，求 A、O 两端电压 U_{AO}，并判断二极管是导通，还是截止。

解: 将电压表接到 A、O 和 VD 两端，如图 7-1 所示。测量结果为 $U_{AO}=-6.67\text{ V}$，$U_{VD}=0.67\text{V}$。

由此可以判断出二极管处于导通状态。

电路中的二极管起箝位作用，输出电压 U_{AO} 被牵制在-6.67 V。

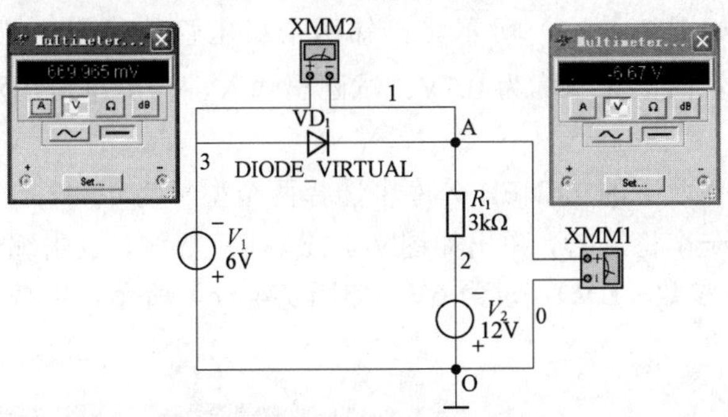

图 7-1 ［例 7-1］的电路图

【例 7-2】 求图 7-2 所示电路中 A、O 两端的电压 U_{AO}，并判断二极管 VD_1、VD_2 是导通，还是截止。

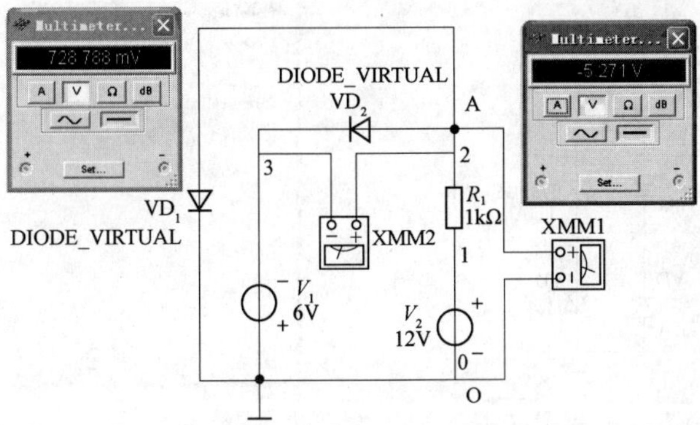

图 7-2 ［例 7-2］的电路图

解： 将电压表接到 A、O 两端和 VD_2 两端，如图 7-2 所示。电压表显示 $U_{AO}=-5.271$ V，二极管 VD_2 两端为正向电压 0.729 V，故 VD_2 优先导通，VD_1 因承受反向电压而截止。

【例 7-3】 电路如图 7-3（a）所示，已知 E=5V，$u_i=10\sin314t$V，试画出输出电压 u_0 的波形。

解： 观察波形要用示波器，本例选用双通道示波器观察输入和输出波形，其中 A 通道接输入信号、B 通道接输出信号。测量波形如图 7-3（b）所示。

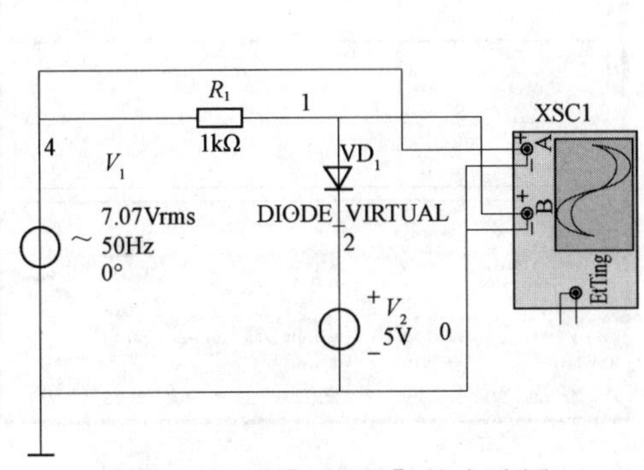

图 7-3 （a）［例 7-3］的电路图

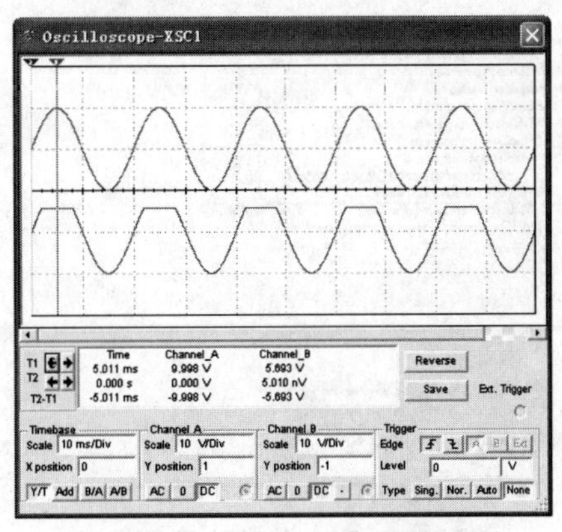

图 7-3 （b）［例 7-3］的波形图

从测量波形可以看出，当输入信号高于约 5 V 电压时，二极管导通，可近似认为短路，输出电压近似等于 5V。

【例 7-4】 电路如图 7-4（a）所示。已知两个稳压管的稳定电压 u_z 都等于 6V，$u_i=12\sin6280t$ V，二极管的正向压降为 0.7V。试画出输入、输出电压的波形，并说明稳压管在电路中的作用。

解： 在二极管元件库下的 ZENER 分库中选择两个型号为 1N4735 的稳压管，放在电路工作窗口。双击其中一个稳压管，弹出如图 7-4（b）所示界面，点击编辑模型（Edit Model）按钮修改稳压管的 u_z 参数（BV），设为 6V，如图 7-4（c）所示，再按“Change All Model”按钮确定即可。

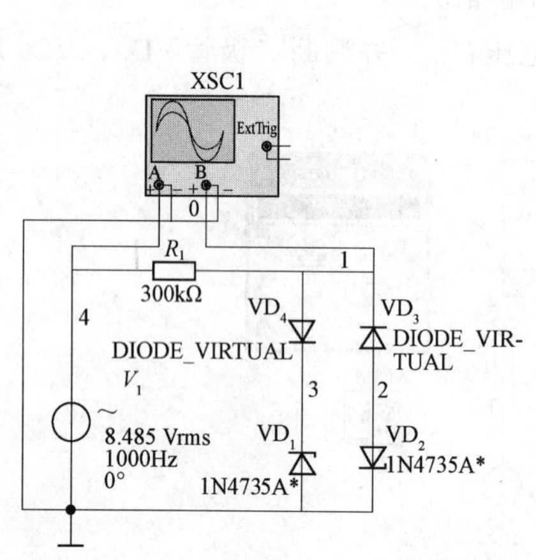

图 7-4 （a）[例 7-4] 的电路图

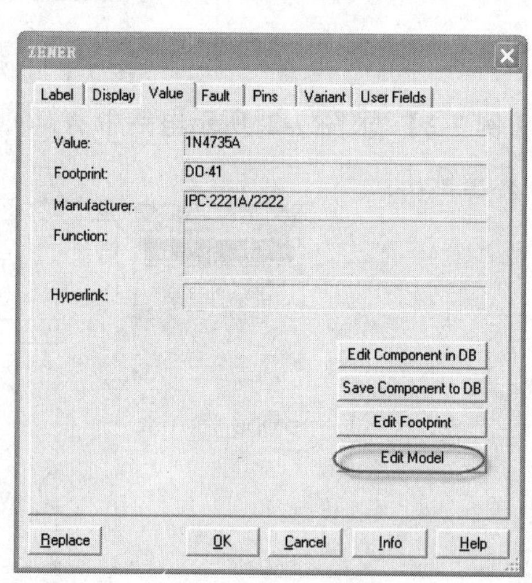

图 7-4 （b）稳压管标签

按图 7-4（a）连接电路，将示波器 A、B 通道分别接电路的输入、输出端，可测得其电压波形如图 7-4（d）所示，移动示波器游标，得知输出电压在–6.7～+6.7V 之间变化，可见稳压管在电路中起双向限幅的作用。

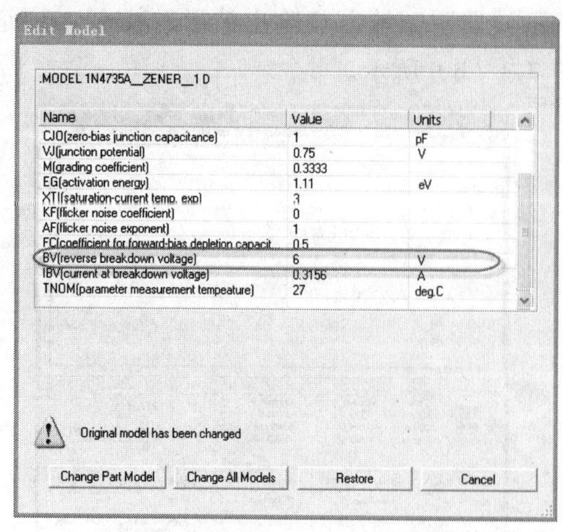

图 7-4 （c）修改稳压管参数

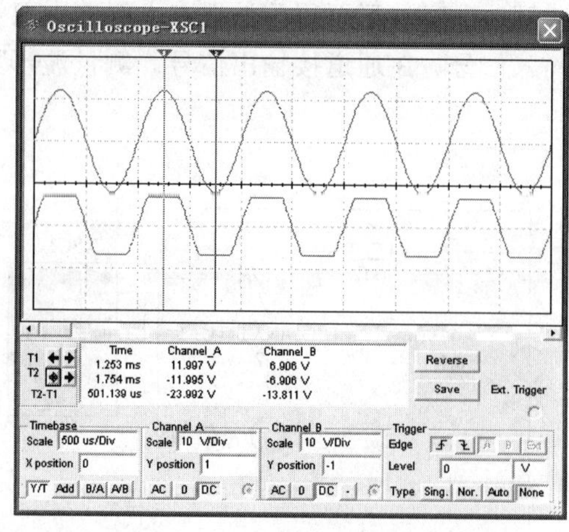

图 7-4 （d）输入、输出的电压波形

7.2 晶体管及其放大电路基础

【例 7-5】 在如图 7-5（a）所示的分压式偏置电路中，已知 $U_{CC}=12V$，$R_{B1}=5.1k\Omega$，$R_p=100k\Omega$，$R_{B2}=10k\Omega$，$R_E=1.2k\Omega$，$R_C=5.1k\Omega$，$R_L=1k\Omega$，$R_S=0\Omega$，$\beta=50$（选晶体管型号为 2N2712）。试测量电路的静态工作点，并观察电位器 R_p 变化对静态参数的影响。

解：1. 晶体管参数的设置

在晶体管元件库的 BJT_NPN 分库中选择型号为 2N2712 的晶体管，拖至电路工作窗口，双击晶体管，出现如图 7-5（b）所示界面，点击编辑模型（Edit Model）按钮，修改晶体管的 β 参数（Bf），设为 50，如图 7-5（c）所示，再点击“Change Part Model”或者“Change All Model”按钮，确定即可。

2. 静态工作点 VT（I_B、I_c、U_{CE}）的测试

电压表和电流表用直流（DC）挡。测试电路如图 7-5（d）所示，此时输入信号 u_S 为零。

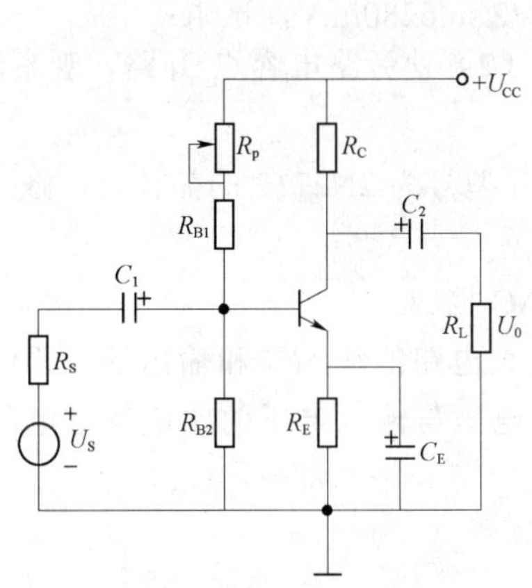

图 7-5 （a）分压式偏置放大电路

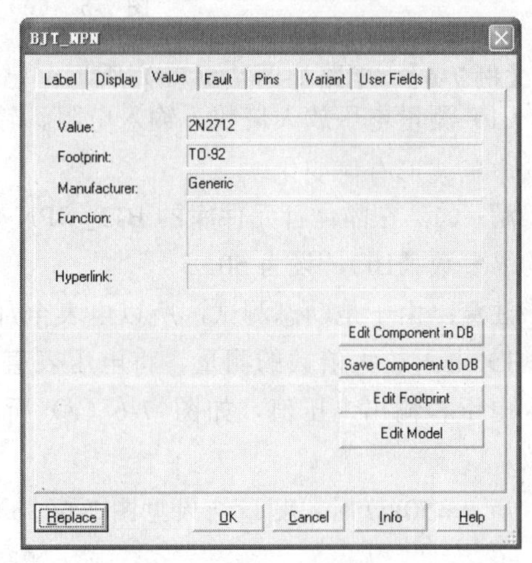

图 7-5 （b）晶体管标签

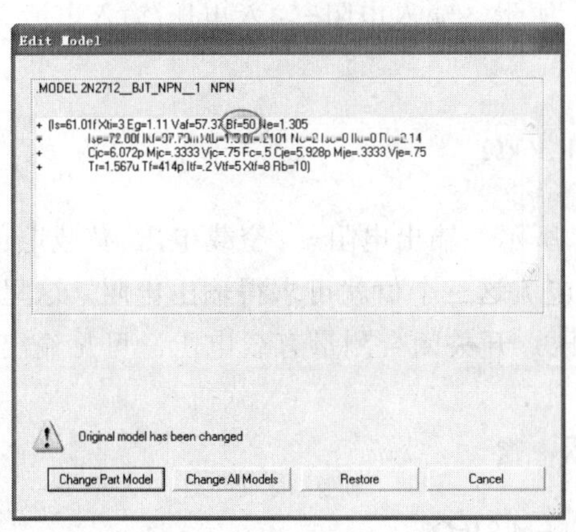

图 7-5 （c）修改晶体管参数

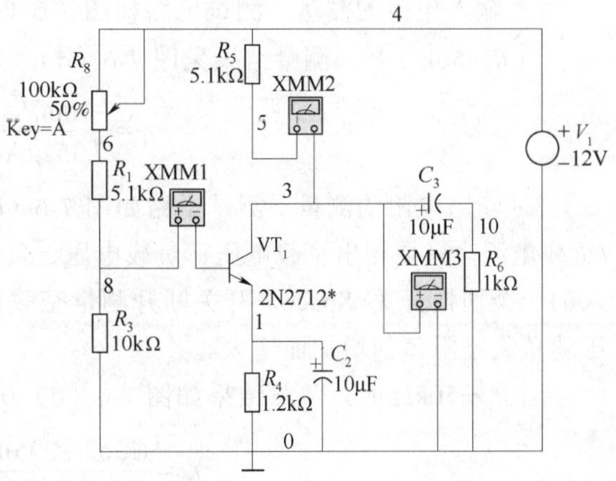

图 7-5 （d）静态工作点测试电路图

闭合仿真开关，显示各电压、电流的静态值。

3. R_p 对静态参数的影响

改变电位器 R_p 的大小（按 A 或 a 键），通过电压表和电流表观察静态工作点随 R_p 变化的情况，以判断静态工作点的位置是否合适（即 VT 点是否在交流负载线的中间，这时集电极电位 V_C 约为 6～8V）。若不合适，试作调整。

当 $R_p = 50\ \text{k}\Omega$ 时，电路中各电表测量结果如图 7-5（e）所示。

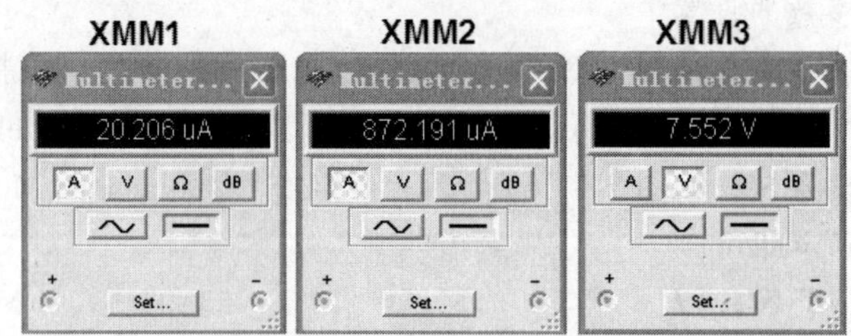

图 7-5 （e）各电表测量结果

【例 7-6】 电路如图 7-5（a）所示，已知 $u_s=10\sqrt{2}\sin 6280t\text{mV}$，试求：

（1）测量电压放大倍数、输入电阻、输出电阻；（2）使旁路电容 C_E 开路，观察输入、输出电压波形有何变化。

解：（1）在晶体管元件库的 BJT_NPN 分库中选择型号为 2N2712 的晶体管，修改晶体管的 β 参数（Bf），设为 50。

注意： 由于是动态测试，所以电表全部要选择 AC 挡。

1）电压放大倍数的测量。将电压表直接接到放大电路的输入端和输出端，即可测得输入电压和输出电压值，如图 7-6（a）所示。输出电压与输入电压的比值就是电压放大倍数。

当 R_p=50kΩ 时，测量结果见图 7-6（b），得

$$A_u = -\frac{235.334}{10} = -23.5$$

2）输入电阻的测量。测试电路如图 7-6（c）所示。输入电阻=输入电压/输入电流。

当 R_p=50kΩ 时，测量结果见图 7-6（d），得

$$r_i = \frac{10\text{mV}}{7.352\mu\text{A}} = 1.36\text{k}\Omega$$

3）输出电阻的测量。测试电路如图 7-6（c）所示。输出电阻=（空载电压−负载电压）/负载电流，只要测出空载电压、负载电压、负载电流这三个值就可求得输出电阻。这里接入的一个切换开关 Space，开关断开测量空载电压，开关闭合测量有载电压。可见输出电压随负载电阻值的增加而增大。

当 R_p =50kΩ 时，测量结果如图 7-6（d）所示，得

$$r_o = \frac{(1367-235)\text{mV}}{235\mu\text{A}} = 4.81\text{k}\Omega$$

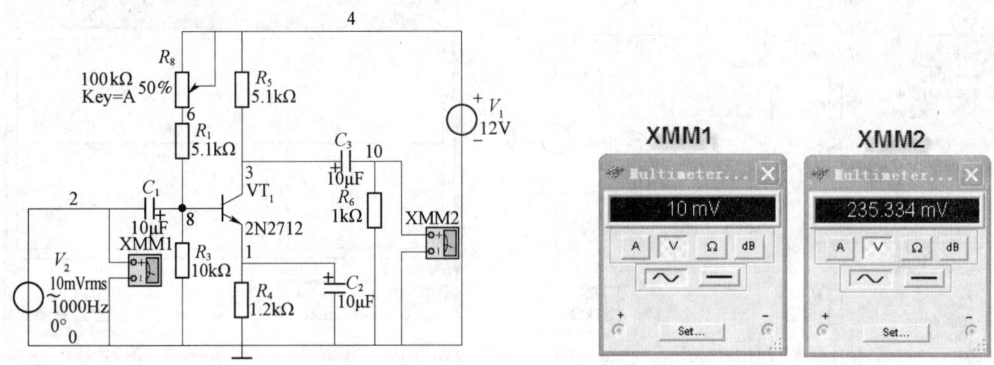

图 7-6 （a）电压放大倍数测量电路　　　图 7-6 （b）电压表测量值

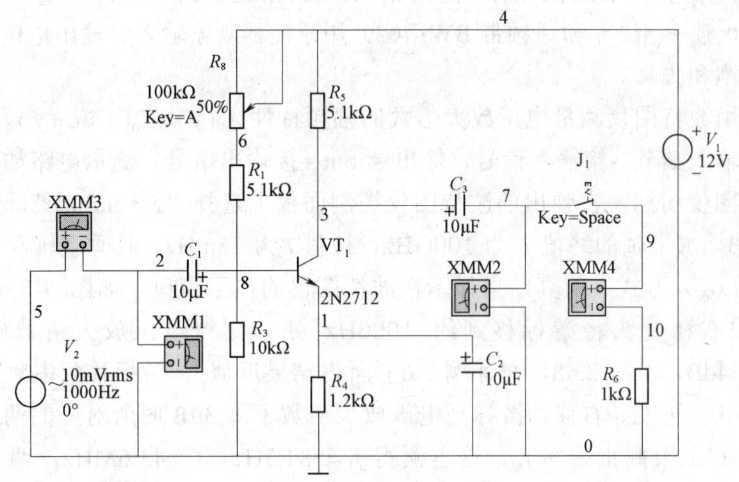

图 7-6 （c）输入电阻、输出电阻的测量电路

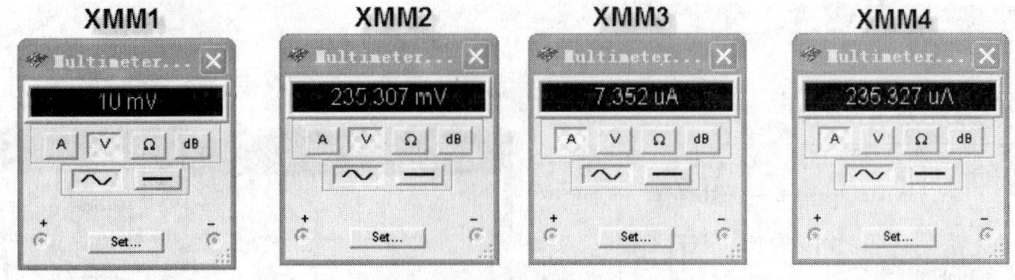

图 7-6 （d）各电压表测量值

（2）电路如图 7-6（e）所示。旁路电容 C_E 开路后，实质是引入了负反馈，通过示波器可见，失真波形得到了明显改善，但这时的电压放大倍数明显降低了。负反馈对饱和失真波形的改善情况，如图 7-6（f）所示。

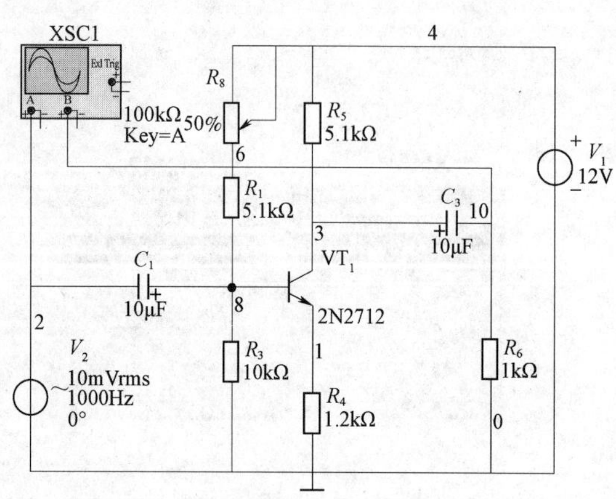

图 7-6 （e）C_E 开路时输入、输出波形的测量

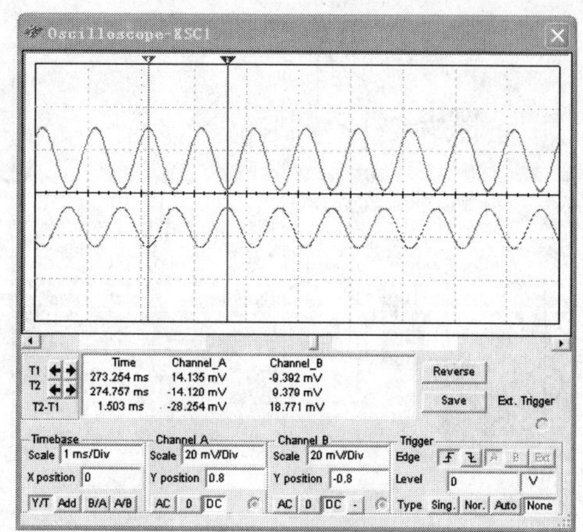

图 7-6 （f）负反馈对饱和失真波形的改善情况

【例 7-7】 电路如图 7-5（a）所示，已知 $u_s=10\sqrt{2}\sin 6280t$mV。（1）测量幅频特性 $A_u(f)$，求上、下限截止频率 f_H、f_L 和通频带 BW；（2）用示波器观察输入、输出电压波形；（3）观察截止失真和饱和失真。

解：（1）用波特图仪测量电压放大倍数的幅频特性 $A_u(f)=U_o(f)/U_i(f)$。

波特图仪输入端 in +接输入信号，输出端 out +接输出信号，测量电路如图 7-7（a）所示。双击波特图仪图标，在弹出的波特图仪控制面板上选择“Magnitude”，设定垂直轴的终值 F 为 60dB，水平轴的终值 F 为 100GHz，初值 I 为 25mHz，且垂直轴和水平轴的坐标全设为对数（Log）方式。仿真结果显示在波特图仪的显示窗口，如图 7-7（b）所示。用控制面板上的右移箭头将游标移到约 1000Hz 处，测得电压放大倍数约为 27.54dB（$20\lg A_u$ = 27.54dB，A_u = 23.8，与［例 7.6］所得结果近似）。游标移到中频段，电压放大倍数为 28.767dB；再左、右移动游标至电压放大倍数下降 3dB 时所对应的两处频率——下限截止频率 f_L 和上限截止频率 f_H，这里测得 f_L=584.3Hz，f_H=43.6MHz，两者之差即为电路的通频带 BW，BW = f_H−f_L≈43.1 MHz。可见电路的通频带较宽。将旁路电容 C_E 断开，再观察幅频特性，可看到通频带更宽，但电压放大倍数减小（图略），这是由于负反馈的影响造成的。

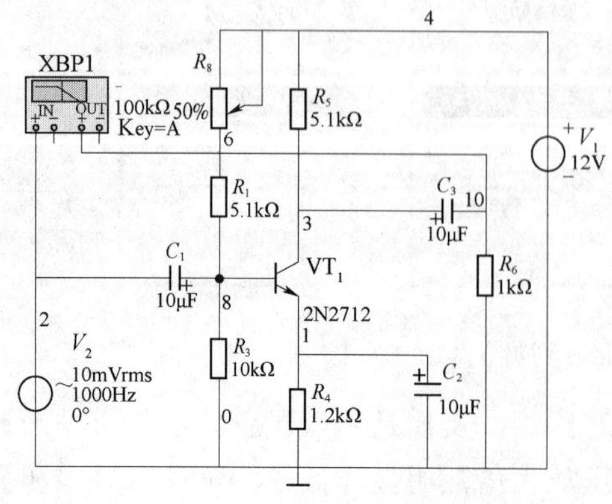

图 7-7 （a）频率特性测量电路

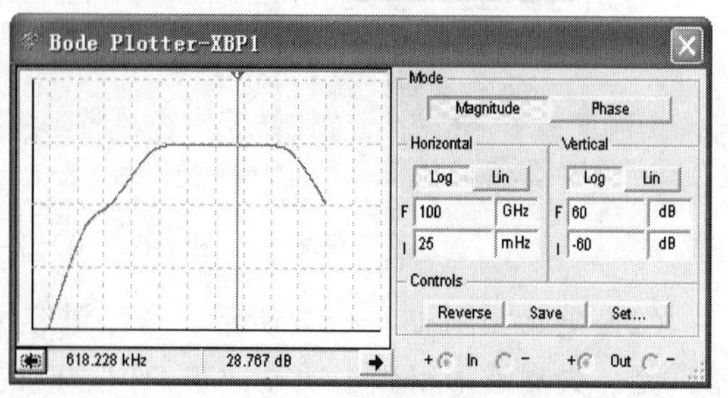

图 7-7 （b）幅频特性曲线

（2）观察输入、输出电压波形。

将示波器的 A 通道接放大电路的输入端，B 通道接放大电路的输出端，如图 7-7（c）所示。调节示波器面板参数，即可观察到清晰的输入、输出电压波形，如图 7-7（d）所示。并测出输入电压的幅值约为 14.140mV，输出电压幅值约为 297.408 mV，两者相比得到电压放大倍数约为-21。波形显示，输出电压与输入电压反相位。

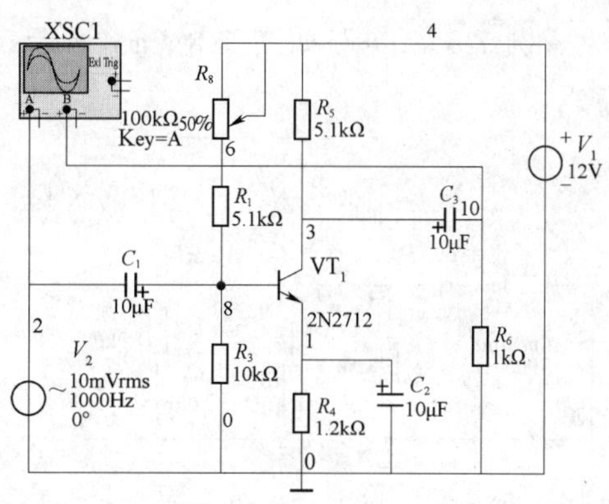

图 7-7 （c）输入、输出波形的测量电路

（3）观察截止失真和饱和失真。

将 R_P 增大到最大值时，可观察到截止失真，波形如图 7-7（e）所示；当 R_P 减小到最大值的 10%时，可观察到饱和失真，波形如图 7-7（f）所示；将电位器 R_P 调到最大值的 50%（即静态工作点适中），而信号源增大为 100 mV 时，可观察到两头失真的波形图，如图 7-7（g）所示。

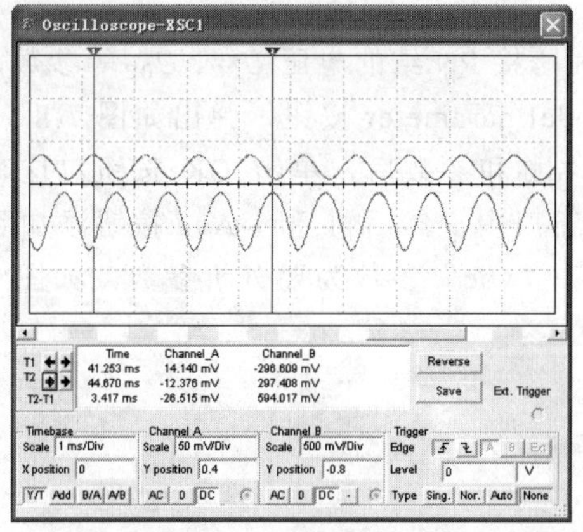

图 7-7 （d）输入、输出电压波形的测量结果

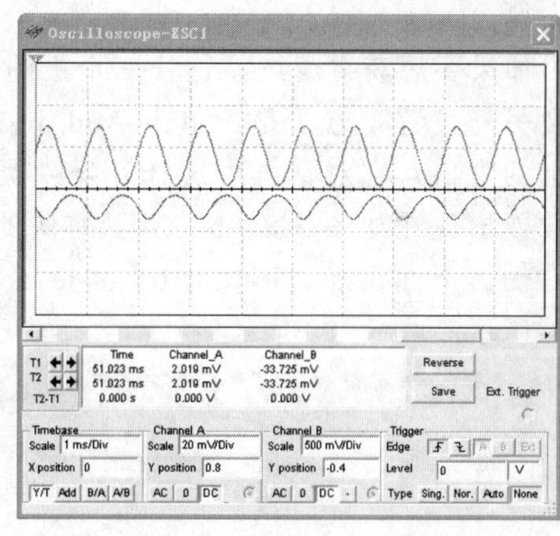

图 7-7 （e）截止失真波形

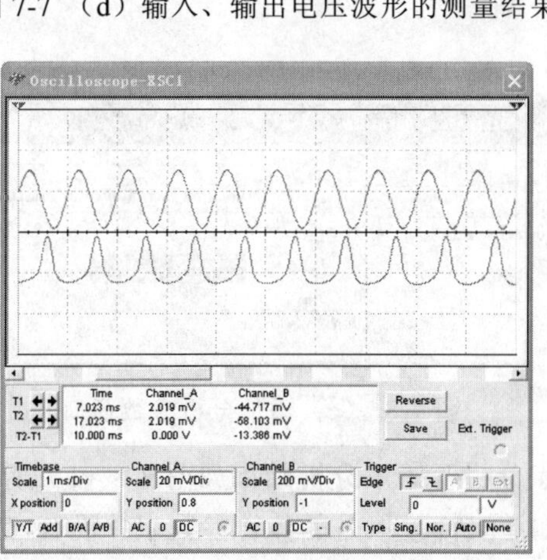

图 7-7 （f）饱和失真波形

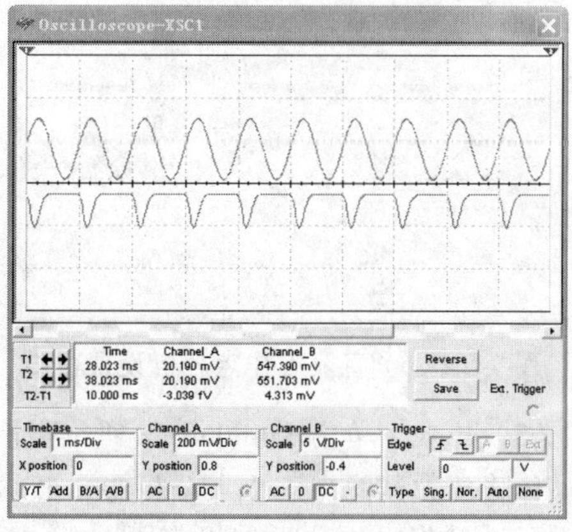

图 7-7 （g）两头失真波形

【例 7-8】 电路如图 7-8（a）所示。试用直流工作点分析法测量放大电路的静态工作点。

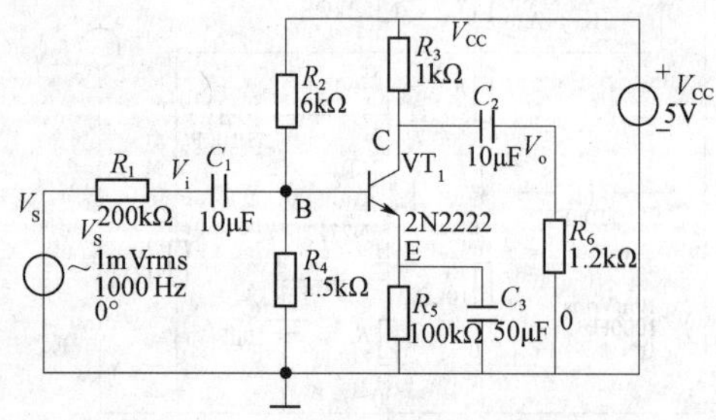

图 7-8 （a）［例 7-8］电路图

解：［例 7-5］求放大电路的静态工作点用的是测量法，即直接用电压表和电流表的 DC 挡进行测量，除此之外，还可以用直流工作点分析法来分析。下面就用该方法求图示电路的静态工作点。

（1）显示电路节点。将晶体管集电极、发射极、基极节点分别改为“C”、“E”、“B”，将输入节点改为“V_i”，信号源节点改为“V_s”，输出节点改为“V_o”，直流电源节点改为“V_{CC}”，如图 7-8（a）所示。

（2）分析设置。选择菜单 Simulate/Analyses/DC Operating Point，进入如图 7-8（b）所示的直流工作点设置窗口。窗口左侧显示的是电路各个节点电压和电源支路电流变量，选中要分析的变量，单击窗口中部的 Add 按钮，要分析的变量就会添加到窗口右侧。

如果要想获得流过晶体管三个极的电流和跨接 PN 结的电压 U_{BC}、U_{BE} 等参数，还需要另外设置。方法是：单击 Add divice/model parameter 按钮，弹出如图 7-8（c）所示的窗口，在对话框中选择元器件类型、名称和参数后，单击 OK 按钮，这时该参数便出现在如图 7-8（b）所示左侧的显示窗口中，然后再通过 Add 按钮添加到窗口右侧。下面添加“ic”、“ib”、“ie”、“vbe”、“vbc”参数为要分析参数，如图 7-8（d）所示。

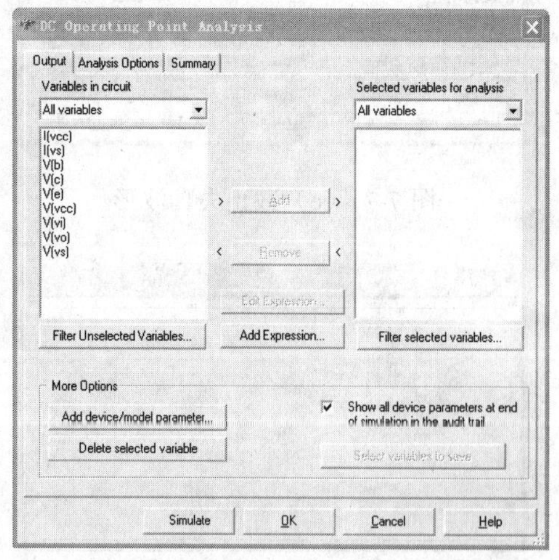

图 7-8 （b）直流工作点分析设置窗口

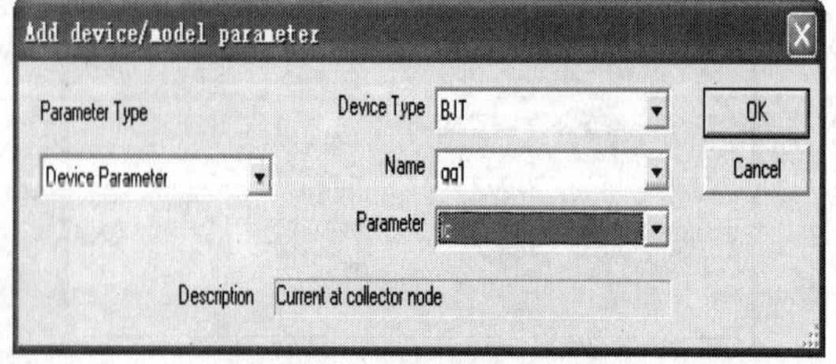

图 7-8 （c）添加分析参数窗口

（3）仿真。单击 Simulate 按钮，直流工作点分析开始，分析结果如图 7-8（e）所示。在晶体管放大器静态工作点分析中，经常需要知道 U_{CE}，但是晶体管参数中并没有 U_{CE}，这时可通过将已知分析结果带入 $U_{CE}=V_C-V_E=(1.96567-0.30625)\text{V}=1.65942\text{V}$ 求得，也可以通过该软件的后处理功能获得（略）。

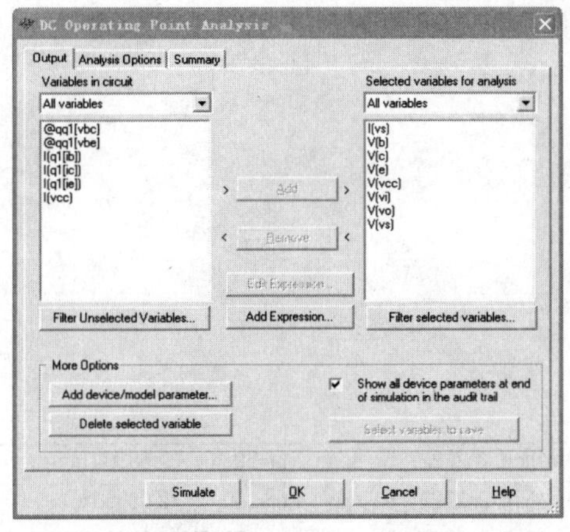

图 7-8 （d）设置完元器件参数后的窗口

	DC Operating Point	
1	V(c)	1.96567
2	V(b)	966.21216 m
3	V(e)	306.24817 m
4	V(vo)	0.00000
5	V(vi)	0.00000
6	V(vcc)	5.00000
7	V(vs)	0.00000
8	I(vs)	0.00000
9	I(vcc)	-3.70662 m
10	I(q1[ic])	3.03433 m
11	I(q1[ib])	28.15653 u
12	I(q1[ie])	-3.06248 m
13	@qq1[vbe]	659.37798 m
14	@qq1[vbc]	-998.01753 m

图 7-8 （e）直流工作点分析结果

【例 7-9】 电路如图 7-8（a）所示。（1）试用温度扫描分析法分析晶体管在不同工作温度环境下静态工作点的变化情况；（2）试用参数扫描分析法分析晶体管电流放大倍数 β 值对集电极电流 i_C 的影响。

解：（1）用温度扫描分析法分析晶体管集电极电位随温度的变化情况。选择 Simulate/ Analyses / Temperature Sweep 命令，弹出图 7-9(a)所示的温度扫描参数设置对话框，在 Analyses to sweep 复选框下选择联合直流工作点分析，点击 Output 选项卡，如图 7-9（b）所示，选择需要分析的变量 V[c]，单击 Simulate 按钮，得到晶体管集电极电位随温度变化的分析结果如图 7-9（c）所示。从图中显示的测量结果可以看出晶体管集电极电位随温度升高而降低。

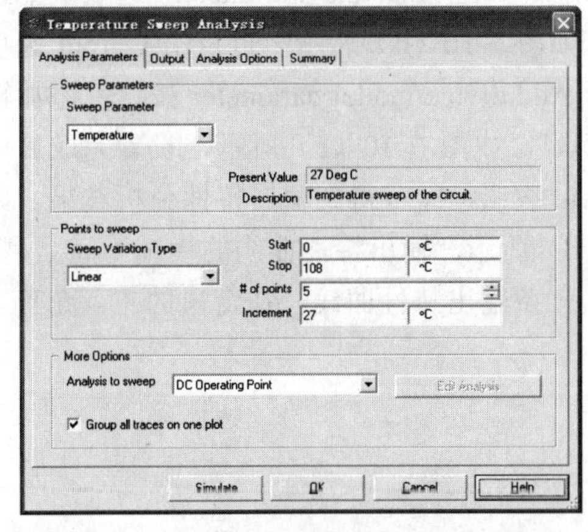

图 7-9 （a）设置温度扫描分析参数

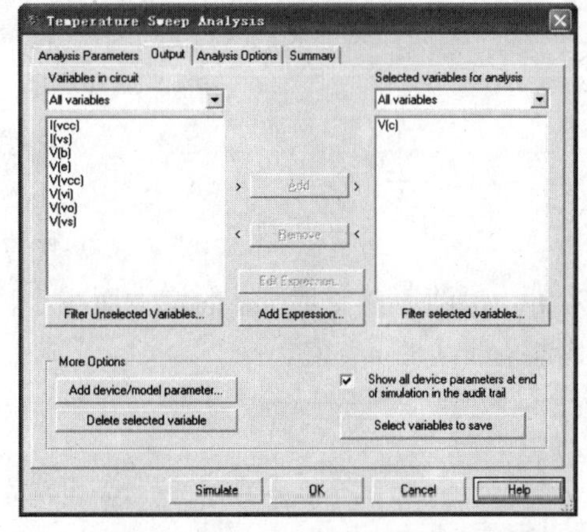

图 7-9 （b）设置待分析变量

另外，温度对静态工作点中其他各量的影响也可以通过上述步骤得到。

（2）用参数扫描法分析晶体管电流放大倍数 β 值对集电极电流 i_C 的影响。选择菜单 Simulate/Analyses/Parameter Sweep 命令，在图 7-9(d)中设置扫描参数。单击 Output 选项卡，按下 Add divice/model parameter 按钮，添加变量“ic”。设置完成后单击 Simulate 按钮，得到集电极电流随 β 变化

V(c), Temperature=0	2.23607
V(c), Temperature=27	1.96567
V(c), Temperature=54	1.69850
V(c), Temperature=81	1.43414
V(c), Temperature=108	1.17225

图 7-9 （c）集电极电位随温度变化的扫描结果

的分析结果如图 7-9（e）所示。从图中显示的测量结果可以看出，当β变化 4 倍时，晶体管集电极电流只变化 1.2 倍。

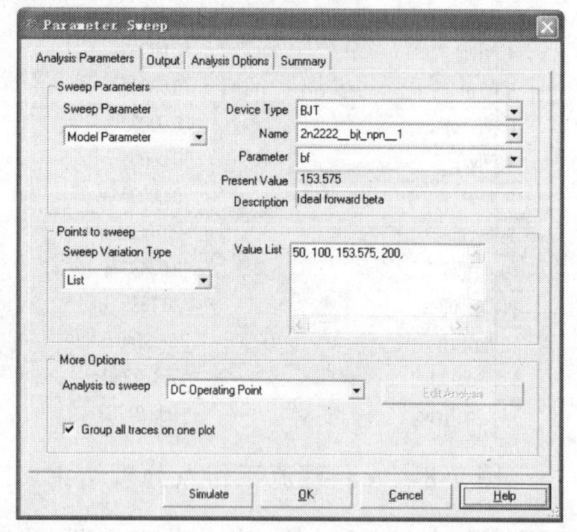

图 7-9 （d）设置对晶体管β的参数扫描窗口

I(q1[ic]), 2n2222__bjt_npn__1 bf=50	2.58900 m
I(q1[ic]), 2n2222__bjt_npn__1 bf=100	2.89950 m
I(q1[ic]), 2n2222__bjt_npn__1 bf=153.575	3.03433 m
I(q1[ic]), 2n2222__bjt_npn__1 bf=200	3.09858 m

图 7-9 （e）参数扫描结果

7.3 场效应管放大电路

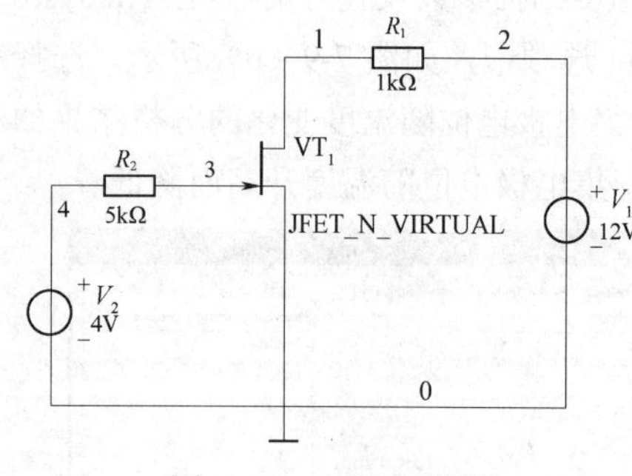

图 7-10 （a）电路图

【例 7-10】 电路如图 7-10（a）所示，试绘出结型场效应管输出特性曲线。

解： 选择菜单 Simulate/Analyses/DC Sweep Analysis 命令，在 Analysis Parameters 选项卡中设置参数，如图 7-10（b）所示，再点击 Output 选项卡，单击 Add divice/model parameter 按钮，添加输出变量"id"，如图 7-10（c）所示，设置完成后单击 Simulate 按钮，即可得到输出特性分析结果，如图 7-10（d）所示。输出特性曲线的横轴为 u_{DS}，竖轴为 i_D，i_D 随着参变量 u_{GS} 的增大而减小，点击一条输出特性曲线，在窗口的左下角可以看到该条曲线的 u_{GS} 值。

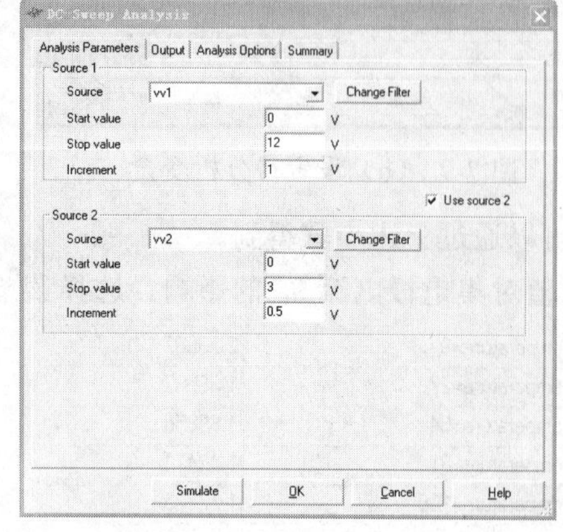

图 7-10 （b）分析参数设置

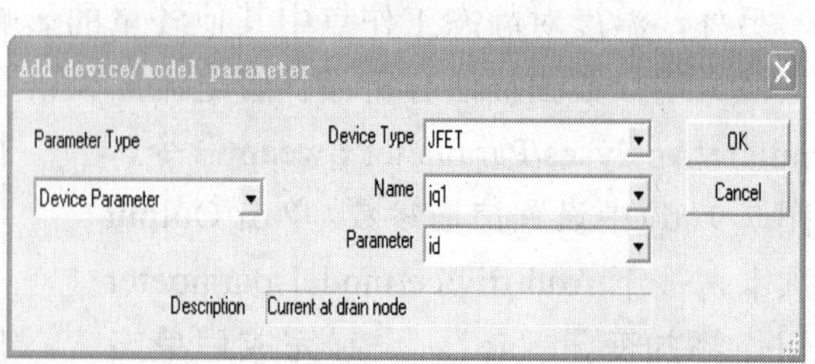

图 7-10 （c）添加输出参数

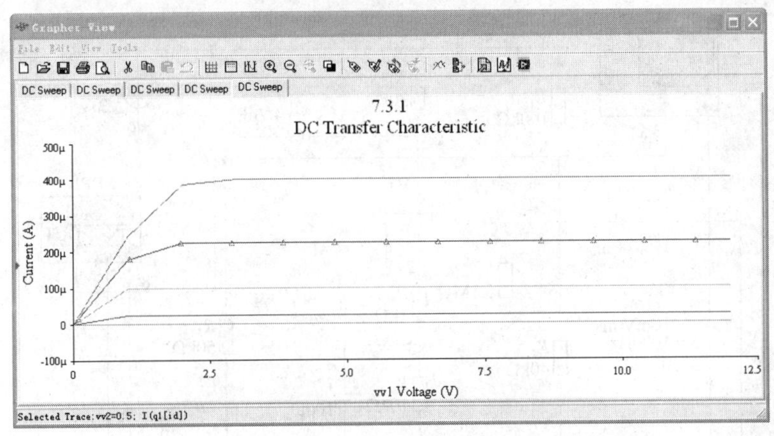

图 7-10 （d）结型场效应管输出特性

【例 7-11】 分压式自偏压电路如图 7-11 所示，试确定其静态工作点。

解：测量电路如图 7-11 所示，场效应管选择 JFET_N_VIRTUAL，输出电阻选用 100kΩ，用电流表 XMM1 测量 i_D，电压表 XMM2 和 XMM3 分别测量 u_{GS} 和 u_{DS}，测量值如图 7-11 所示，i_D= 317.968μA，u_{GS}= −218.907 mV，u_{DS}=7.864 V，与理论值 i_D=0.31 mA，u_{GS}= −0.22 V，u_{DS}=8.1 V 近似相等。

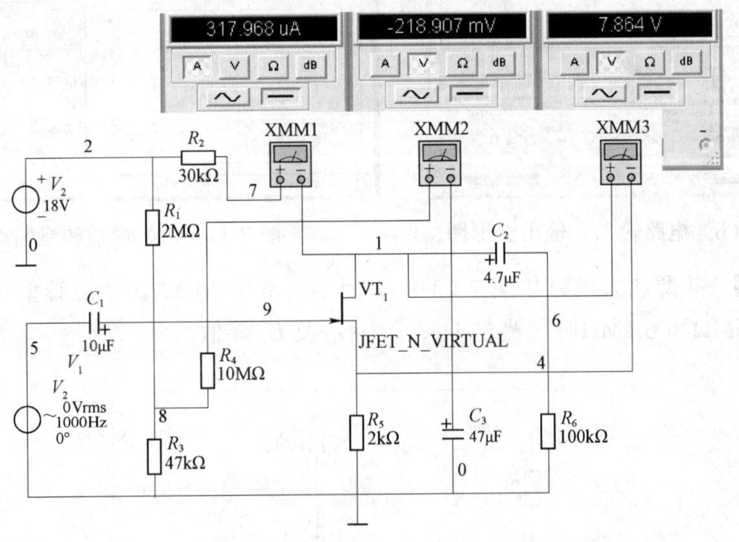

图 7-11 分压式自偏压电路静态工作点测试电路

【例 7-12】 共源电路如图 7-12（a）所示，试绘出输入、输出电压曲线及电压增益幅频特性曲线。

解：MOS 管选用 MOS_4TDN_VIRTUAL，测量电路如图 7-12（a）所示，输入、输出电压曲线如图 7-12（b）所示，测得输入电压幅值为 14.13 mV，输出电压幅值为 3.746 mV，且与输入电压反相。增益幅频特性曲线如图 7-12（c）所示，电压增益为−11.578 dB，上限频率为 65.32 MHz，下限频率 642.322 mHz。

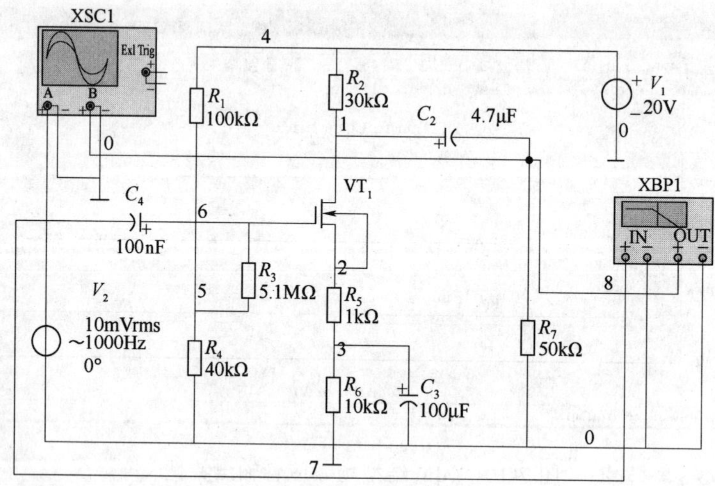

图 7-12　(a)［例 7-12］电路图

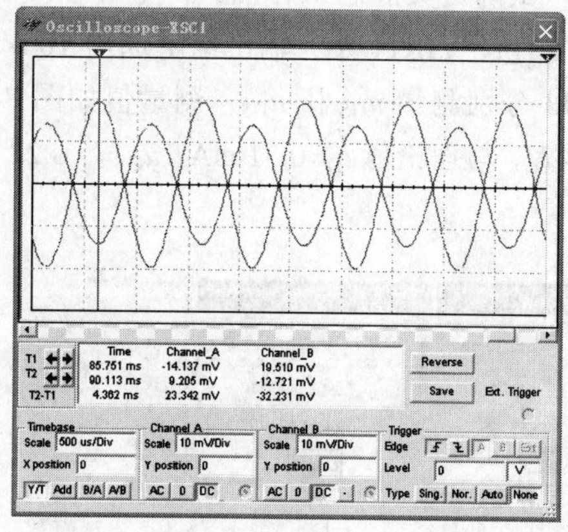

图 7-12　(b) 电路输入、输出波形图

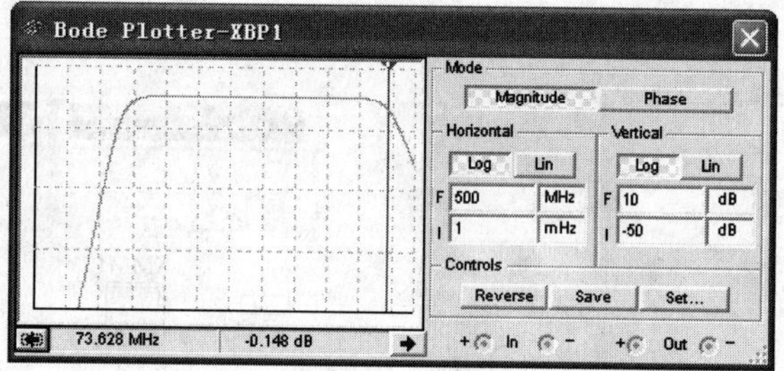

图 7-12　(c) 增益幅频特性曲线

【例 7-13】　共源放大电路如图 7-13（a）所示，其中 MOS 场效应管型号为 2N7000。在 R_2 分别为 6MΩ和 6.1MΩ时，测量 U_{GSQ}、U_{DSQ} 及 U_o 峰值。

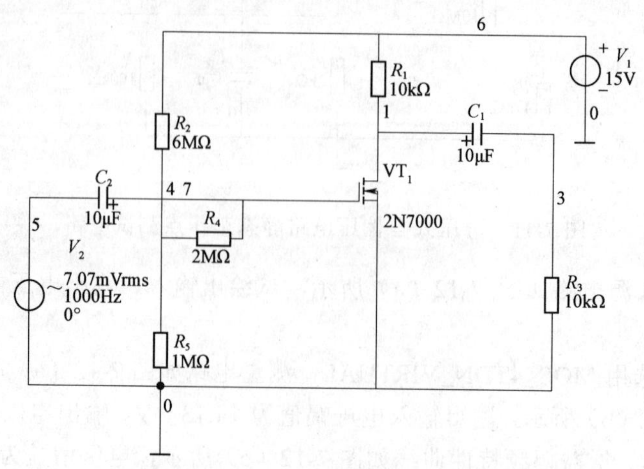

图 7-13　(a)［例 7-13］电路图

解：当 R_2=6MΩ时测量电路如图 7-13（b）所示，输入、输出波形如图 7-13（c）所示，输出电压峰值为 675.432 mV。

当 R_2=6.1MΩ时测量电路如图 7-13（d）所示，输入、输出波形如图 7.3.4（e）所示，输出电压峰值为 517.232 mV。

同时测量其他一组参数如表 7-1 所示。

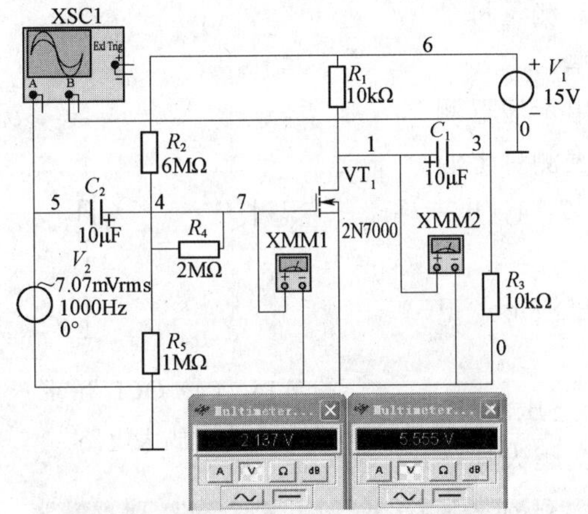

图 7-13 （b）R_2 = 6MΩ时的测量电路

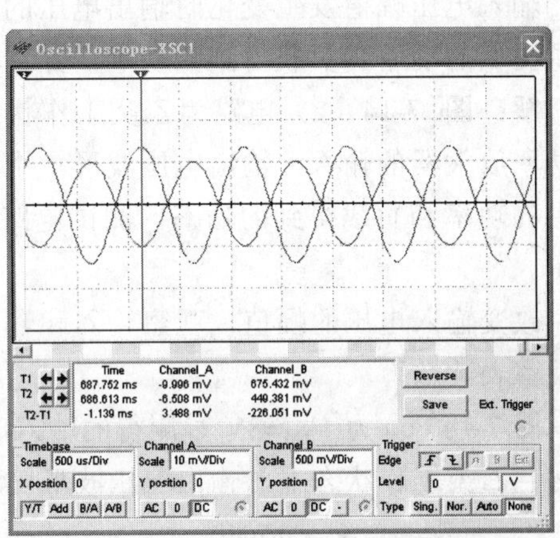

图 7-13 （c）R_2= 6MΩ时的输入输出波形

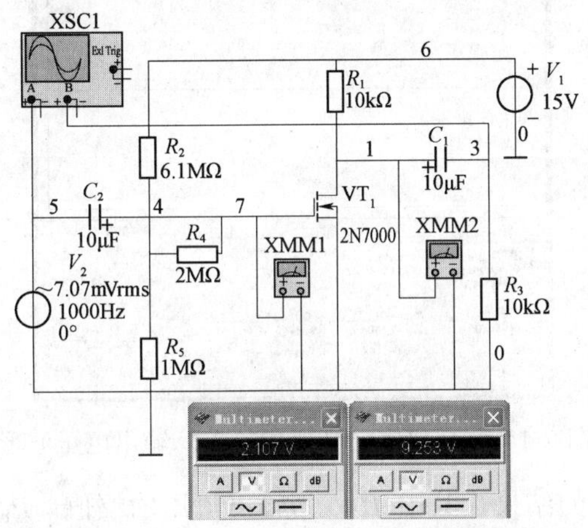

图 7-13 （d）R_2= 6.1MΩ时的测量电路

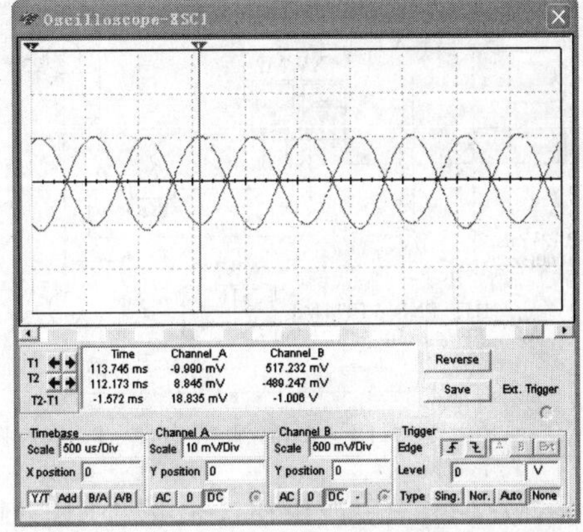

图 7-13 （e）R_2=6.1MΩ时的输入输出波形

由表 7-1 可知，当电阻 R_2 增大时，U_{GSQ}、I_{DQ} 减小，U_{DSQ} 增大，$|A_u|$减小。由此说明，当 R_1 和 R_3 不变时，调整电路参数增大 I_{DQ}（即增大 U_{GSQ}）是提高电路电压放大能力的有效方法。需要注意的是，在调节 R_2 时，要始终保证场效应管工作在恒流区，即保证信号不失真。

表 7-1 仿真数据

输入电压峰值（mV）	R_2（MΩ）	U_{GSQ}（V）	U_{DSQ}（V）	漏极电流 I_{DQ}（mA）	输出电压峰值（mV）	电压放大倍数 A_u
9.996	6	2.137	5.555	0.9445	675.432	−67.57
9.990	6.1	2.107	9.253	0.5747	517.232	−51.77

7.4　功 率 放 大 电 路

【例 7-14】 已知 OCL 功率放大电路如图 7-14（a）所示，VE_1、VE_2 特性完全对称，$U_{CC}=23V$，$R_L=8\Omega$，试观察当输入电压幅值发生变化时输出电压的波形，测量每个电源提供的功率和负载得到的功率，并计算效率。

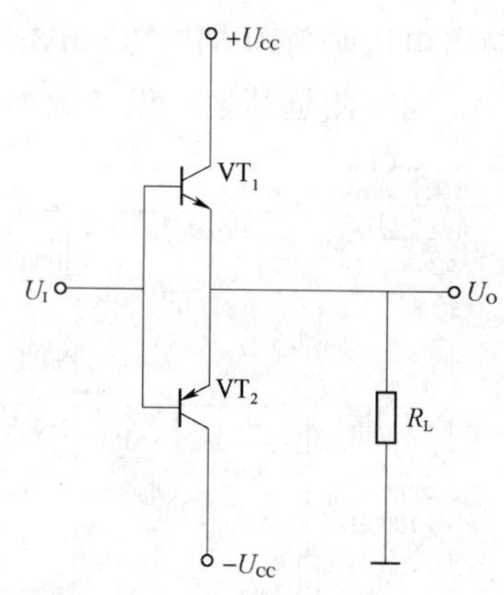

图 7-14 （a）OCL 互补对称功率放大电路

解：图 7-14（a）电路为乙类工作状态。用示波器测量功率放大器的输入、输出电压波形，用功率表测量电源提供的功率和负载得到的功率，测试电路如图 7-14（b）所示。

改变输入电压的幅值，观察输入和输出电压波形，记录功率表读数。

图 7-14（c）为 U_{IM}=3V 时测得的输入、输出电压波形。显然，乙类工作状态下，输出电压波形出现了交越失真。

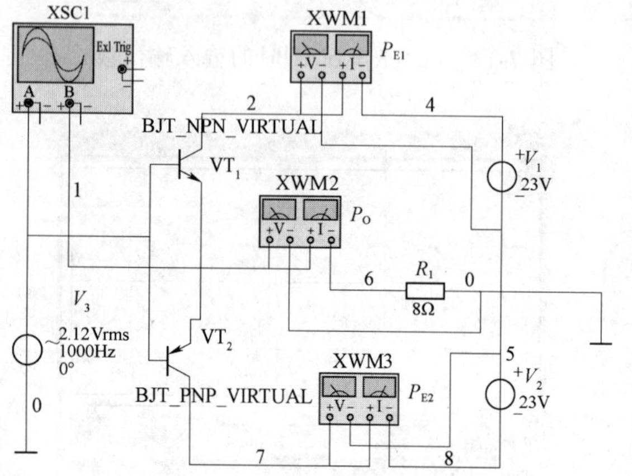

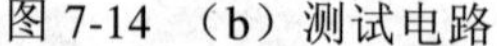
图 7-14 （b）测试电路

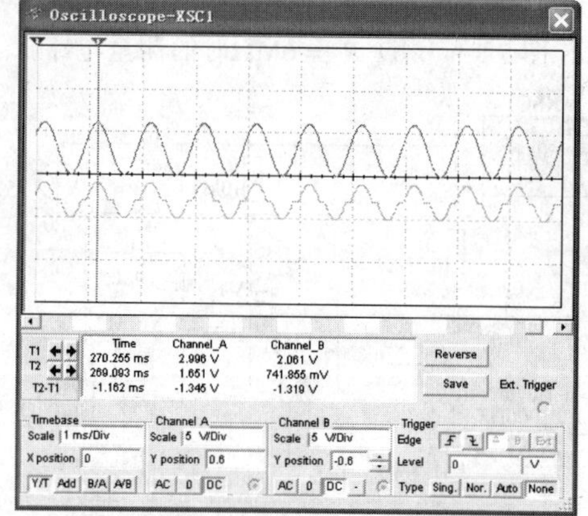

图 7-14 （c）U_{IM}=3V 时的输入、输出电压波形

表 7-2 是当电源电压 U_{IM} 取不同值时测得的结果，其中 U_{OM} 为输出电压的幅值，P_{E1} 和 P_{E2} 为功率表测得的两个电源提供的功率，P_O 为负载得到的功率，效率可由公式 $\eta=\dfrac{P_O}{P_{E1}+P_{E2}}$ 计算得到。表中结果与理论计算基本相同，U_{OM} 最大时，P_O 最大，η 最高。

表 7-2　　**［例 7-14］的测试结果**

U_{IM}（V）	U_{OM}（V）	P_{E1}（W）	P_{E2}（W）	P_O（W）	η（%）
3	2.1	1.61	1.61	0.236	7.4
10	9.1	7.82	7.82	4.91	31.5
19	18.1	16.05	16.05	19.871	61.9
20	19.1	16.83	16.83	22.16	65.8
23	22.1	19.54	19.54	29.77	76.2
23.9	23	20.54	20.54	32.26	78.5

【例 7-15】 OCL 功率放大电路如图 7-15 所示。试测量静态值、输入电压峰值为 11V 时的输出功率 P_O、电源产生的功率 P_V，并计算效率。

解： 输出功率 P_O 为交流功率，可采用瓦特表测量；电源产生的功率 P_V 为直流功率，可采用直流电流表测量，并计算得到。仿真结果如表 7-3 所示。

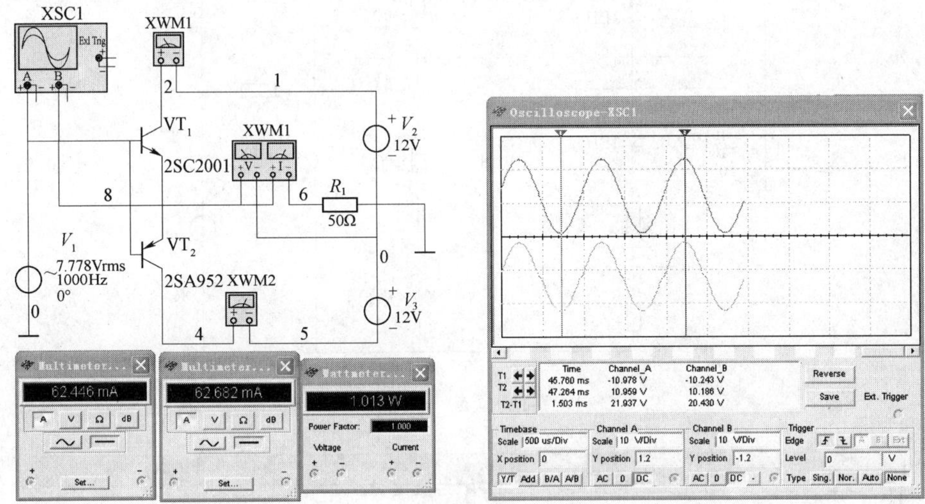

图 7-15　电路图及其仿真结果

表 7-3　　　　　　　　　　［例 7-15］的测试结果

输入信号峰值 V_1（V）	直流表 1 读数 I_{C1}（mA）	直流表 2 读数 I_{C2}（mA）	电源消耗功率 P_V（W）	瓦特表读数 P_O（W）	输出信号正、负向峰值 U_{omax+}，U_{omax-}（V）
0	0	0	0	0	0
11	62.446	62.682	1.502	1.013	10.186，-10.243

计算效率：

$$\eta = \frac{P_{om}}{P_V} = \frac{\left(\dfrac{10.186+10.243}{2}\right)^2 \Big/ (2\times 50)}{1.502} = 69.5\%$$

【例 7-16】 电路如图 7-16（a）所示，试分析：（1）负载 R_6 上能够获得的最大输出功率；（2）电容 C_1、C_2 的作用；（3）当输入频率为 1kHz、峰值电压为 5V 的正弦波时，若 R_1 开路，将会产生什么现象。

解：（1）输入电压 u_i 频率为 1kHz，改变输入电压幅值，用示波器监视 R_6 上输出电压 u_o 的波形。当输入电压 u_I = 13 V 时，输出电压峰值 u_{op} = 15.205 V，此时 u_o 开始失真，如图 7-16（b）左图所示；减小输入电压至 12.5 V，输出电压失真消除，此时输出电压峰值 u_{op} = 15.187 V，如图 7-16（b）右图所示。因此，负载 R_6 上能获得的最大输出功率为

$$P_{om} = \frac{u_{op}^2}{2R_6} = \frac{15.187^2}{2\times 8} \approx 14.42\text{W}$$

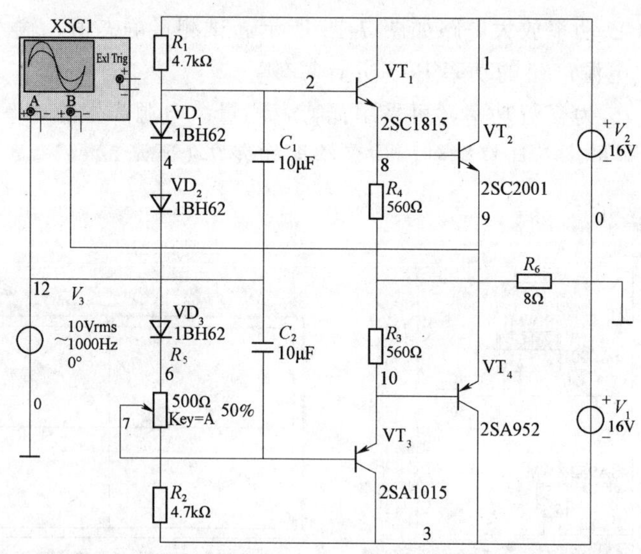

图 7-16 （a）电路图

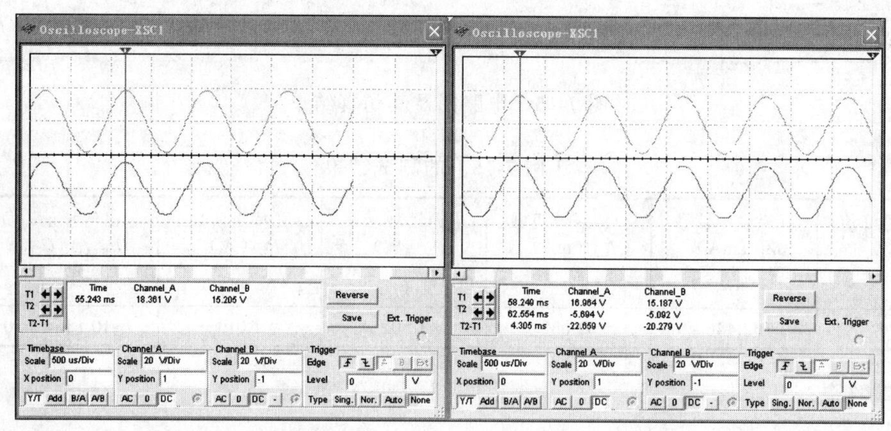

图 7-16 （b）输出电压 u_o 的波形

（2）在有无电容 C_1、C_2 情况下，u_I 为不同值时对应的 u_{op} 如表 7-4 所示，说明电容 C_1、C_2 是 VD_1～VD_3 和 R_5 的旁路电容，作用是减小输入信号的损失。

表 7-4　　有无电容 C_1、C_2、u_1 为不同值所对应的 u_{op} 值

输入电压 u_I（V）		2	4	6	8	10
有电容 C_1、C_2	输出电压峰值 u_{op}（V）	2.754	5.489	8.376	11.178	13.985
无电容 C_1、C_2	输出电压峰值 u_{op}（V）	2.664	5.369	8.051	10.662	13.196

（3）由示波器测输入信号为 0 和输入信号频率为 1kHz、峰值为 5 V 时电路的正常工作状态及 R_1 开路两种情况下输出电压的峰值，如表 7-5 所示。由表可知，R_1 开路不但使两只管子的静态工作点不再对称，而且 u_o 正半周峰值电压数值小于负半周峰值电压数值，u_o 产生交越失真。

表 7-5　　在不同情况下输出电压峰值

输入电压峰值 u_{ip}（V）	输出电压 u_o（V）	正峰值电压（V）	负峰值电压（V）
0	正常工作	-0.055	
	R_1 开路	-0.287	
5	正常工作	4.912	-5.021
	R_1 开路	3.666	-5.141

【例 7-17】 在如图 7-17 所示的单电源互补对称电路中，二极管 VD_1、VD_2 采用 1N4148，具体管 VT_1、VT_2 分别用 2N2222 和 2N2907A，求：（1）负载上得到的功率 P_o；（2）电源供给的功率 P_V。

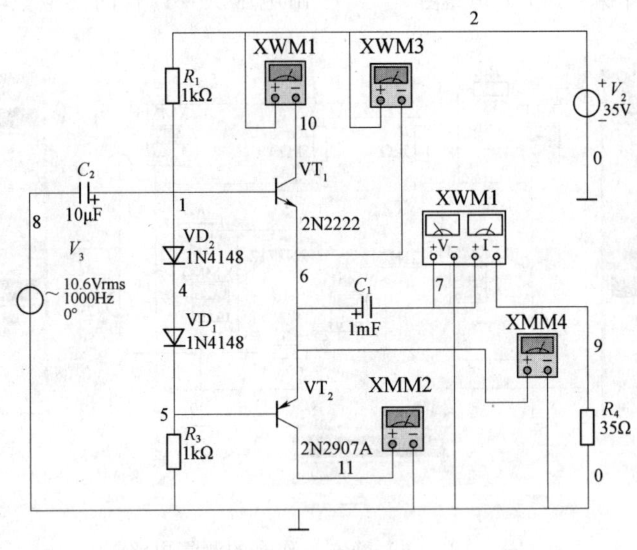

图 7-17　电路图

解： 输出功率 P_o 为交流功率，可采用瓦特表测量；电源消耗的功率 P_V 为平均功率，可采用直流电流表测量电源的平均输出电流计算得到。各电表测量值如表 7-6 所示。

表 7-6　　电表测量值

输入电压（V）	VT_1 电流（mA）	VT_1 电压（V）	VT_2 电流（mA）	VT_2 电压（V）	测得输出功率（W）	输入功率 P_V（W）
10.6	132.555	17.317	132.718	17.683	2.779	4.642

7.5 差分放大电路

【例 7-18】 电路如图 7-18（a）所示，已知晶体管型号为 2N2712，β=50，测量其静态工作点，并求差模放大倍数、共模放大倍数及共模抑制比。

解： 该电路为长尾式差分放大电路。

（1）测量静态工作点。测量静态工作点时需将输入信号短路或设为零，如图 7-18（b）所示。结果为

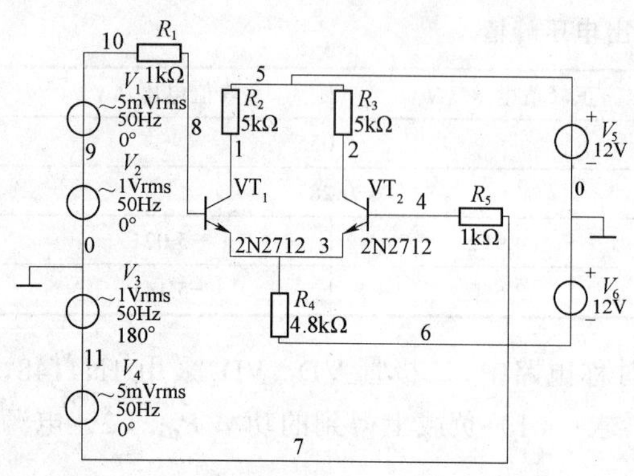

图 7-18 (a)[例 7-18] 的电路图

$$V_{B_1}=V_{B_2}=-26.193\text{mV}$$

$$V_{C_1}=V_{C_2}=6.212\text{V}$$

$$I_E=2.368\text{mA}$$

(2) 测量差模放大倍数。测量电路如图 7-18(c)所示，输入、输出电压波形如图 7-18(d)所示。由测量结果可知，单端输出时差模放大倍数 $A_{od}=\dfrac{512\text{mV}}{10\text{mV}}=51.2$。

这里输出电压与输入电压同相位，若输出电压从 VT_1 管的集电极取出，则输出电压与输入电压反相位。

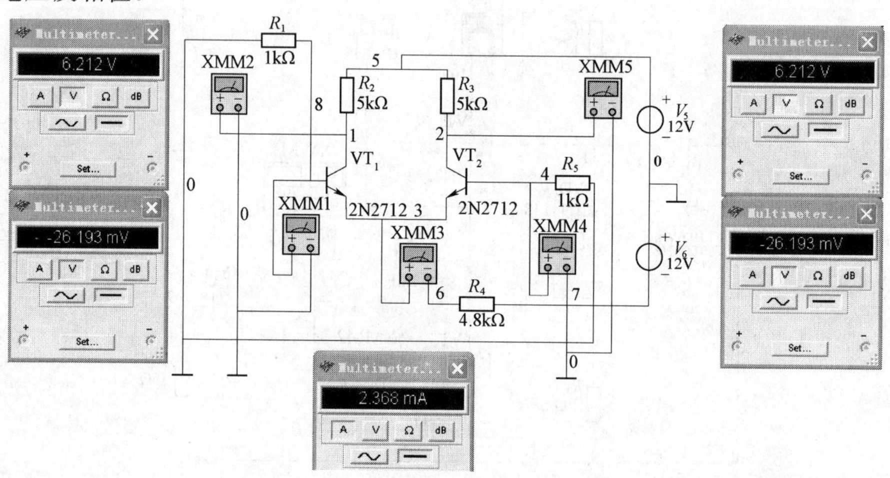

图 7-18 (b) 静态工作点的测量电路

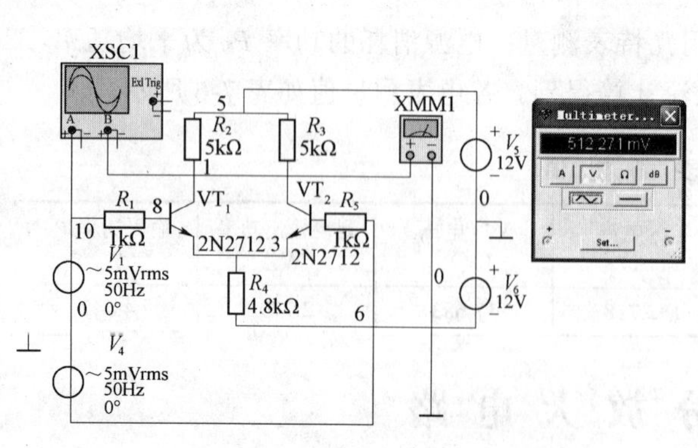

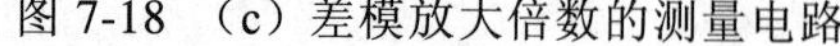

图 7-18 (c) 差模放大倍数的测量电路

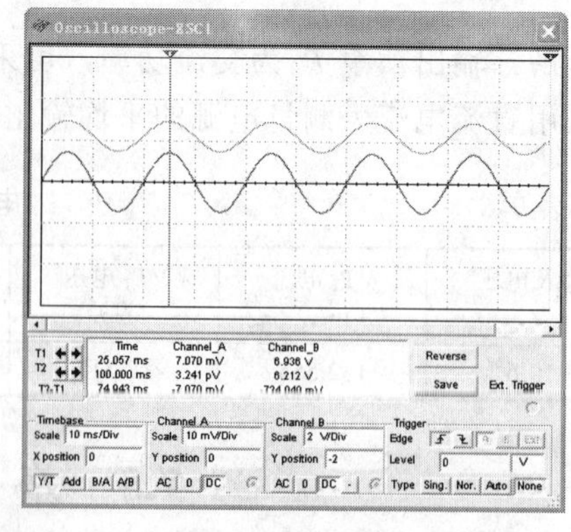

图 7-18 (d) 差模输入时的输入输出电压波形

(3) 测量共模放大倍数，求共模抑制比。测量电路如图 7-18(e)所示，双击电源 V_4，将 Value 选项卡中的 Phase 值改为 180，输入、输出电压波形如图 7-18(f)所示。

由测量结果可知

共模放大倍数
$$A_{oc}=\frac{0.501\text{V}}{1\text{V}}=0.501$$

共模抑制比
$$K_{CMR}=\frac{A_{od}}{A_{oc}}=\frac{51.2}{0.501}=102.2$$

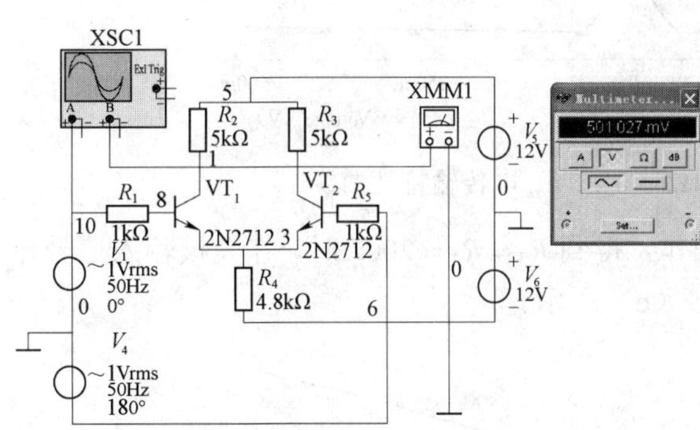

图 7-18 （e）共模放大倍数的测量电路

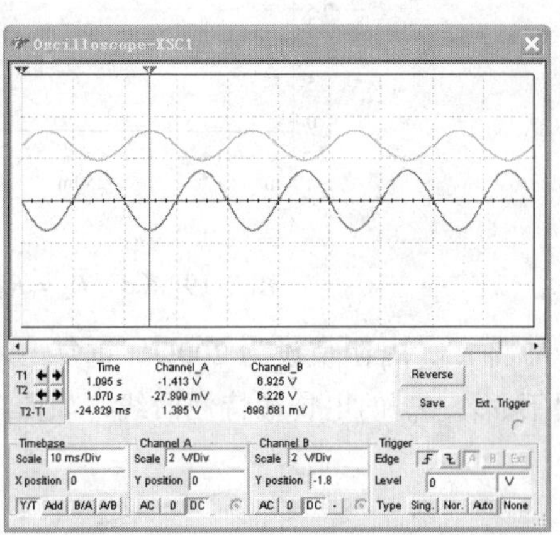

图 7-18 （f）共模输入时的输入输出电压波形

【例 7-19】 差分放大电路如图 7-19（a）所示，BJT 选用 2N3904，β=100。试分别绘出 $R_3=R_4=1\Omega$和 $R_3=R_4=200\Omega$时，差模输出电压 u_{o1}、u_{o2} 的电传输特性曲线。

解：将 R_3、R_4 阻值设为 1Ω，点击菜单 Simulate/Analyses/DC Sweep Analysis，在 Analysis Parameters 选项卡设置参数，如图 7-19（b）所示，然后再在 Output 选项卡设置参数，添加输出电压 u_{o1}、u_{o2} 为分析值，如图 7-19（c）所示，最后点击 Simulate 执行直流扫描分析。u_{o1}、u_{o2} 的电传输特性曲线如图 7-19（d）所示。

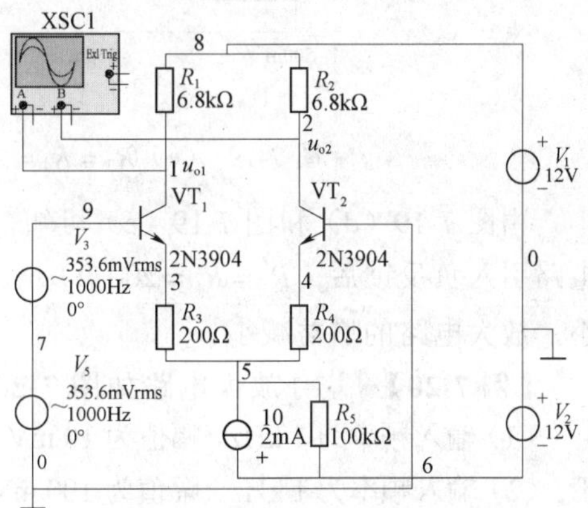

图 7-19 （a）［例 7-19］的电路图

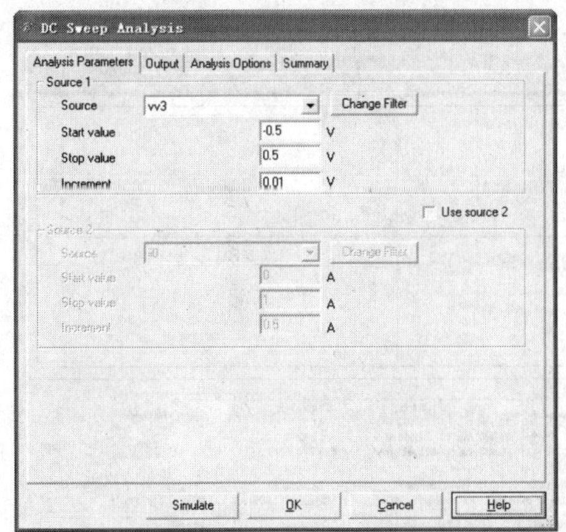

图 7-19 （b）Analysis Parameters 选项卡参数设置

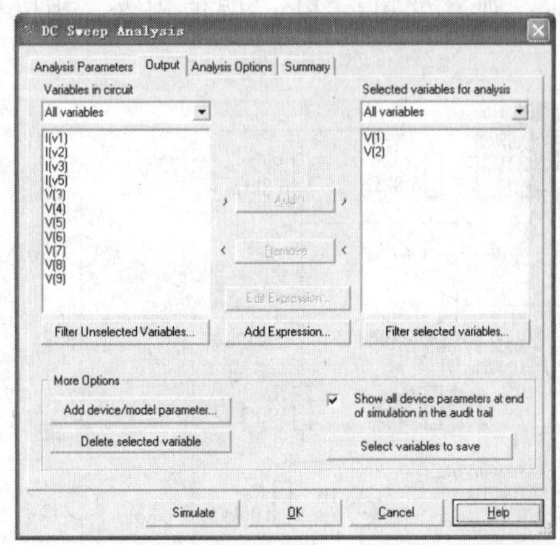

图 7-19 （c）Output 选项卡参数设置

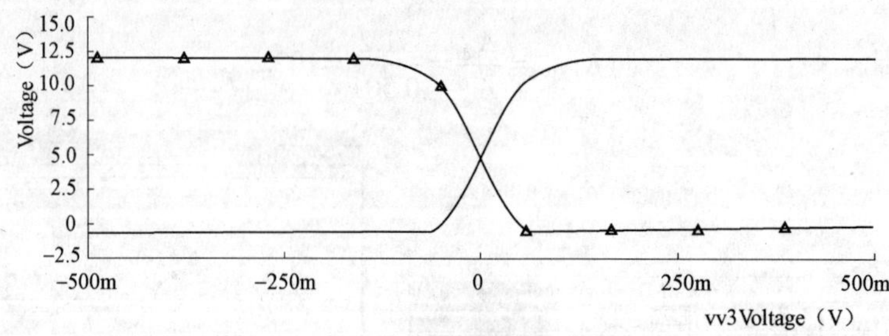

图 7-19 （d）$R_3 = R_4 = 1\Omega$时 u_{o1}、u_{o2} 电传输特性曲线

将 R_3、R_4 阻值设为 200Ω，重复上述操作，得到 $R_3 = R_4 = 200\Omega$时，在差模输入信号作用下 u_{o1}、u_{o2} 的电传输特性曲线，如图 7-19（e）所示。

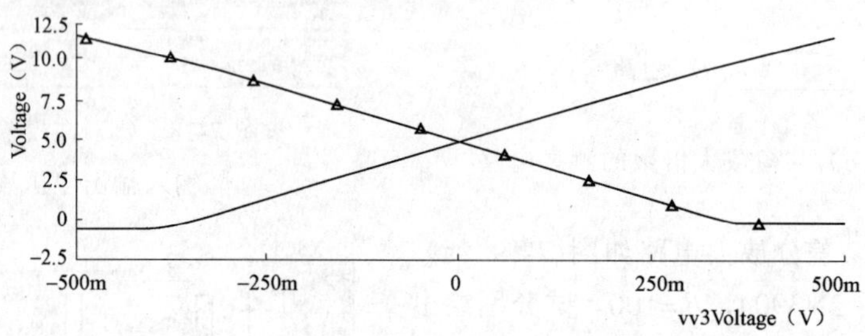

图 7-19 （e）$R_3 = R_4 = 200\Omega$时 u_{o1}、u_{o2} 的电传输特性曲线

由图 7-19（d）和图 7-19（e）可知，当 $R_3 = R_4 = 1\,\Omega$时，电路可近似为没有负反馈，当电路引入负反馈后（$R_3 = R_4 = 200\,\Omega$）增大了放大电路的线性工作区，但传输特性的斜率变小，放大电路的增益减小。

【例 7-20】 差分放大电路如图 7-20（a）所示，BJT 选用 2N3904，$\beta = 100$。试求：（1）输入频率为 1 kHz、幅值为 10 mV 的正弦信号，绘出差模输入时输出电压 u_{o1} 和 u_{o2} 的波形；（2）输入频率为 1 kHz、幅值为 100 mV 的正弦信号，绘出在共模输入时，u_{o1} 和 u_{o2} 的波形。

解：（1）测试电路如图 7-20（a）所示，用示波器测得 u_{o1} 和 u_{o2} 的波形如图 7-20（b）所示，观察可知 u_{o1} 和 u_{o2} 幅值相等，相位相反。

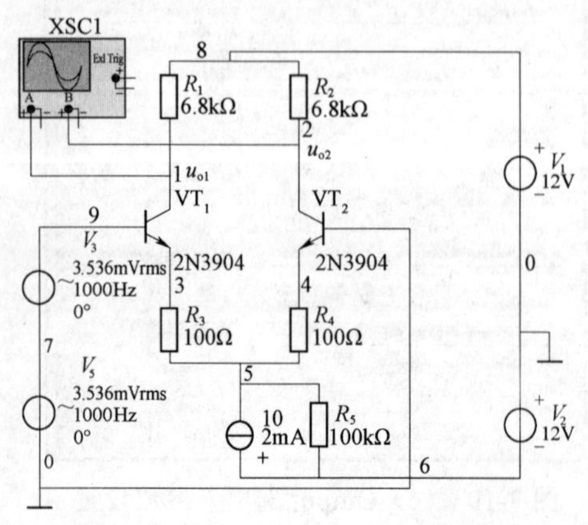

图 7-20 （a）［例 7-20］的电路图

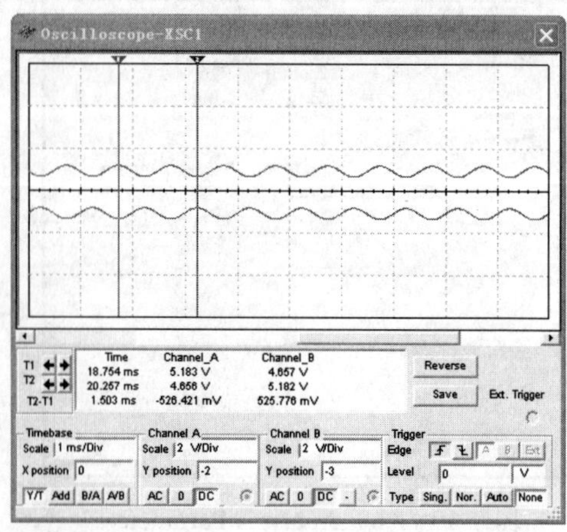

图 7-20 （b）差模输入时输出电压 u_{o1} 和 u_{o2} 的波形

（2）测试电路如图 7-20（c）所示，双击电源 V_5，将 Value 选项卡中的 Phase 复选框的值改为 180，用示波器测得 u_{o1} 和 u_{o2} 的波形如图 7-20（d）所示，观察可知 $u_{o1} = u_{o2} = 4.920$ V，为一条直线。

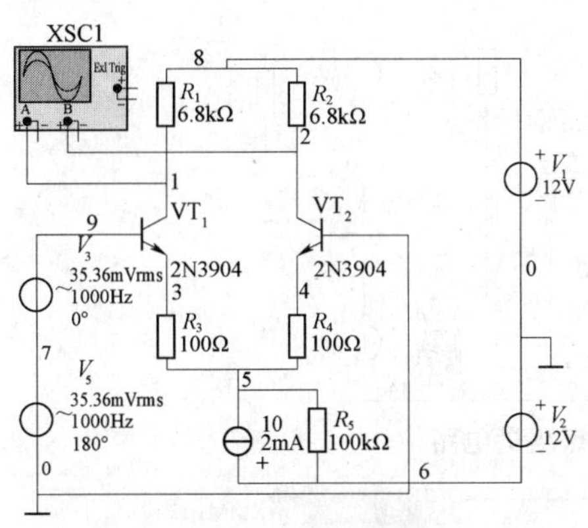

图 7-20 （c）共模输入时测试电路

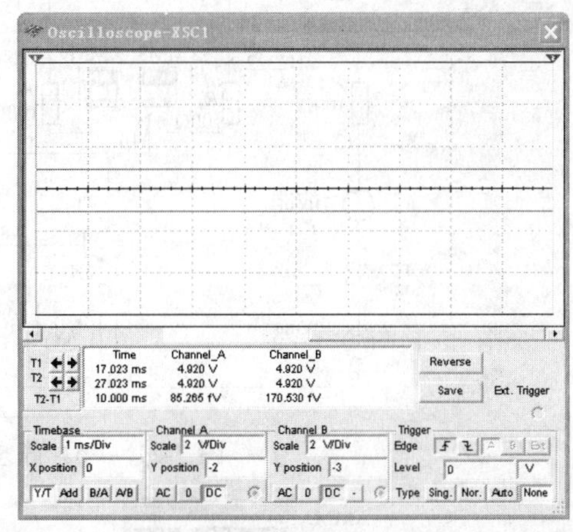

图 7-20 （d）共模输入时输出电压 u_{o1} 和 u_{o2} 的波形

【例 7-21】 差分放大电路如图 7-21（a）所示，BJT 选用 2N2222 型，$\beta = 50$。试求：（1）电路中各 BJT 静态工作点；（2）求单端输出时的差模电压增益 $A_{\mathrm{VD_2}}$，共模电压增益 A_{VC2} 及共模抑制比 K_{CMR}。

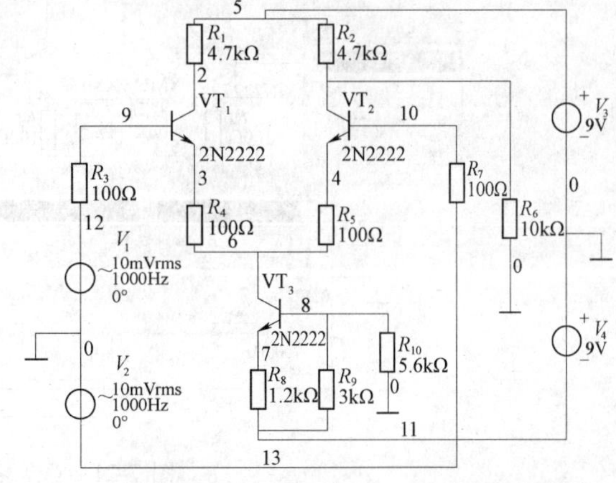

图 7-21 （a）［例 7-21］的电路图

解：（1）静态工作点测量电路如图 7-21（b）所示，各表测量值如图 7-21（c）所示，测量结果为

$$V_{\mathrm{C1}} = 4.352\mathrm{V}，\ V_{\mathrm{B1}} = -1.912\mathrm{mV}，$$

$$I_{\mathrm{E1}} = 1.008\mathrm{mA}；$$

$$V_{\mathrm{C2}} = 3.047\mathrm{V}，\ V_{\mathrm{B2}} = -2.101\mathrm{mV}，$$

$$I_{\mathrm{E2}} = 983.003\mu\mathrm{A}；$$

$$V_{\mathrm{C3}} = -727.255\mathrm{mV}，\ V_{\mathrm{B3}} = -5.929\mathrm{V}，\ I_{\mathrm{E3}} = 3.05\mathrm{mA}$$

（2）差模测试电路如图 7-21（d）所示，由测量值可知单端输出时的差模电压增益为

$$A_{\mathrm{VD2}} = \frac{229.58\mathrm{mV}}{20\mathrm{mV}} = 11.479$$

共模测试电路如图 7-21（e）所示，双击电源 V_2，将 Value 选项卡中的 Phase 复选框的值改为 180，由测量值可知单端输出时的共模电压增益为

$$A_{\mathrm{VC2}} = \frac{35.05\mu\mathrm{V}}{20\mathrm{mV}} = 1.7525\times10^{-3}$$

共模抑制比为

$$K_{\mathrm{CMR}} = \frac{A_{\mathrm{VD2}}}{A_{\mathrm{VC2}}} = \frac{11.479}{1.7525\times10^{-3}} = 655.007$$

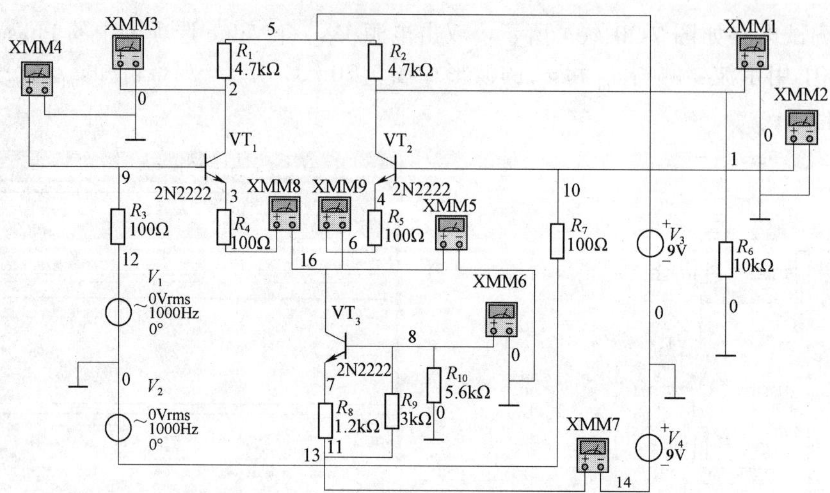

图 7-21 （b）静态工作点测量电路

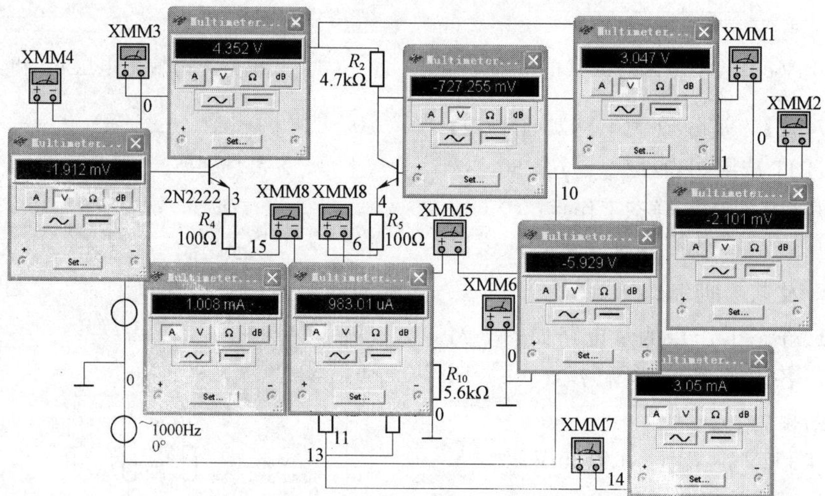

图 7-21 （c）各电表测量值

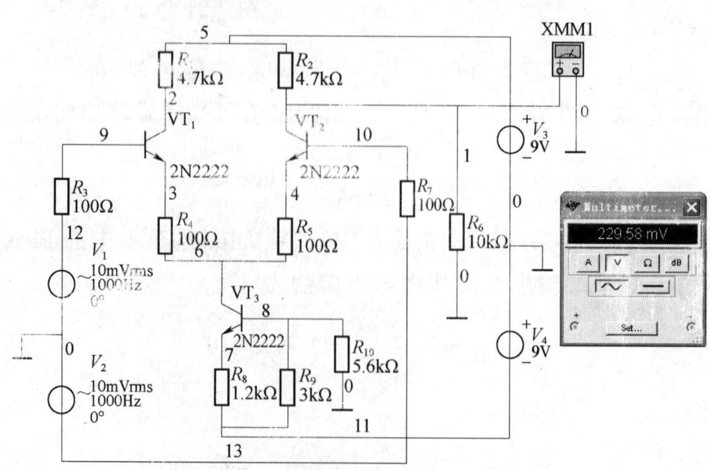

图 7-21 （d）单端输出差模输入时增益测量电路

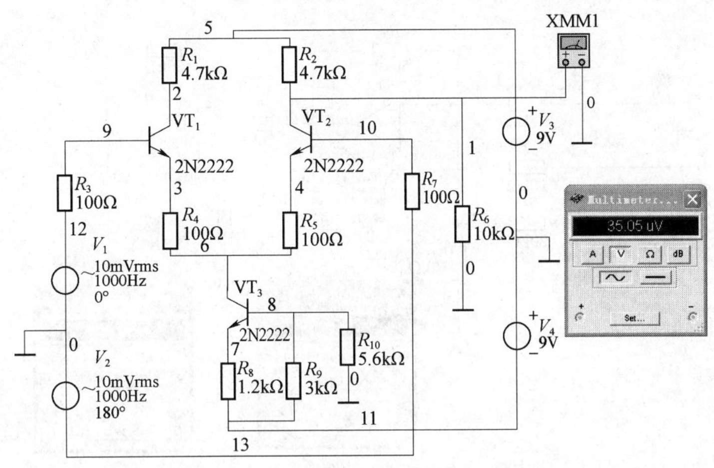

图 7-21 （e）单端输出共模输入时增益测量电路

7.6 集成运算放大电路

1. 集成运算放大电路的线性应用

【例 7-22】 分别测量图 7-22（a）和图 7-22（b）所示电路的输出电压。

解： 集成运放可从模拟集成元件库 Analog 中选取，开关选择 SPTD。

测量电路及结果如图 7-22（a）、图 7-22（b）所示。注意，在测量时，图 7-22（a）中的电压表要选择 DC 挡，图 7-22（b）中的电压表要选择 AC 挡。结果表明：测量值与理论计算相吻合。

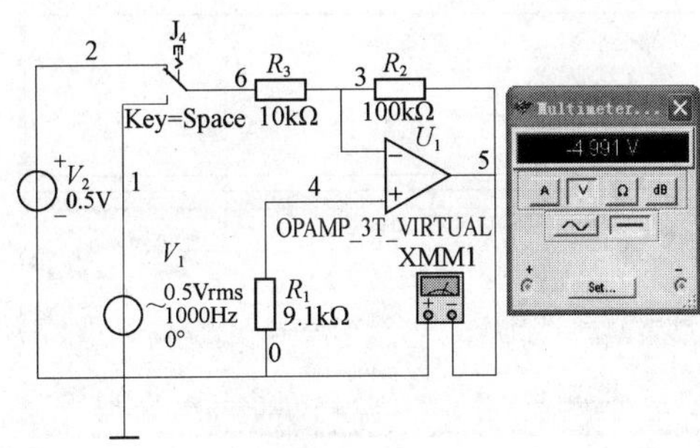

图 7-22 （a）反相比例放大电路（输入直流电压）

图 7-22 （b）反相比例放大电路（输入交流电压）

【例 7-23】 电路如图 7-23 所示，已知 U_1= 20 mV，U_2= 50 mV，U_3=10 mV，试测量集成运算放大电路的输出电压 U_{O1} 和 U_{O2}。

解： 本题由加减运算电路和反相比例运算电路两级运放组成。在输出端分别接入直流电压表即可测出各级输出电压，如图 7-23 所示。测量结果分别为 U_{O1} =55.028mV，U_{O2} = −108.258 mV，与理论值近似相等。

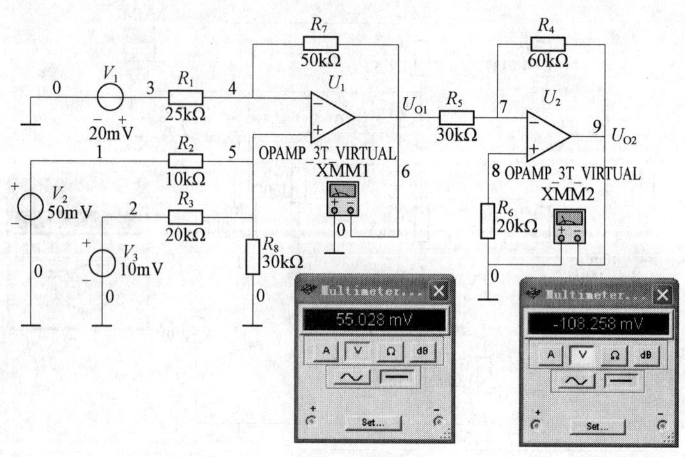

图 7-23　电路图及其测量结果

【例 7-24】 由集成运算放大电路构成的反相积分电路如图 7-24（a）所示，输入信号由函数信号发生器产生，试观察输出波形。

解：双击信号发生器，选择频率为 1Hz、幅值为 1V 的方波信号，将示波器接在放大电路的输出、输入端，如图 7-24（a）所示。闭合仿真开关，双击示波器，即可观察到如图 7-24（b）所示的积分波形。注意，观察波形时示波器的 Timebase 挡和 V/Div 挡要做相应的调整。

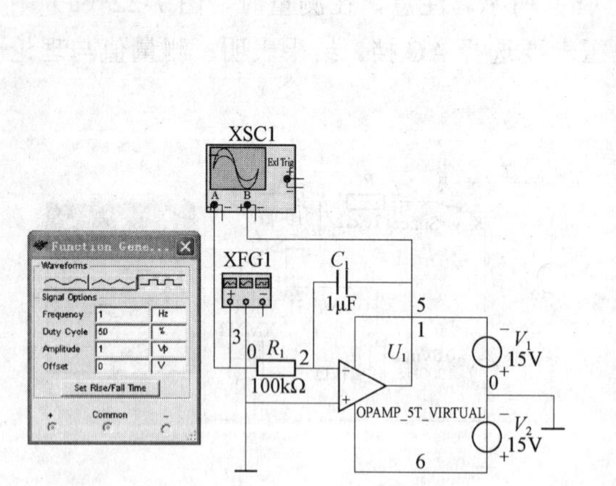

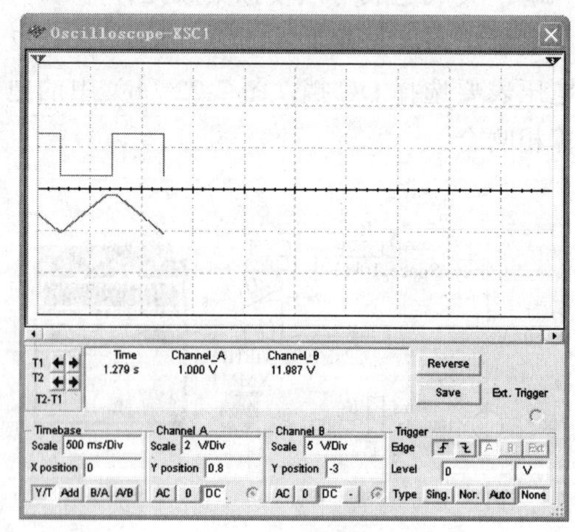

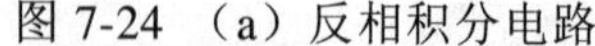

图 7-24 （a）反相积分电路　　　　图 7-24 （b）积分电路的输入输出波形

【例 7-25】 由集成运算放大电路构成的低通滤波电路如图 7-25（a）所示，试观察其频率特性。

解：将波特图仪接入电路中，如图 7-25（a）所示。双击波特图仪图标，在弹出的控制面板上设定垂直轴的终值 F 为 10dB，初值 I 为-20dB，水平轴的终值 F 为 50kHz，初值 I 为 1mHz，垂直轴与水平轴的坐标全设为对数（log）方式。打开仿真开关，则可观察到该低通滤波器的频率特性，如图 7-25（b）所示。从频率特性曲线可以看出，该低通滤波器的上限频率（-3dB）为 10.906Hz。

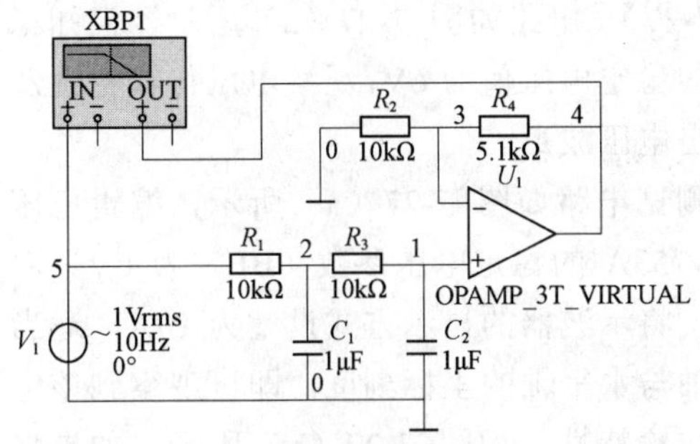

图 7-25 （a）低通滤波电路

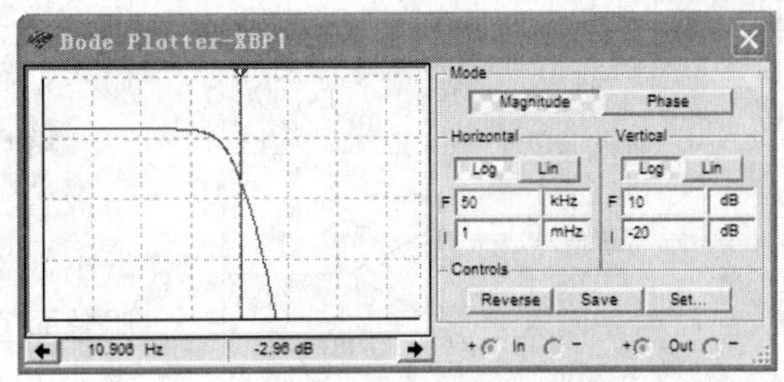

图 7-25 （b）低通滤波器的频率特性

2. 集成运算放大电路的非线性应用

【例 7-26】 观察图 7-26（a）所示过零比较器的电压传输特性及输入、输出电压波形。

解：连接示波器，如图 7-26（a）所示，其中 A 通道接电路的输入端，B 通道接输出端。双击示波器图标，在其控制面板上设置参数，如果将显示方式设置成 B/A，即出现如图 7-26（b）所示的电压传输特性；如果将示波器的显示方式设置为 Y/T，则可观察到如图 7-26（c）所示的输入、输出电压波形。

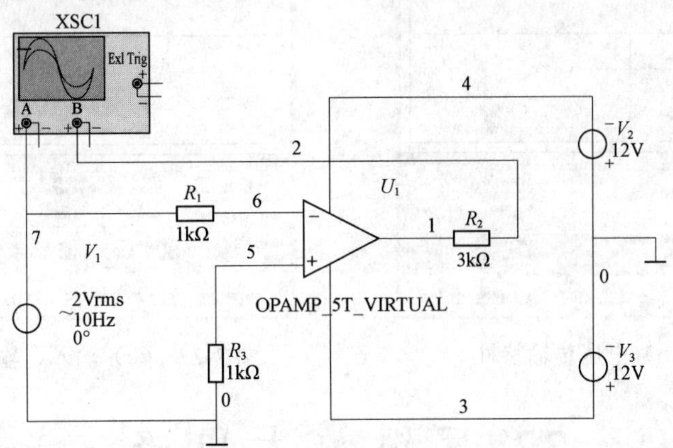

图 7-26 （a）过零比较器

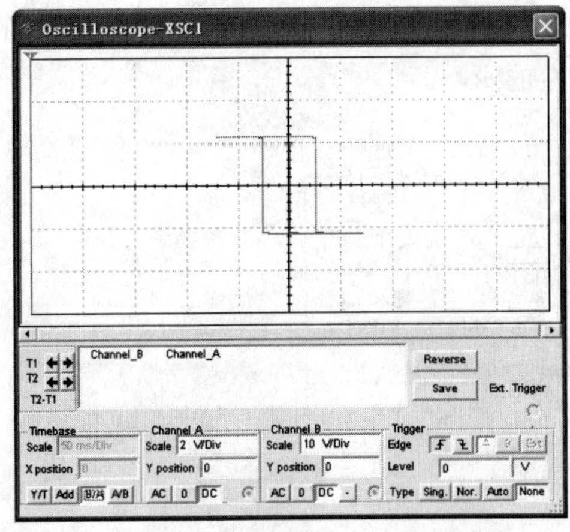

图 7-26 （b）过零比较器的电压传输特性

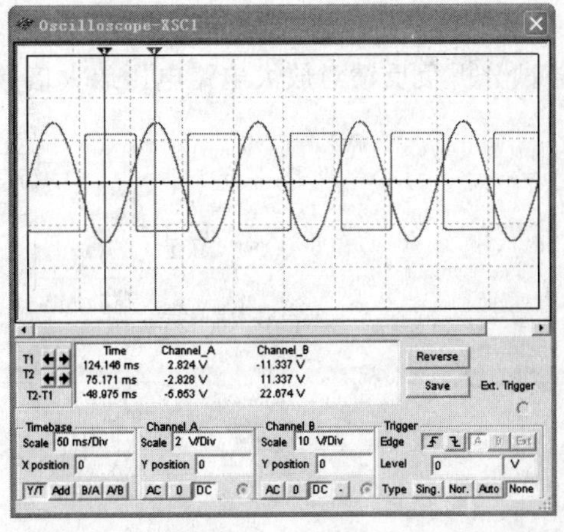

图 7-26 （c）过零比较器的输入、输出电压波形

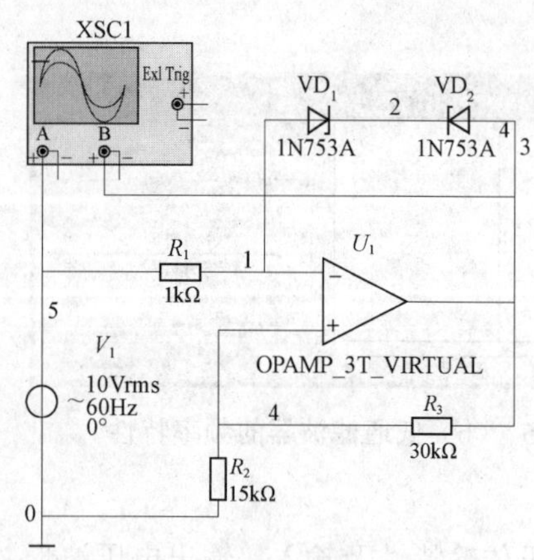

图 7-27（a）［例 7-27］的电路

【**例 7-27**】 电路如图 7-27（a）所示，已知稳压二极管的稳定电压值为 6V，观察电压传输特性及输入、输出电压波形。

解：测试电路如图 7-27（a）所示，编辑稳压二极管 1N753A 的稳定电压参数（BF）为 6V。双击示波器，将示波器的显示方式设置为 B/A，适当调整垂直轴与水平轴的坐标刻度，即可观察到该电路的电压传输特性，如图 7-27（b）所示。如果将示波器的显示方式设置为 Y/T，即可观察到该电路的输入、输出电压波形，结果如图 7-27（c）所示。

由测量结果可知，当输入电压大于 3V 时，输出电压进行负跳变；小于−3V 时，输出电压正跳变。

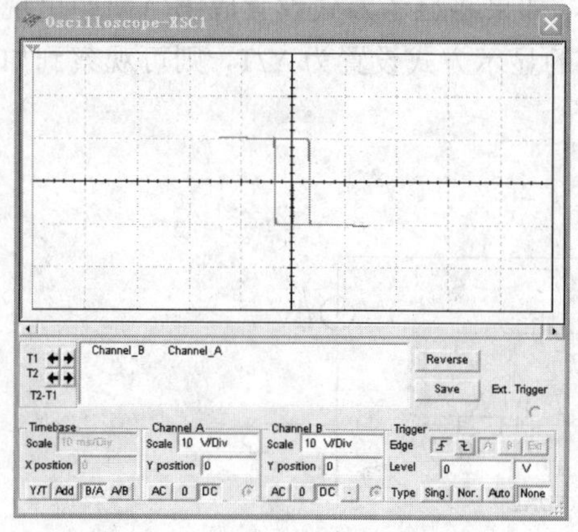

图 7-27 （b）电压传输特性

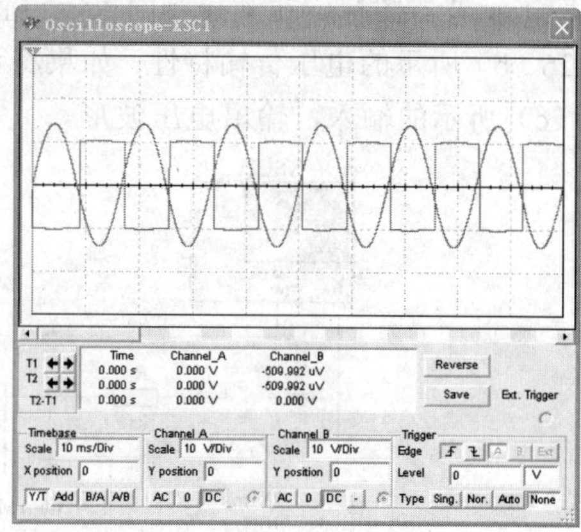

图 7-27 （c）输入、输出电压波形

7.7　反馈放大电路

【**例 7-28**】 负反馈放大电路如图 7-28（a）所示，分别测量 R_{f2} 为 100kΩ和 10kΩ时的 A_{uf}，试分析负反馈对放大电路电压放大倍数稳定性的影响。

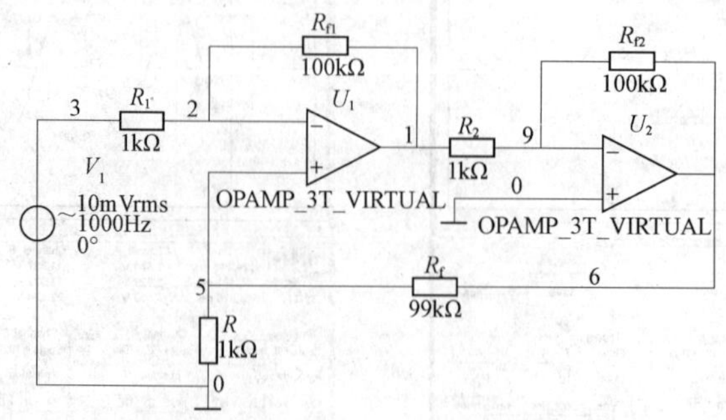

图 7-28 （a）［例 7-28］的电路图

解：R_{f2}=100kΩ和10kΩ时的测量电路如图 7-28（b）所示。采用虚拟集成运放，运放 U_1、U_2 分别引入了局部电压并联负反馈，其闭环电压放大倍数分别为 $A_{uf1} \approx -R_{f1}/R_1$，$A_{uf2} \approx -R_{f2}/R_2$，可以认为该负反馈放大电路中基本放大电路的放大倍数

$$A \approx A_{uf1}A_{uf2}$$

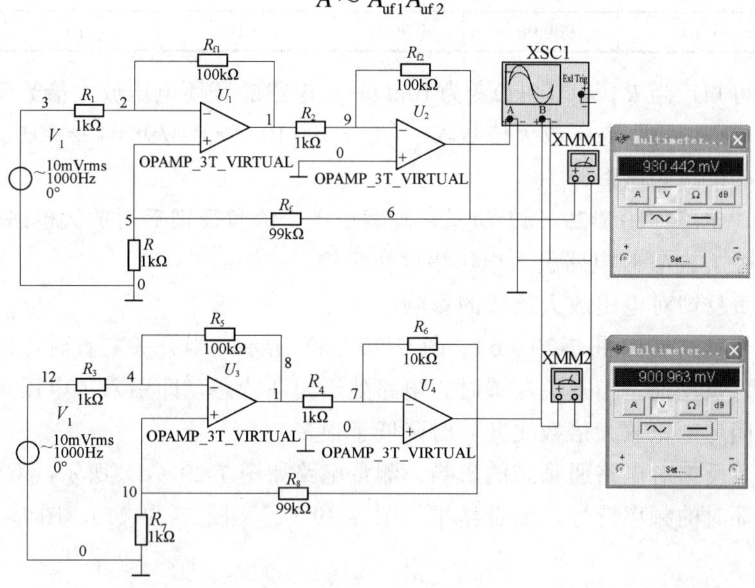

图 7-28 （b）R_{f2}=100kΩ 和 10kΩ时的测量电路

整个电路引入了级间电压串联负反馈，闭环电压放大倍数

$$A_{uf} \approx \frac{A_{uf1}A_{uf2}}{1+A_{uf1}A_{uf2}F}, \quad F=\frac{R}{R+R_f}$$

从示波器可观察到输入、输出波形相位相同，幅值很接近，如图 7-28（c）所示。

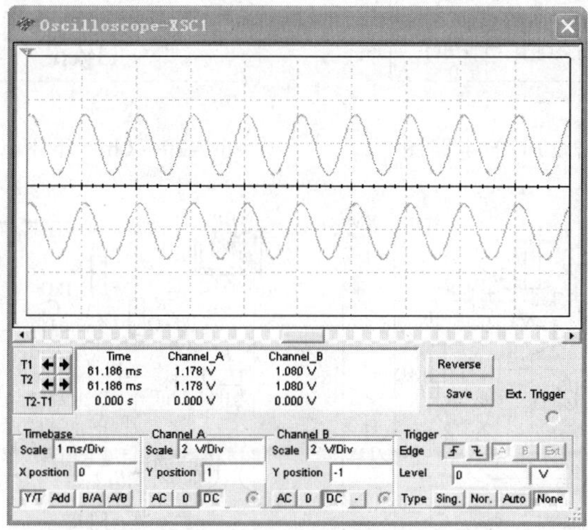

图 7-28 （c）R_{f2}=100kΩ 和 10kΩ时输出波形

仿真结果如表 7-7 所示：

表 7-7　　　　　　　　　　仿　真　结　果

输入电压 U_I（mV）	反馈电阻 R_{f2}（kΩ）	运放 U_2 输出电压 U_{O2}（mV）	闭环电压放大倍数 A_{uf}	电压放大倍数 A_{uf1}	电压放大倍数 A_{uf2}	开环电压放大倍数 A
10	100	980.442	98.04	−100	−100	10000
10	10	900.963	90.10	−100	−10	1000

由表 7-7 可知，当 R_{f2} 从 100kΩ变为 10kΩ时，电路的开环电压放大倍数变化量$\Delta A/A$=$(10^3-10^4)/10^4=-0.9$，闭环电压放大倍数 $\Delta A_{uf}/A_{uf}=(90.10-98.04)/98.04\approx-0.081$，可见，负反馈提高了放大倍数的稳定性。

【例 7-29】 电路如图 7-29（a）所示，观察引入交流负反馈后对放大电路性能的影响。

解： 显然关 J_1 左置时电路引入电压串联负反馈。

（1）观察负反馈对电压放大倍数的影响。

测量电路及其结果如图 7-29（b）、图 7-29（c）所示。当开关右置时，电路处于开环状态，即未引入负反馈。当开关左置时，电路处于闭环状态，即引入了电压负反馈。由测量结果可知，闭环电压放大倍数比开环时降低了很多。

（2）观察负反馈对电路通频带的影响。测量电路如图 7-29（d）所示，双击波特图仪，观察开环和闭环时的频率特性，测量结果如图 7-29（e）、图 7-29（f）、图 7-29（g）和图 7-29（h）所示。

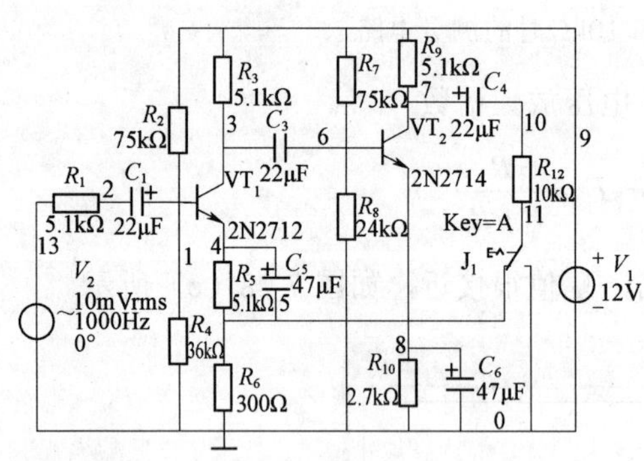

图 7-29 （a）[例 7-29] 的电路图

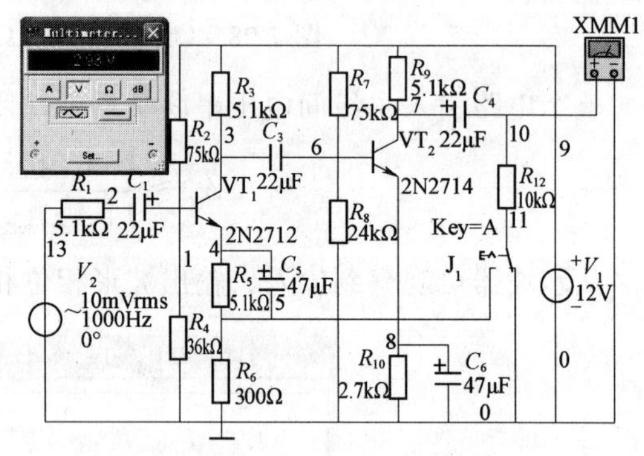

图 7-29 （b）开环电压放大倍数的测量

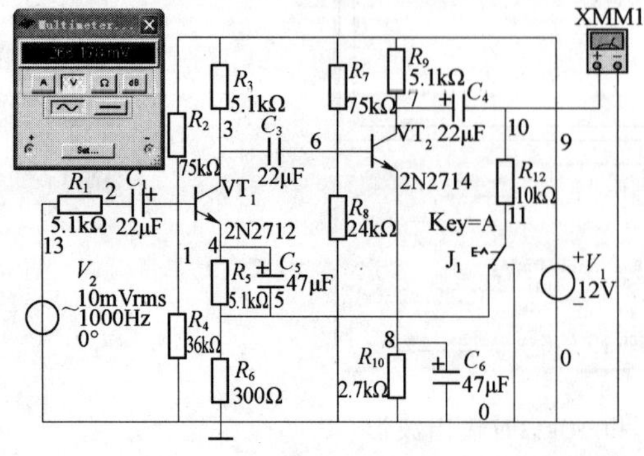

图 7-29 （c）闭环电压放大倍数的测量

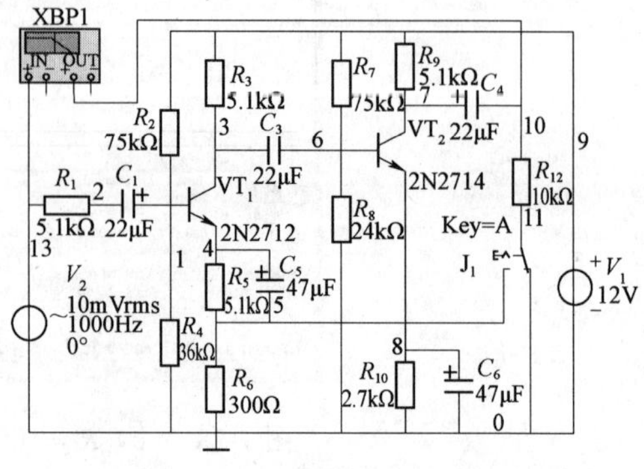

图 7-29 （d）频率特性的测量电路

开环时电路通频带为

$$f_{\mathrm{BW}}=(208.93\times10^{3}-55.804)\mathrm{Hz}\approx208.874\mathrm{kHz}$$

闭环时电路通频带为

$$f_{\mathrm{BWf}}=(3.594\times10^{6}-4.365)\mathrm{Hz}\approx3.594\mathrm{MHz}$$

可见，引入负反馈能展宽放大电路通频带。

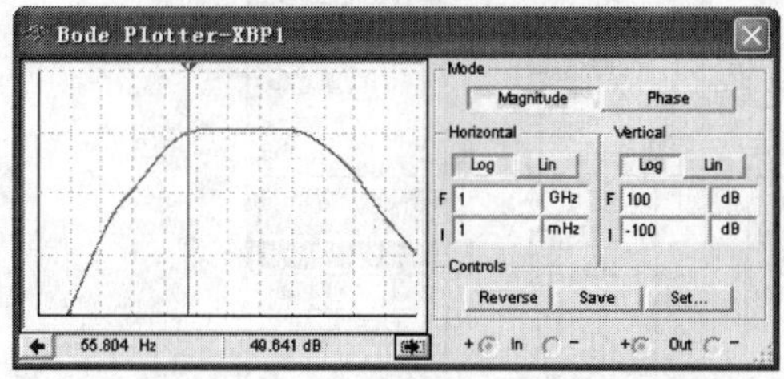

图 7-29 （e）开环时下限频率的测量结果

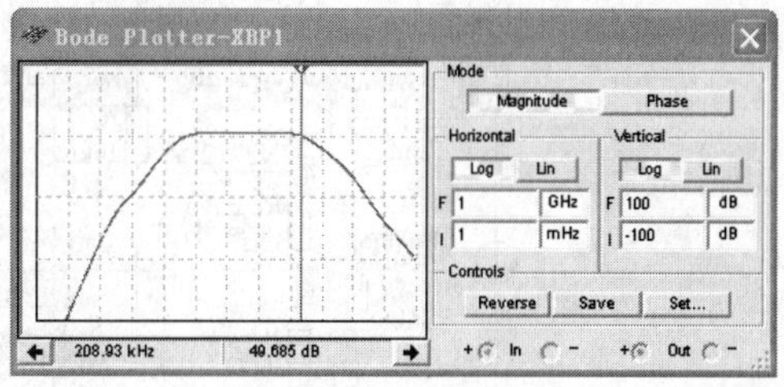

图 7-29 （f）开环时上限频率的测量结果

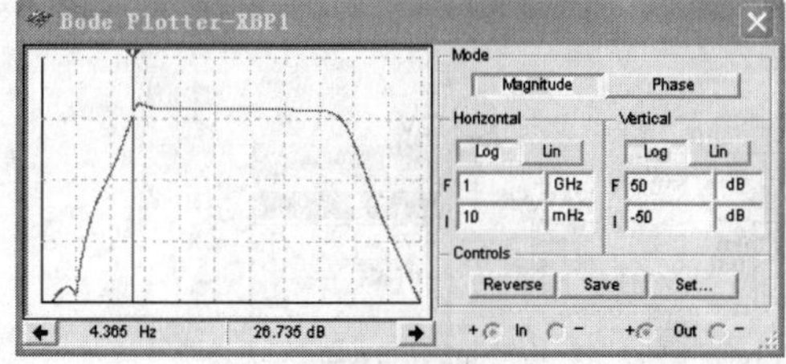

图 7-29 （g）闭环时下限频率的测量结果

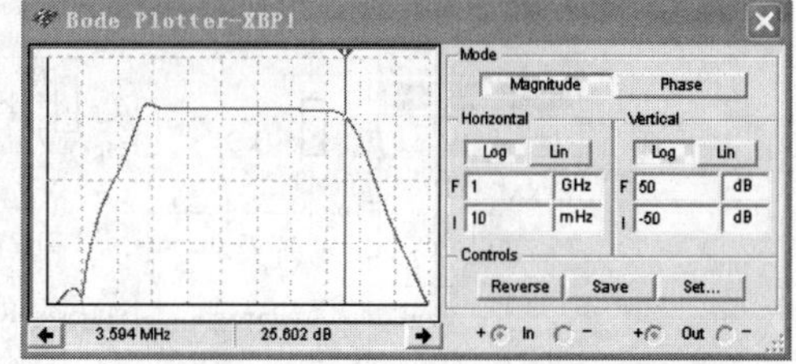

图 7-29 （h）闭环时上限频率的测量结果

（3）观察负反馈对输入电阻、输出电阻的影响。测量电路如图 7-29（i）所示。

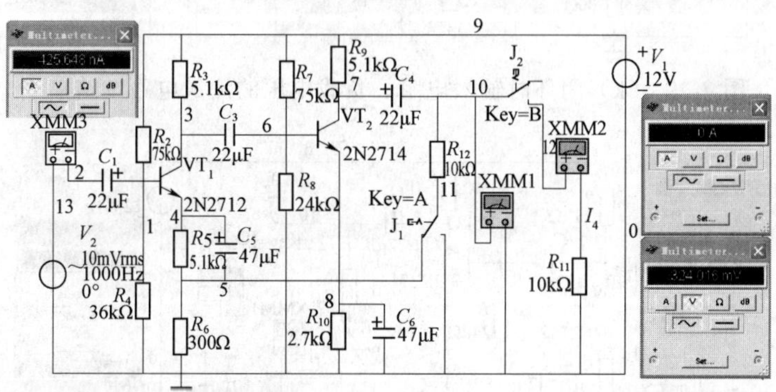

图 7-29 （i）开环时输入电阻、负载电压的测量电路及结果

由图 7-29（i）、图 7-29（j）、图 7-29（k）和图 7-29（1）的测量结果可知：

开环输入电阻

$$r_{\mathrm{i}}=\frac{10}{662.777\times10^{-6}}\Omega=15.088\mathrm{k}\Omega$$

开环输出电阻

$$r_{\mathrm{o}}=\frac{3.244-2.515}{251.342\times10^{-6}}\Omega=2.9\mathrm{k}\Omega$$

闭环输入电阻

$$r_{\mathrm{if}}=\frac{10}{430.027\times10^{-6}}\Omega=23.254\mathrm{k}\Omega$$

闭环输出电阻　　　　$r_{of}=\dfrac{324.016-318.146}{31.79\times10^{-3}}\Omega=184.65\Omega$

可见，引入电压串联负反馈能提高输入电阻，降低输出电阻。

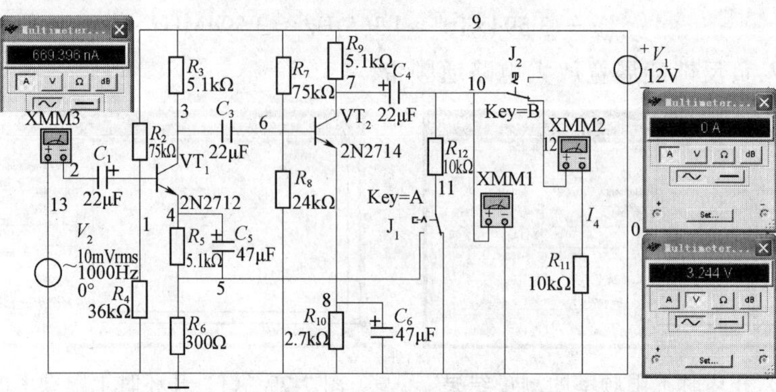

图 7-29 （j）开环时空载电压的测量电路及结果

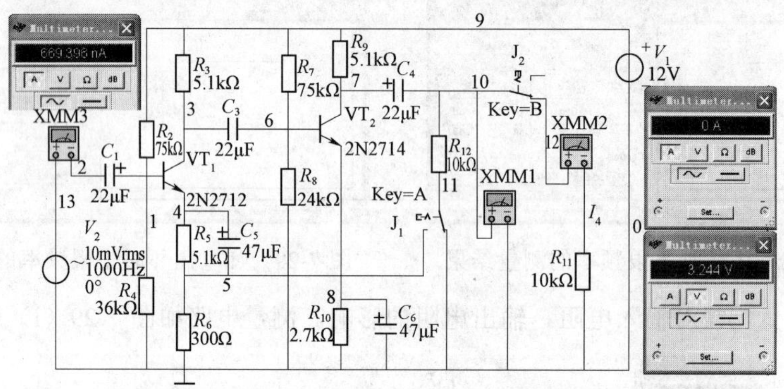

图 7-29 （k）闭环时输入电阻、负载电压的测量电路及结果

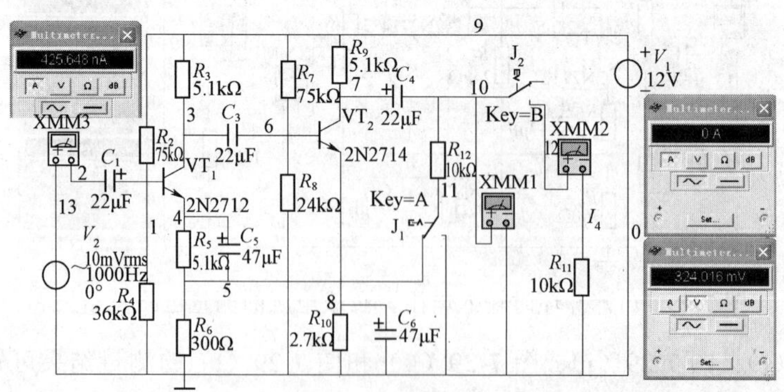

图 7-29 （l）闭环时空载电压的测量电路及结果

7.8 信号产生电路

【例 7-30】仿真电路如图 7-30（a）所示，集成运放采用 LM324，其电源电压为±15V。

（1）观察振荡电路起振过程，绘出其电压波形图；（2）测量稳定振荡时输出电压峰值、运放同相端电压峰值、二极管两端电压最大值，分析它们之间的关系。

解：（1）断开开关 J_1，可在示波器 XSC1 中得到起振的电压波形。仿真结果如图 7-30（b）所示。

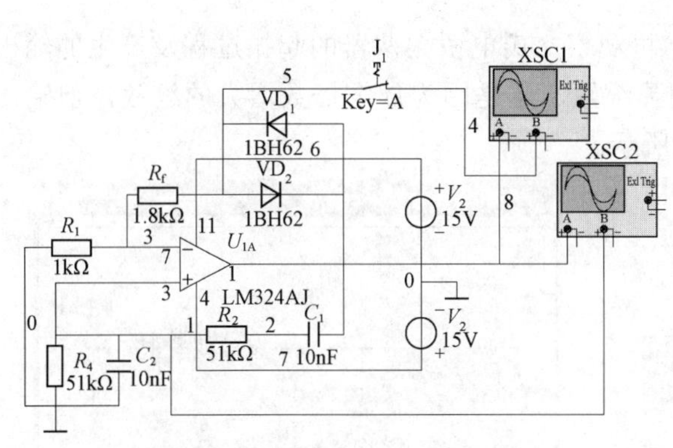

图 7-30 （a）测量 RC 桥式正弦波振荡电路输出电压波形

图 7-30 （b）RC 桥式正弦波振荡电路起振过程输出电压波形

（2）当示波器 XSC1 显示波形为稳定振荡时，闭合开关 J_1，可以测得输出电压峰值、运放同相端电压峰值、二极管两端电压最大值，仿真结果如表 7-8 所示。

表 7-8　　　　RC 桥式正弦波振荡电路的测试数据

反馈电阻 R_f（kΩ）	输出电压峰值 U_{opp}（V）	R_f 右端电压峰值 U_{fpp}（V）	运放同相端电压峰值 U_{+pp}（V）	二极管两端最大值电压 $U_{Dmax}=U_{opp}-U_{fpp}$（V）
1.8	12.273	11.590	4.138	0.683

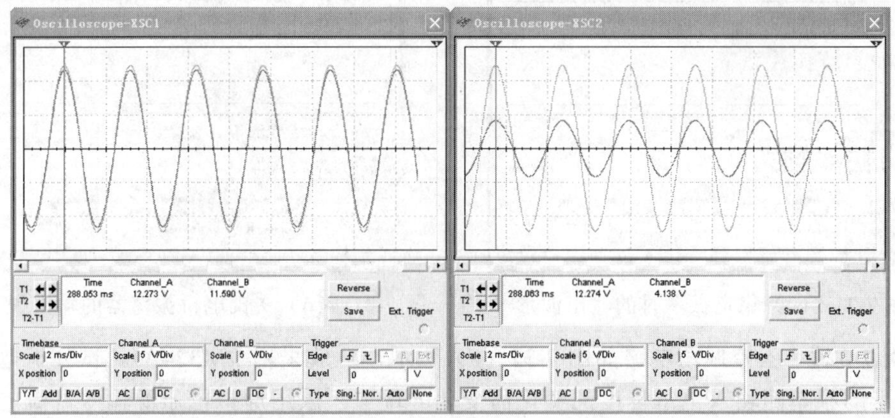

图 7-30 （c）稳定振荡时各点的波形

【例 7-31】 电路如图 7-31（a）所示，观察文氏电桥振荡器的起振过程，记录起振时间。观察文氏电桥振荡器产生的正弦波，读出周期，计算振荡频率。另外，观察 R_1 阻值的变化（由 9.9kΩ变为 9kΩ）对文氏电桥振荡器的影响。

解：（1）观察文氏电桥振荡器的起振过程。闭合仿真开关，双击示波器，观察文氏电桥振荡器的起振过程，如图 7-31（b）所示，这个过程大约需要 300ms。

（2）观察文氏电桥振荡器产生的正弦波。待如图 7-31（b）所示波形稳定后，调节示波器 Timebase 挡测量得到该正弦波的周期约为 1ms，如图 7-31（c）所示，由此可计算出振荡频率为 1kHz。

（3）将 R_1 的阻值由 9.9kΩ改为 9kΩ，再观察文氏电桥振荡器的起振过程及产生的输出波形。阻值改变后，起振时间（6ms）明显缩短，这是因为放大倍数增大的缘故，但输出波形严重失真，测量结果如图 7-31（d）所示。

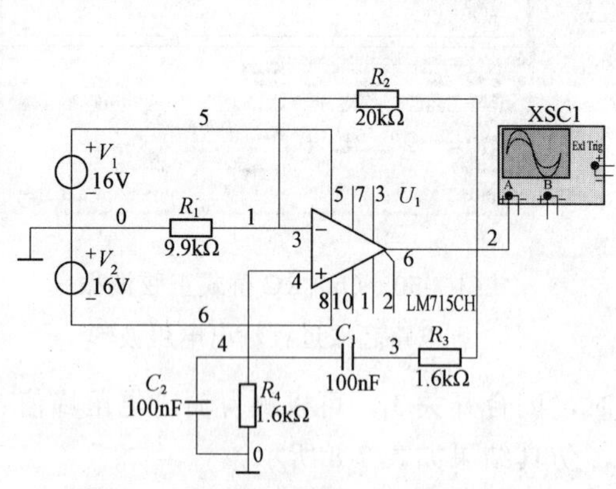

图 7-31 （a）文氏电桥振荡器电路

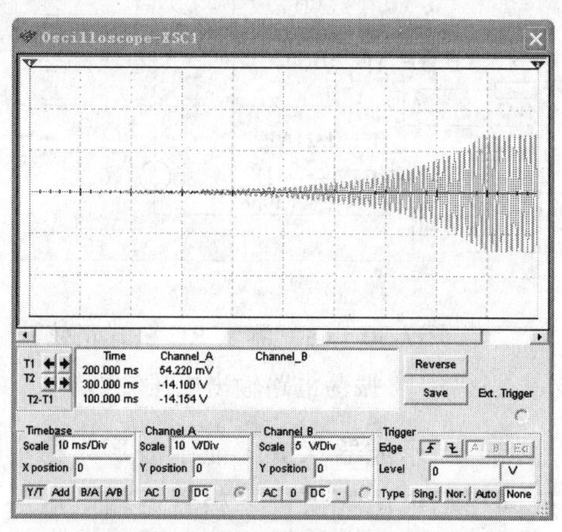

图 7-31 （b）文氏电桥振荡器的起振过程

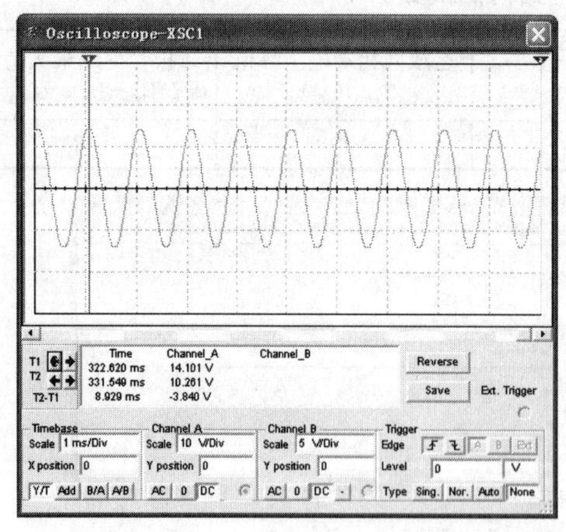

图 7-31 （c）稳定振荡时的输出波形

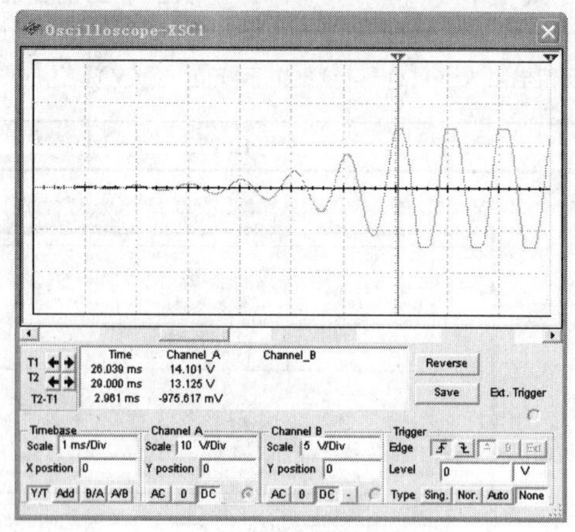

图 7-31 （d）文氏电桥振荡器的输出失真波形

【例 7-32】 压控振荡电路如图 7-32（a）所示，运放采用 LM324AJ。试分析电路输出电压波形的频率随输入电压幅度的变化而变化的现象。采用虚拟电压源输入直流电压，采用函数发生器产生锯齿波信号。

解：运放采用 LM324AJ 和虚拟电压比较器。虚拟电压比较器最大输出电压值设置为 12V，即将虚拟电压比较器属性对话框中的 Value 选项卡的正电源 Positive Supply Voltage 设置为+12V、负电源 Negative Supply Voltage 设置为-12V。采用函数发生器产生锯齿波信号，参数设置如图 7-32（b）所示。

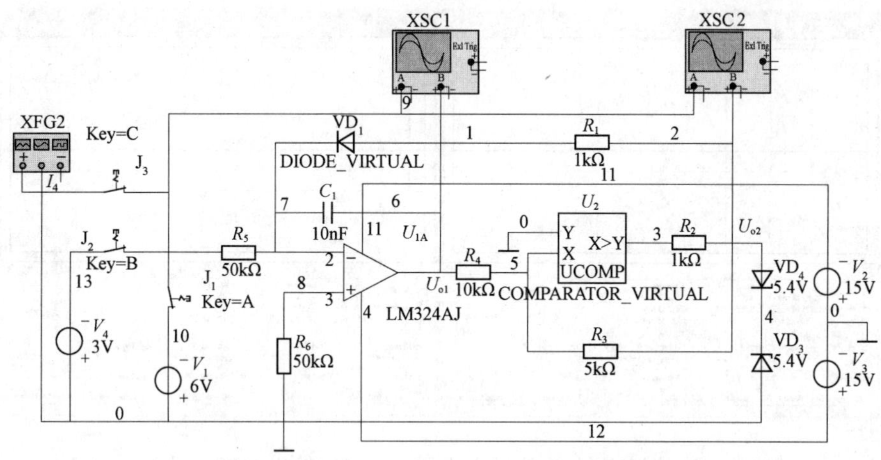

图 7-32 （a）压控振荡电路的测试

（1）闭合开关 J_1，断开开关 J_2、J_3，此时输入电压为–6 V，观察 U_{o1}、U_{o2} 波形，如图 7-32（c）所示，测量 U_{o1} 与 U_{o2} 的周期为 2.073ms，U_{o2} 幅值为±5.9 V。

（2）闭合开关 J_2，断开开关 J_1、J_3，此时输入电压为–3V，观察 U_{o1}、U_{o2} 波形，如图 7-32（d）所示，测量 U_{o1} 与 U_{o2} 的周期为 4.191ms，U_{o2} 幅值为±5.9 V。

（3）闭合开关 J_3，断开开关 J_1、J_2，此时输入电压为–3～−15V，U_{o2} 幅值为±5.9V，观察 U_{o1}、U_{o2} 波形，如图 7-32（e）所示，频率随输入电压幅值而变化，为系列疏密相间的脉冲波。

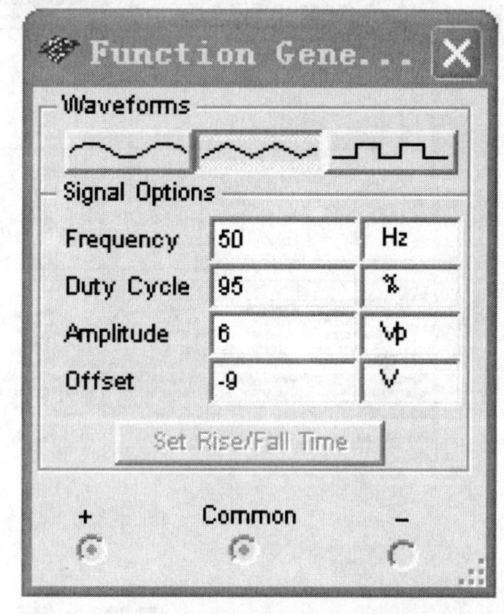

图 7-32 （b）函数发生器参数设置

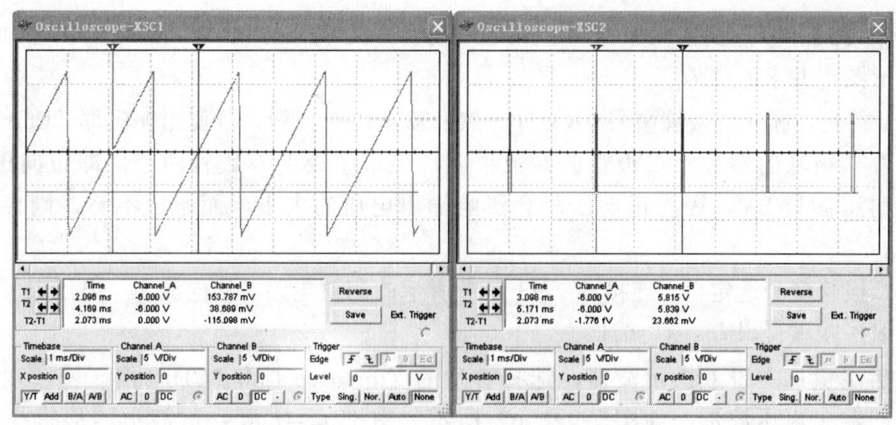

图 7-32 （c）输入电压为−6V 时输出波形

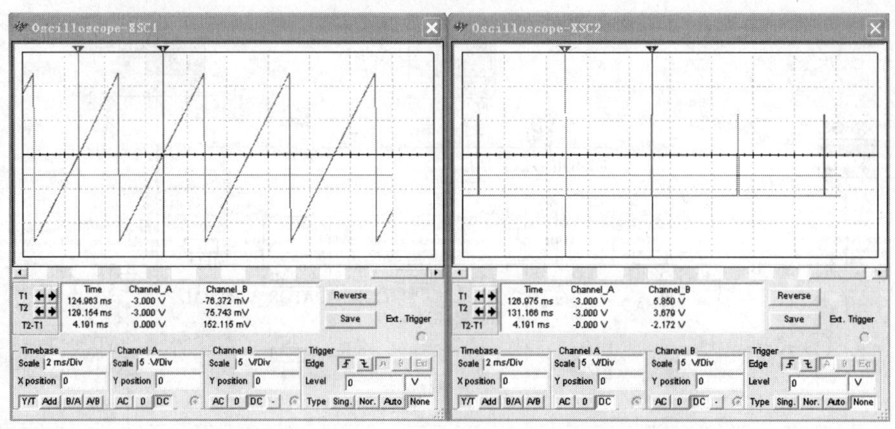

图 7-32 （d）输入电压为-3V 时输出波形

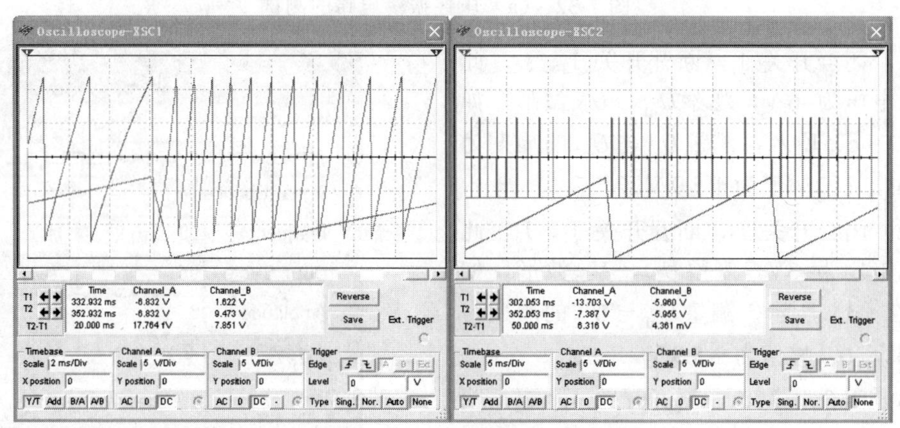

图 7-32 （e）输入为锯齿波时输出波形

7.9 直流稳压电源

【例 7-33】 电路如图 7-33（a）所示。已知 $U_2 = 10\sqrt{2}\sin 314t$ V，R_L =240Ω，试画出 u_o、i_D 的波形图，并求 I_O、U_O。

解：首先，选择二极管型号 1N4150，然后双击该二极管，再使用编辑器（Edit Modle）按钮查看二极管的参数，二极管的参数很多，但最重要的参数有两个，即正向压降 VJ 和反向耐压参数 BV，因为正向压降会影响输出电压的大小，而耐压不够，则会出现击穿现象。

当二极管型号选定后，连接图 7-33（b）所示的测量电路，从电流表、电压表（DC 挡）直接读数，即可得出 I_O、U_O 的值。

然后用鼠标左键双击示波器，选择合适的 Timebase 挡和 V/Div 挡，就会观察到半波整流的输出电压波形，如图 7-33（c）所示。由于 $u_O = i_D R_L$，故波形的形状和 u_o 波形的相同。

结论：该半波整流电路中，测得输出电压的平均值为 4.136V，输出电流的平均值为 17.235mA，与理论值$U_O = 0.45U_2 = 4.5V$，$I_O = \frac{U_O}{R_L} = 0.45\frac{U_2}{R_L} = 17.18mA$近似吻合。

若将二极管参数中的 BV 值改为 10V（修改参数后，应点击 Change Part Modle 按钮），那么二极管就会反向击穿，波形如图 7-33（d）所示。

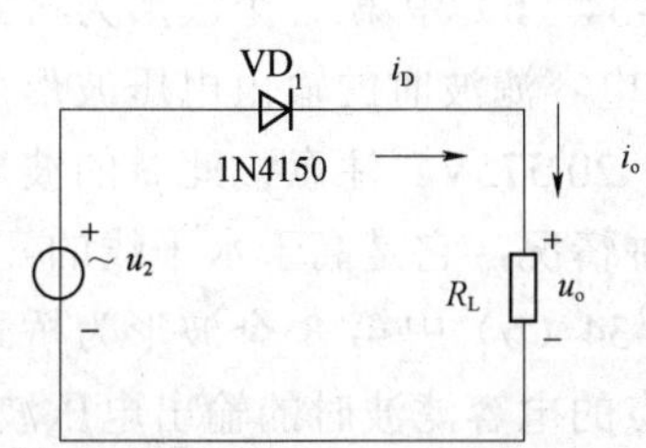

图 7-33 （a）[例 7-33] 图

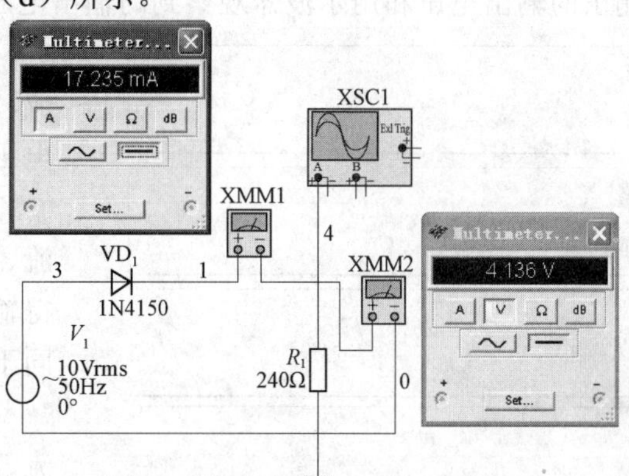

图 7-33 （b）[例 7-33] 的测量电路

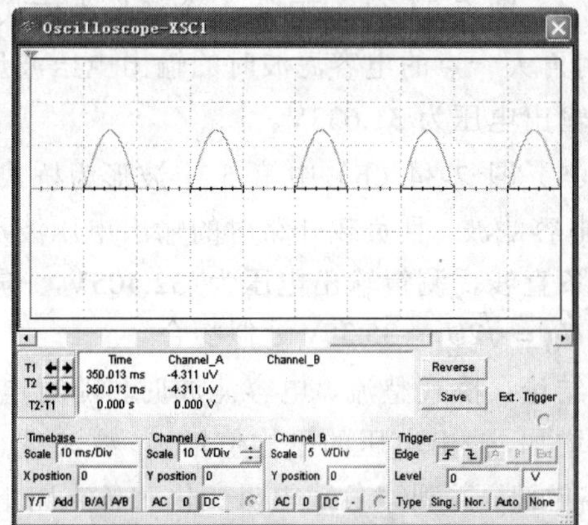

图 7-33 （c）半波整流的输出电压波形

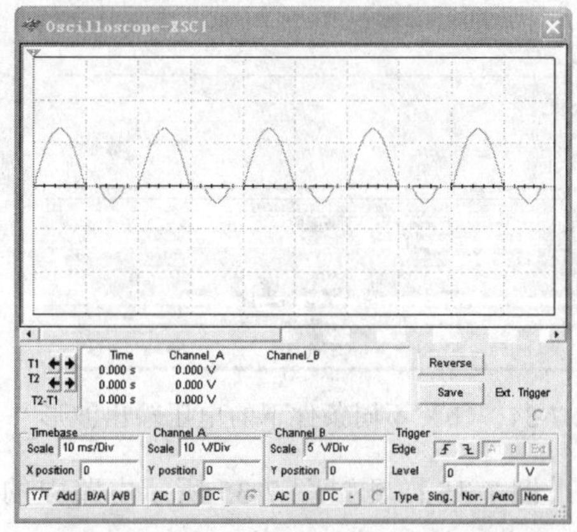

图 7-33 （d）二极管反向击穿后的波形

【例 7-34】 电路如图 7-34（a）所示，测量下列几种情况的输出电压，并观察输出电压波形。

（1）可变电容 $C = 0\ \mu F$。

（2）可变电容 C 为最大值的 1%（$C = 10\mu F$）。

（3）可变电容 C 为最大值的 25%。

（4）可变电容 C 为最大值的 95%。

（5）可变电容 $C = 1000\mu F$，且负载开路（去掉 $R_1 = 100\Omega$）。

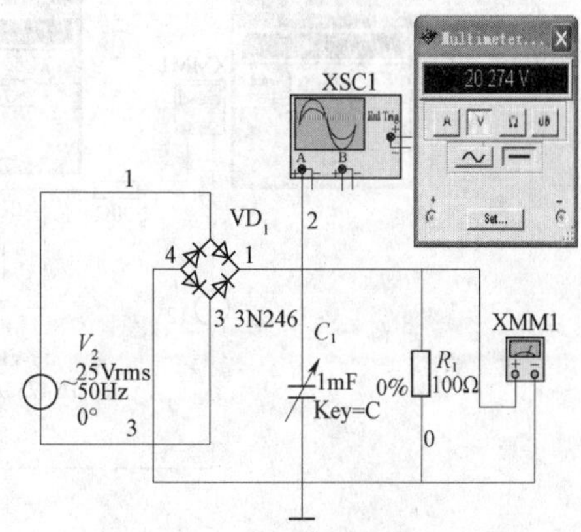

图 7-34 （a）[例 7-34] 的电路图及其测量电路

解：测量电路如图 7-34（a）所示，注意该题中地线的接法。

该题使用了可变电容，通过改变可变电容的电容量（按键 C 或 shift+C），可以观察到桥式整流、桥式整流并带有电容滤波以及负载开路三种不同情况下输出电压大小的变化，同时还可以观察到电容容量的大小对输出电压纹波的影响。下面分析题目中 5 种不同情况下测出的输出电压和用示波器观察到的输出电压波形：

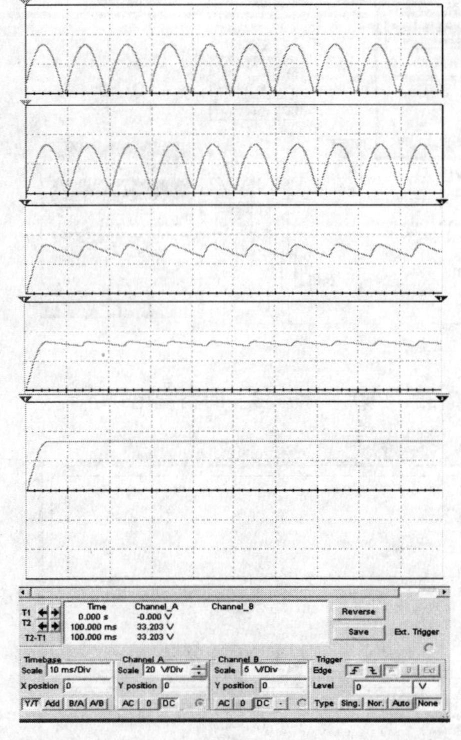

图 7-34　（b）不同条件下的电压输出波形

（1）图 7-34（b）中第 1 个波形为桥式整流、无电容滤波时的输出电压波形，测的输出电压为 20.274V，与理论值近似吻合。

（2）图 7-34（b）中第 2 个波形为桥式整流、用较小的电容滤波时的输出电压波形，测得输出电压为 20.575V。注意，此时的波形不同于第（1）种情况，它是高于水平线的。

（3）图 7-34（b）中第 3 个波形为桥式整流、用稍大一点的电容滤波时的输出电压波形，测得输出电压为 29.01V。

（4）图 7-34（b）中第 4 个波形为桥式整流，用再大一点的电容滤波时的输出电压波形，测得输出电压为 31.633V。

（5）图 7-34（b）中第 5 个波形为桥式整流、电容滤波，且负载开路时的输出电压波形，为一条直线，测得输出电压为 32.405V，与理论值 $U_O = \sqrt{2}U_I = 35.35V$ 近似吻合。

结论：桥式整流、电容滤波时，随着电容值的增加，输出电压的平均值增大，纹波减小。

【例 7-35】 测量图 7-35 所示电路中的各支路电流，并观察负载电阻变化对各支路电流及输出电压的影响。

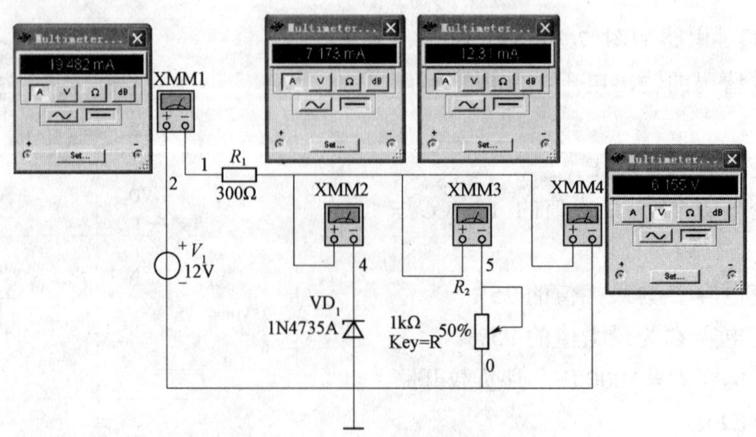

图 7-35 ［例 7-35］的电路图

解：测试过程中，通过改变负载大小（按键 R 或 Shift+R），可以观察到各支路电流及输出电压的变化情况。测试结果如表 7-9 所示。

表 7-9　　［例 7-35］的测量结果

R（最大值的百分比）	负载电流（mA）	稳压电流（mA）	电源电流（mA）	输出电压（V）
95%	6.495	12.937	19.432	6.17
80%	7.709	11.731	19.442	6.168
50%	12.31	7.173	19.482	6.155
35%	17.495	2.094	19.588	6.123
30%（反向饱和预计穿的临界状态）	19.992	0.016	20.008	5.998

可以看出，负载电流小，稳压管电流就大，负载电流大，稳压管电流就小，但无论负载电阻如何变化，电源电流总是等于稳压管电流与负载电流之和，而输出电压则基本保持不变。

【例 7-36】　串联型稳压电路如图 7-36 所示，稳压管 1N4735 的稳压值 $U_Z = 6.25V$，$U_I = 30V$，$R_1 = R_2 = R_4 = 1k\Omega$，$R_3 = 900\Omega$。试求输出电压 U_O 的可调范围。改变电源 U_I 或负载 R_O，观察有何变化。

解：测试电路如图 7-36 所示，将电位器 R_4 滑动端从上到下滑动，即可用电压表 DC 挡测得输出电压 U_O 的可调范围约为 9～20.225V。改变电源 U_I 或负载 R_O，可见 U_O 基本不变。

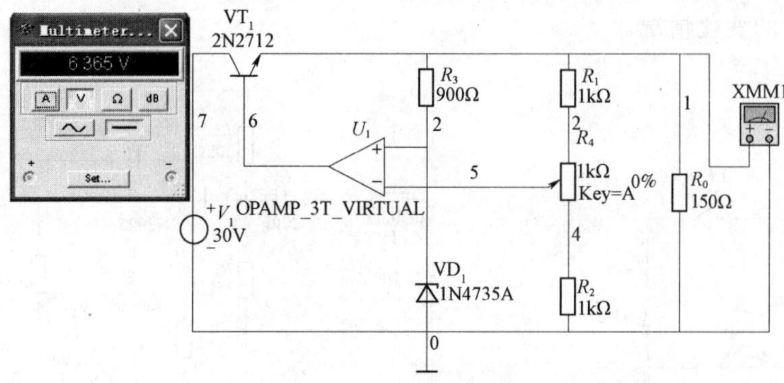

图 7-36　串联稳压电路

本 章 小 结

本章详细地介绍了模拟电路的仿真方法，主要内容有：电子元件的测试、二极管电路的测量、三极管及其放大电路的仿真、场效应管及其放大电路的仿真、功率放大电路的测量、差分放大电路的测量、集成运算放大电路的测量、负反馈放大电路、振荡电路以及直流稳压电源的仿真。通过本章学习，对很好地掌握模拟电子技术提供了帮助。

练 习 与 思 考

7-1　电路如题 7-1 图所示，已知 $E = 5$ V，$u_i = 10\sqrt{2}\sin 314t$ V，试画出输出电压 u_o 的波形。

7-2　电路如题 7-2 图所示，已知 $E = 6$V，$u_i = 10\sqrt{2}\sin 314t$ V，试画出输出电压 u_o 的波形。

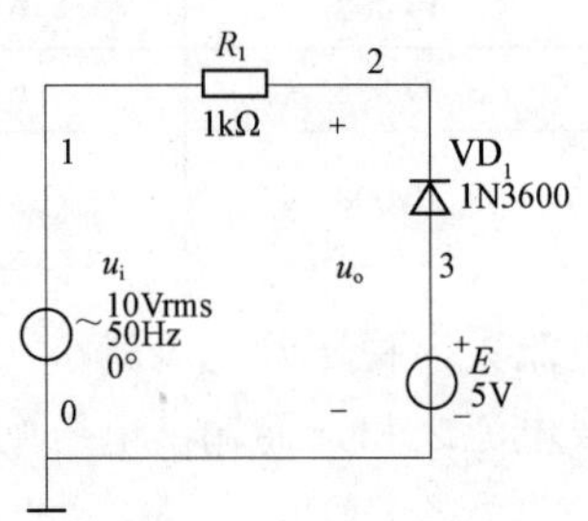

题 7-1 图

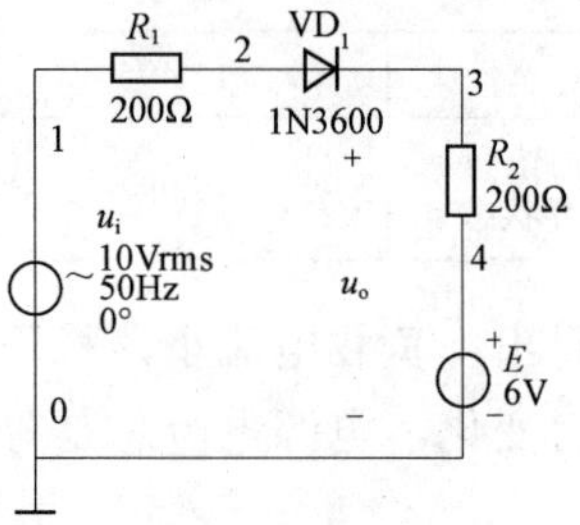

题 7-2 图

7-3　电路如题 7-3 图所示，观察发光二极管的发光情况。

7-4　电路如题 7-4 图所示。已知晶体管 $\beta = 50$。试求（1）静电工作点 I_B、I_C 和 U_{CE}；（2）电压放大倍数 A_u 及源电压放大倍数 A_{us}；（3）观察发射极旁路电容对电压放大倍数的影响；（4）测量放大电路的幅频特性，并求上、下限频率 f_H、f_L 和通频带 BW。

7-5　对 7-4 题电路作温度扫描分析，观察当温度在−30～+100℃范围内变化时，集电极直流电流 I_C 的变化情况。

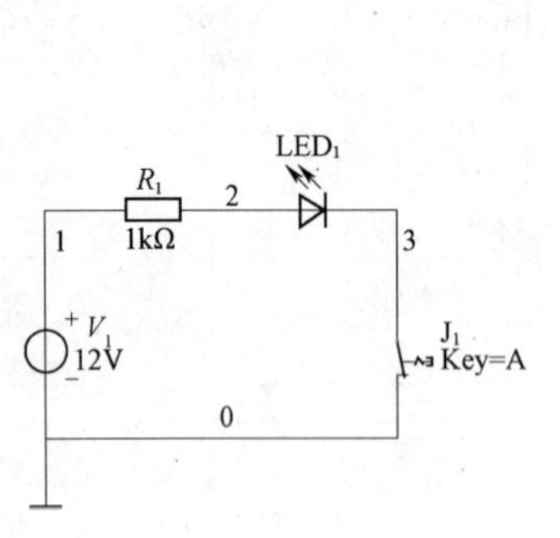

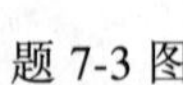
题 7-3 图

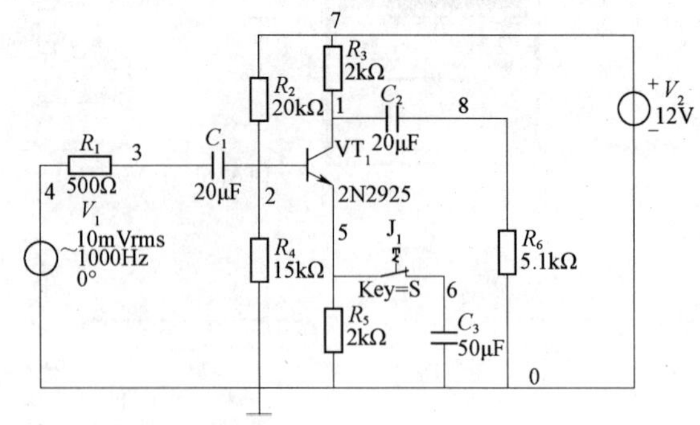

题 7-4 图

7-6　在如题 7-6 图所示的射极输出器中，已知晶体管 $\beta = 40$。试求（1）静态工作点 I_B、I_C 和 U_{CE}；（2）电压放大倍数 A_u；（3）输入电阻 r_i；（4）输出电阻 r_o；（5）使用示波器观察输入电压、输出电压的波形，并比较相位。

7-7　共射极放大电路如题 7-7 图所示，其中 BJT 型号为 2N3904，$\beta = 50$。试求：（1）当输入为 1kHz 正弦交流电时，最大不失真输出电压幅度和相应的输入电压幅度；（2）求电压增益的幅频响应和相频响应；（3）输入电阻 r_i 及输出电阻 r_o。

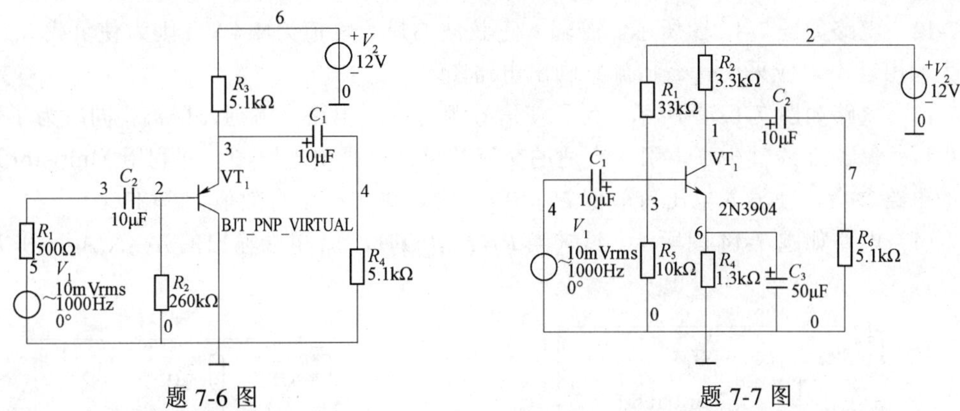

题 7-6 图　　　　题 7-7 图

7-8　共源放大电路如题 7-8 图所示，其中场效应管型号为 2N7000。试通过直流扫描分析法测量 2N7000 的转移特性。

7-9　电路如题 7-9 图所示。试分析：(1) 为改善低频特性，应增大三个耦合电容中的哪一个最有效；(2) 场效应管的漏极静态电流对上限频率的影响。

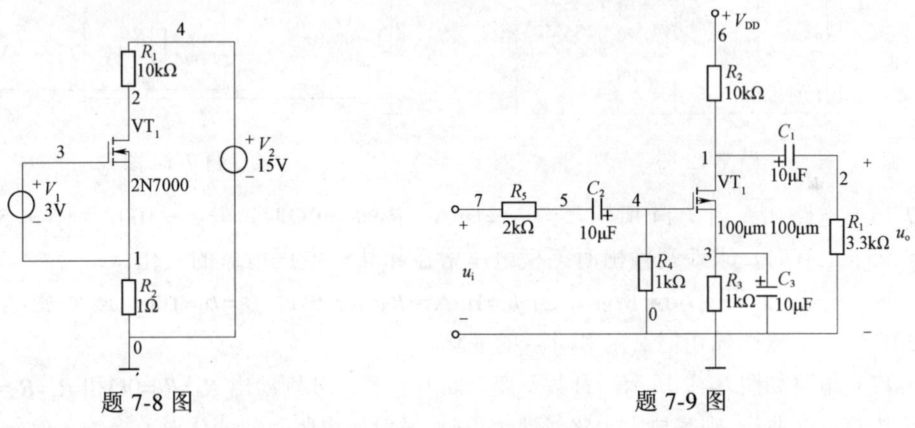

题 7-8 图　　　　题 7-9 图

7-10　双电源互补对称电路如题 7-10 图所示，试分析 P_V、P_O、P_{Q1} 和 U_{om}/V_{CC} 的关系，求出负载上可能得到的最大功率 P_{om} 以及最大管耗 P_{Q1m}。

7-11　OTL 电路如题 7-11 图所示，设 u_i 为正弦波电压，$C = 1000\ \mu F$，VT_1 采用 2N3904，VT_2 采用 2N3906，试求最大不失真输出功率为 9W 时，电源电压 V_{CC} 最小值。

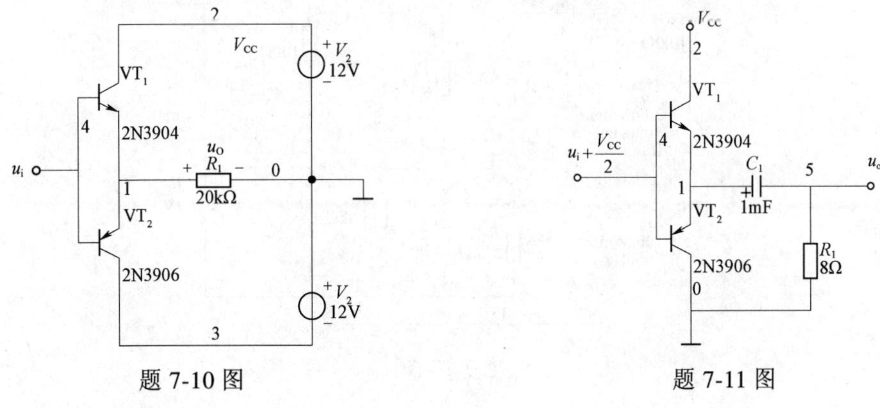

题 7-10 图　　　　题 7-11 图

7-12　电路如题 7-12 图所示。若输入正弦波的最大峰值为 1.4 V，则为使负载 R_6 上获得最大输出功率，应采用什么措施？画出电路图。

7-13　电路如题 7-12 图所示。为了使信号源与图示电路直流通路隔离，同时为了稳定输出电压，减小非线性失真，引入合适的交流负反馈，画出电路图。并利用 Multisim 选择合适的电路参考，使输入电压有效值 $U_i = 0.1\text{V}$ 时，输出电压有效值 $U_o = 1\text{V}$。

7-14　电路如题 7-14 图所示，试求当 $R_3=R_4=0\Omega$时，u_{o1} 单端输出的 A_{VD1}、A_{VC1} 和 K_{CMP} 的值。

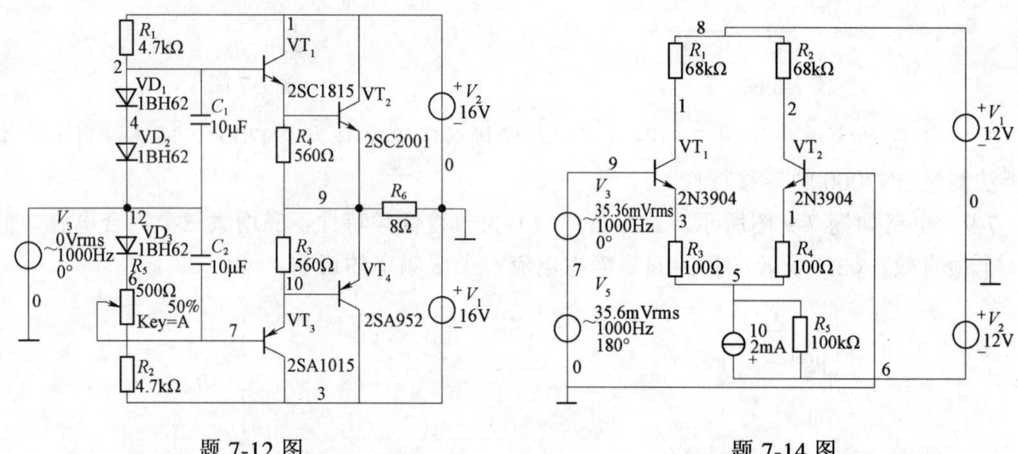

题 7-12 图　　　　题 7-14 图

7-15　电路如题图 7-14 所示，当 $I_o=1\text{mA}$，$R_3=R_4=0\Omega$时，若$\beta_1=100$，而$\beta_2=50$、75、100、125、150 时，求双端输出时差模电压增益和共模电压增益的变化。

7-16　电路如题图 7-14 所示，当 $I_0=1\text{mA}$，$R_3=R_4=0\Omega$，$\beta_1=\beta_2=100$，R_2 不变，若 R_1 变化±20%时，求双端输出时 A_{VD} 和 A_{VC} 的变化。

7-17　电路如图 7-17 所示，参数不变，断开负载，分别绘出 $R_4=R_5=0\Omega$和 $R_4=R_5=300\Omega$时的电压传输特性曲线，观察放大电路线性运用时，发射极电阻阻值变化对差模输入信号的影响。

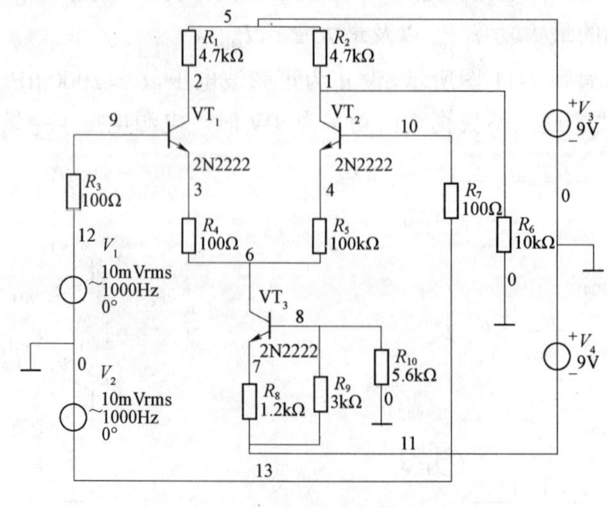

题 7-17 图

7-18　电路如题 7-18 图所示，BJT 采用 2N3904，β=100，V_{CC}=12V。试分析：（1）当温度从–30℃变到+50℃时，集电极电流 I_C 的变化情况；（2）当反馈电阻 R_2 从 5kΩ增加到 50kΩ时，I_C 的变化情况；（3）其他参数不变，当 R_1 从 500Ω变到 1kΩ时，U_O、I_C、R_i、R_o 的变化。

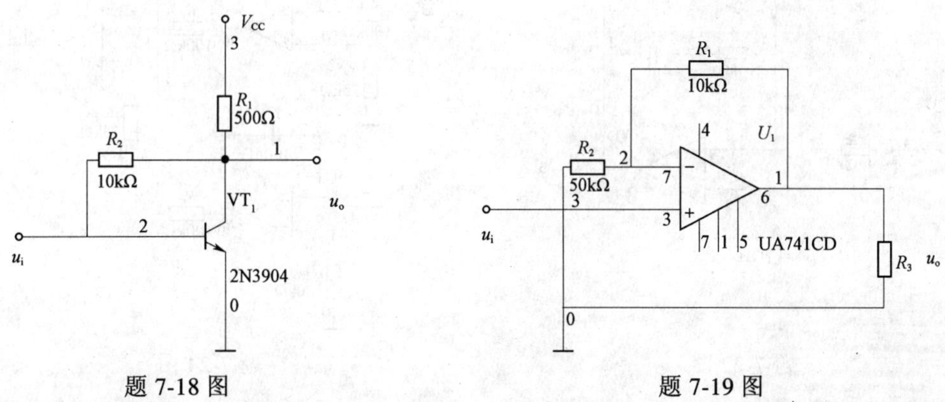

题 7-18 图　　　　题 7-19 图

7-19　电路如题 7-19 图所示。试分析该电路的闭环电压增益、输入电阻和输出电阻。

7-20　电路如题 7-20 图所示。运放 LF411 的电源电压 V_{CC}=+15V，V_{EE}= −15V，电容器 C 的初始电压 $u_C(0)$= 0。（1）当输入幅度 1V、频率 1kHz 的对称方波信号时，求输出电压波形；（2）去掉电阻 R_2，重复（1）的过程；（3）输入正向幅度 9V 宽度 10μs、负向幅度–1V 宽度 90μs 的脉冲信号（周期 100μs）（可以通过函数发生器产生），求输出电压的波形。

7-21　二阶压控电压源低通滤波电路如图 7-21 所示，试测其幅频特性和相频特性，并求截止频率和通带增益。

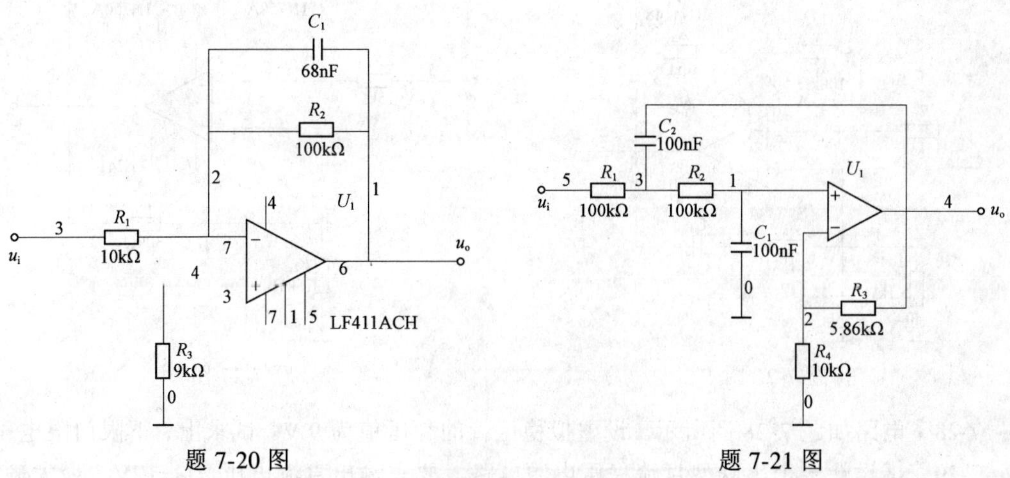

题 7-20 图　　　　题 7-21 图

7-22　电路如题 7-22 图所示。运放选用型号 LF411，设电容初始电压为 0。（1）当输入幅值 5V 频率 10Hz 的对称方波时，试画出输出电压的波形；（2）当 R_1=0Ω时，重画输出电压的波形。

7-23　试利用运放电路解方程：$2x^2+x-6=0$。

7-24　电路如题 7-24 图所示。其中，运放使用 LF411 型号，设电容初始电压为 0，输入信号 $u_{i1}=-0.1\text{V}$，u_{i2} 为幅值 3V 周期 2s 的对称方波。试画出 u_{O1}、u_{O2} 和 u_O 的波形。

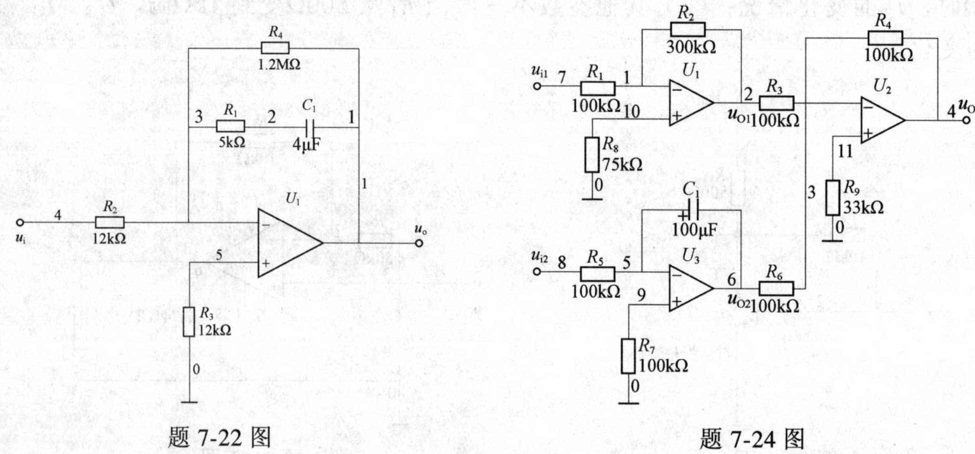

题 7-22 图　　　　题 7-24 图

7-25　RC 正弦波振荡电路如题 7-25 图所示。其中，运放 741 的工作电源为±12V。试观察输出电压的起振过程，并求振荡频率 f_0。

7-26　上题中，将 R_3、R_4 改为 10kΩ，C_1、C_2 改为 0.1μF，其他参数不变，试画出包括起振过程在内的输出电压波形，并求振荡频率 f_0。

7-27　迟滞比较器电路如题 7-27 图所示。运放的工作电源为±12V。当输入频率 100Hz、幅值为 4V 的正弦波信号时，试求上、下限门限电压，并画出输出电压波形。

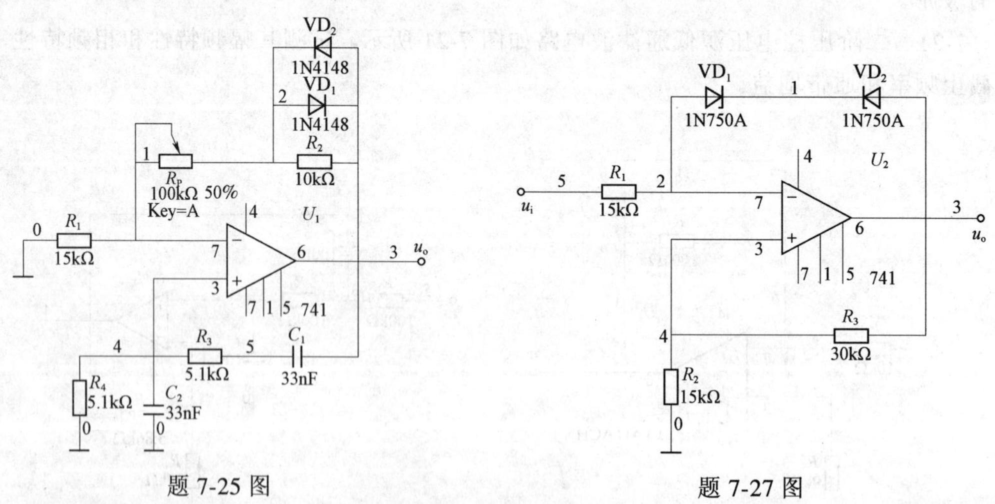

题 7-25 图　　　　题 7-27 图

7-28　电路如题 7-28 图所示。设虚拟稳压管的稳压值为 9 V。试求上、下限门限电压。

7-29　试设计一个串联型直流稳压电源电路。要求输出直流电压 $U_O=12\text{V}$，最大输出电流 $I_{OM}=500\text{mA}$。

7-30　题 7-30 图所示电路为三端稳压器 LM7805CT 组成的供电电路，试求 LM7805CT 的三端电流和输出电压，并分析当电源电压发生变化时，输出电压、电流及芯片耗散功率的变化情况。（注：三端稳压器可从 Power component Power 中的 VOLTAGE_REGULATOR 中选取）

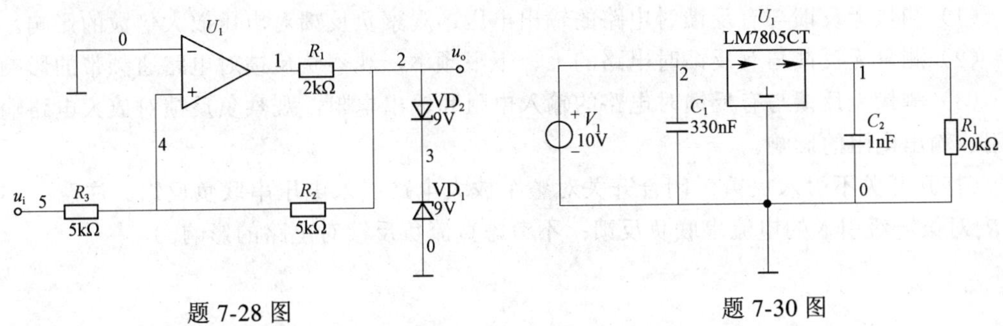

题 7-28 图　　　　题 7-30 图

7-31　电路为三端可调式稳压器 LM117H 的基本应用电路如题 7-31 图所示，试调节电位器 R_2，输出电压有何变化。

7-32　三端集成稳压器 LM7805 CT 组成的电路如题 7-32 图所示，试观察当电位器 R_2 变化时，电流 i_o 与电压 u_o 有何变化，并说明电路的特点。

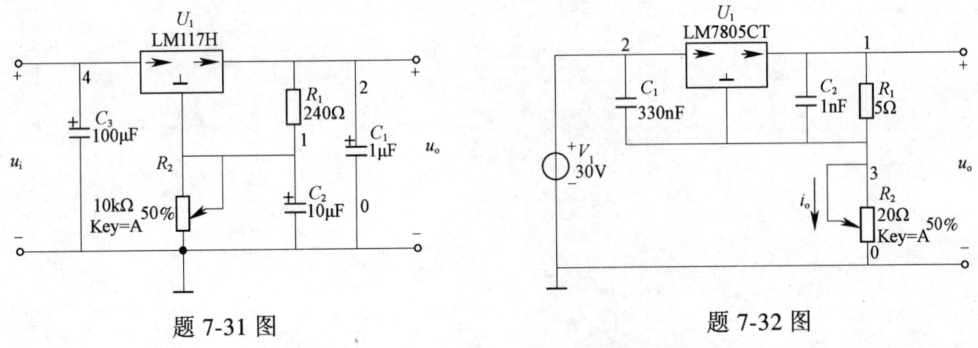

题 7-31 图　　　　题 7-32 图

7-33　负反馈放大电路如题 7-33 图所示，图中 R_{11}、C_6 对两级放大电路引入电压串联负反馈，试比较引入负反馈后改善了放大电路的哪些性能。

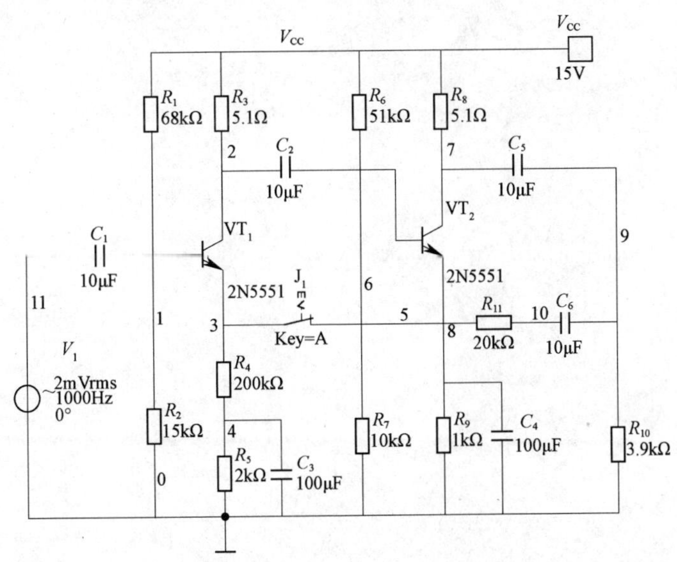

题 7-33 图

（1）测量无反馈与有反馈时电路的输出电压，观察负反馈对电压放大倍数的影响。

（2）测量无反馈与有反馈时电路的上、下限频率，观察负反馈对电路通频带的影响。

（3）测量无反馈与有反馈时电路的输入电阻和输出电阻，观察负反馈对放大电路输入电阻、输出电阻的影响。

（打开开关不引入反馈，闭合开关对整个放大电路引入电压串联负反馈。注意：不考虑 R_4 对第一级引入的电流串联负反馈；不考虑直流负反馈对电路的影响。）

第 8 章　Multisim10.0 在数字电子电路分析中的应用

基本要求

（1）能正确使用逻辑转换仪，掌握各种数字逻辑表示方式之间的转换。

（2）掌握门电路逻辑功能的测试方法，理解各种门电路的逻辑功能。

（3）掌握组合逻辑电路的分析和设计方法。学会用译码器、数据选择器等集成芯片实现逻辑函数。

（4）了解触发器的测试方法，可以正确使用示波器、逻辑分析仪、字信号发生器等仪器。

（5）掌握计数器的分析方法，正确使用常用集成芯片构成任意进制计数器。

（6）了解由 555 定时器构成施密特触发器、单稳态触发器和多谐振荡器的方法。

（7）了解数模和模数转换技术。

（8）通过仿真分析，使读者具备一定的综合设计应用能力。

仿真注意事项

（1）数字电路所用元器件均采用 DIN 标准。

（2）输入信号的高电平 1 用+5V 电源提供，低电平 0 用“⊥”信号提供，0、1 的转换可用单刀双掷开关切换，输出信号用电平指示器等测试。

（3）电压表要并联在被测元件两端，电流表要串联在被测支路中。使用时要注意 DC 和 AC 的设置，交流电压表、电流表的读数是有效值。

（4）逻辑转换仪可以实现逻辑电路、真值表和逻辑表达式三者之间的相互转换以及逻辑表达式化简。

（5）字信号发生器是一个能够并行输出 32 路（位）数字信号的仪器，可用于数字逻辑电路的输入。

（6）逻辑分析仪用于记录、显示、分析数字电路中各个节点的波形。

（7）函数信号发生器可以输出正弦波、锯齿波和矩形波三种波形，其输出波形的频率、幅度及占空比等参数均可以调节，修改时可直接在控制面板上进行。

（8）示波器是用来观察信号波形并可测量信号幅度、频率、周期等参数的仪器。

8.1 逻 辑 转 换

【例 8-1】 化简逻辑关系表达式 $F=\overline{\overline{AC+\bar{A}BC}+\bar{B}C+AB\bar{C}}$。

解：从仪器栏中取出逻辑转换仪图标 ，双击打开。在逻辑转换仪面板最底部的逻辑

表达式显示窗口中，输入该逻辑关系表达式，然后按下“表达式到真值表”按钮 A|B → 1 0|1 ，即得到相应的真值表，如图 8-1（a）所示。再按下“真值表到最简表达式”按钮 1 0|1 SIMP A|B ，得到最简表达式，如图 8-1（b）所示。

在逻辑关系表达式中，变量右上方的“′”表示的是逻辑“非”。

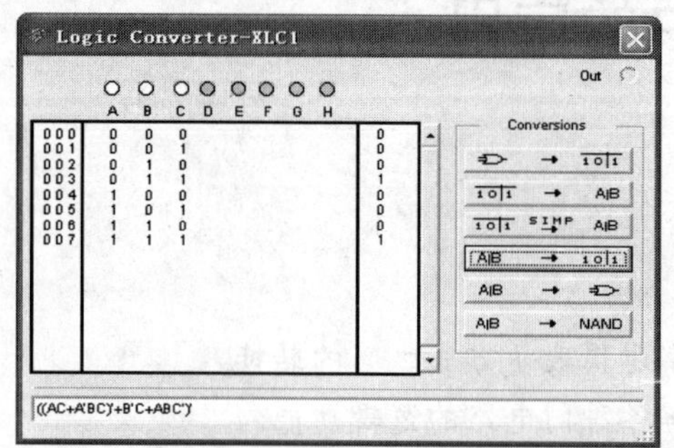

图 8-1 （a）表达式到真值表的转换

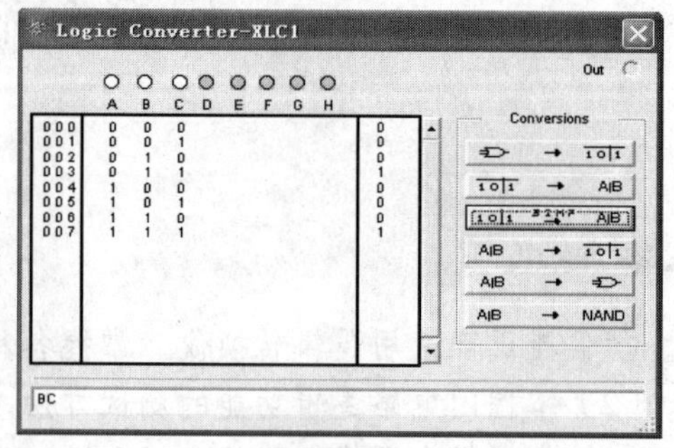

图 8-1 （b）真值表到最简表达式的转换

【例 8-2】 化简包含无关项的逻辑关系表达式 $F=\Sigma m(0,13,14,15)+\Sigma d(1,2,3,9,10,11)$。

解：因为该逻辑关系表达式中最大的项数为 15，所以应该从逻辑转换仪的顶部选择 4 个输入端：A、B、C、D，此时真值表显示窗口会自动出现输入信号的所有组合，而右边输出列的初始值全部为“?”。根据逻辑表达式改变真值表的输出值（用鼠标左键点一次“？”即变“0”，点两次“？”即变“1”，点三次“？”即变“X”），得到真值表如图 8-2 所示。按下“真值表到最简表达式”按钮 1 0|1 SIMP A|B ，相应的逻辑表达式就会出现在逻辑转换仪底部的逻辑表达式栏内，最简表达式为 $F=\overline{AB}+AC+AD$。

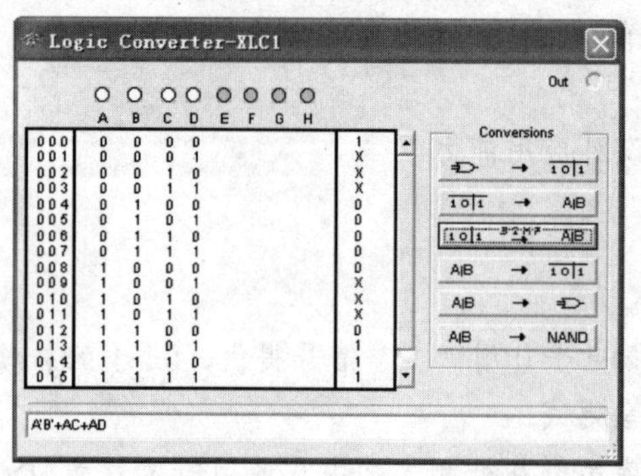

图 8-2　真值表到最简表达式的转换

【例 8-3】 根据逻辑关系表达式 $F=\overline{ABC}+AB+BC+AC$，求真值表并画出逻辑电路图。

解：在逻辑转换仪面板最底部的逻辑表达式显示窗口中，输入该逻辑关系表达式，然后按下“表达式到真值表”按钮 A|B → 1 0|1 ，即得到相应的真值表，结果如图 8-3（a）所示。按下“表达式到电路图”按钮 A|B → ⊐▷ ，得到逻辑电路图，如图 8-3（b）所示。

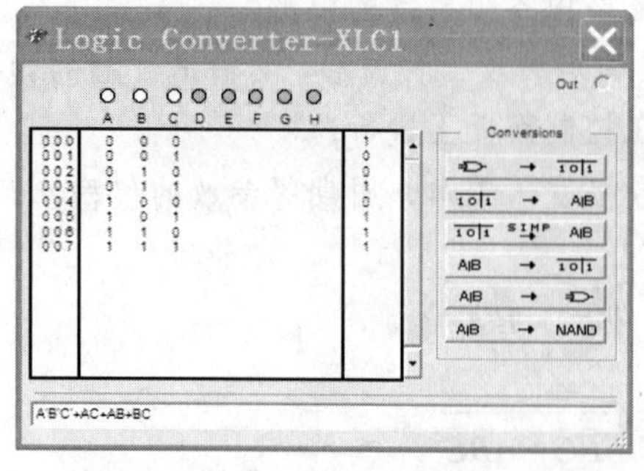

图 8-3 （a）表达式到真值表的转换

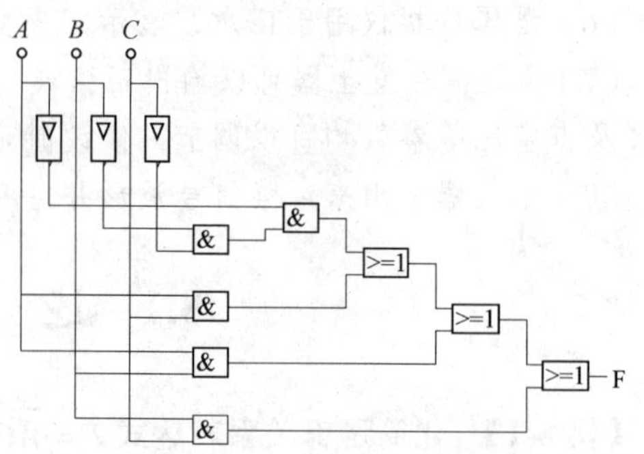

图 8-3 （b）表达式到电路图的转换

8.2 逻 辑 门 电 路

【例 8-4】 测试异或门 EOR2 的逻辑功能。

解：单击元件库中其他数字集成元件库图标 ，在菜单栏中选择 TIL，然后选取 EOR2，测试电路如图 8-4 所示。输入信号的 1 用+5V 电源提供，0 用“⊥”信号提供，0、1 的转换用单刀双掷开关切换，输入、输出信号用电平指示器测试。测试结果如表 8-1 所示。

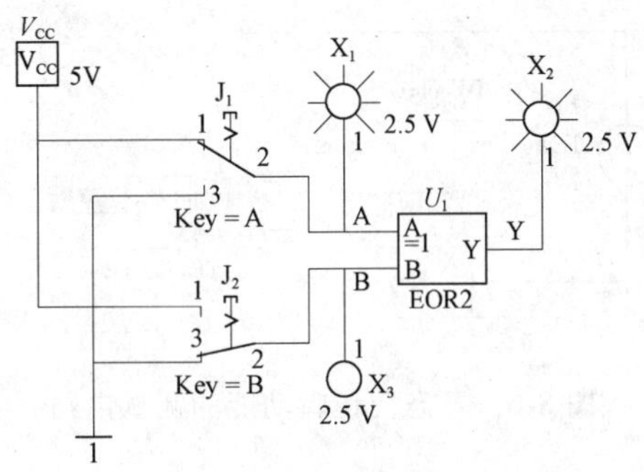

图 8-4 异或门逻辑功能的测试电路

表 8-1 **异或门逻辑功能的测试结果**

输入 A	输入 B	输出 Y	输入 A	输入 B	输出 Y
0	0	0	1	0	1
0	1	1	1	1	0

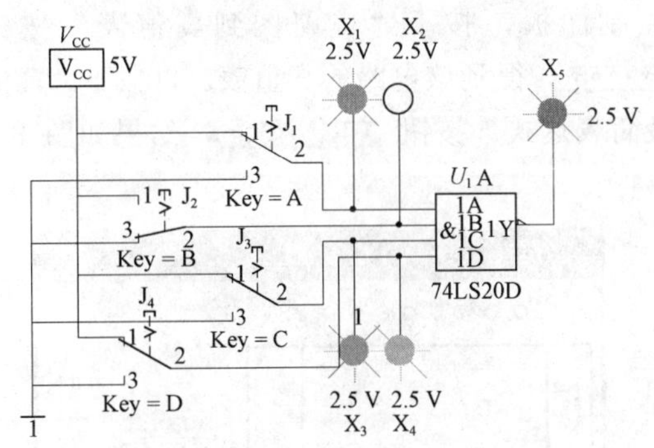

图 8-5 74LS20D 逻辑功能的测试电路

【例 8-5】 测试集成芯片 74LS20D 的逻辑功能。

解：从 TTL 元件库中选取 74LS20D 集成芯片，按图 8-5 连接电路，测试结果如表 8-2 所示。从测试结果可以看出：74LS20D 为 4 输入的与非门集成芯片。

【例 8-6】 图 8-6 是三态门功能测试电路，请通过切换开关观察三态门的逻辑功能。

解：在其他数字集成元件库中单击 TIL 元件库，选取 TRISTATE，按图 8-6 连接电路，测试结果如表 8-3 所示。

表 8-2 **74LS20D 逻辑民功能的测试结果**

输 入				输 出
1A	1B	1C	1D	1Y
1	1	1	1	0
0	X	X	X	1
X	0	X	X	1
X	X	0	X	1
X	X	X	0	1

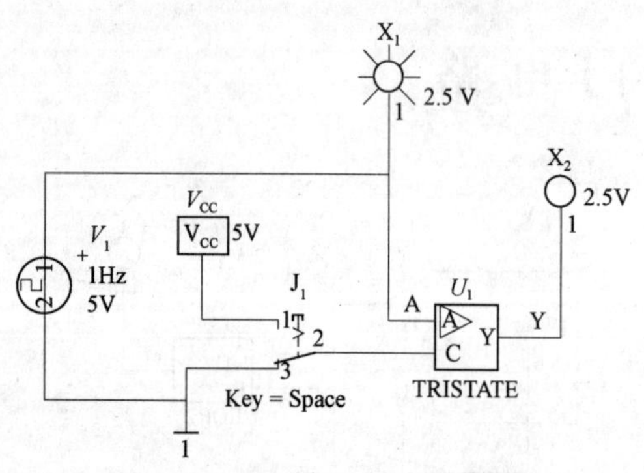

图 8-6　三态门逻辑功能的测试电路

表 8-3　三态门逻辑功能的测试结果

输入 C	输入 A	输出 F
0	0	高阻
0	1	高阻
1	0	0
1	1	1

8.3　组合逻辑电路

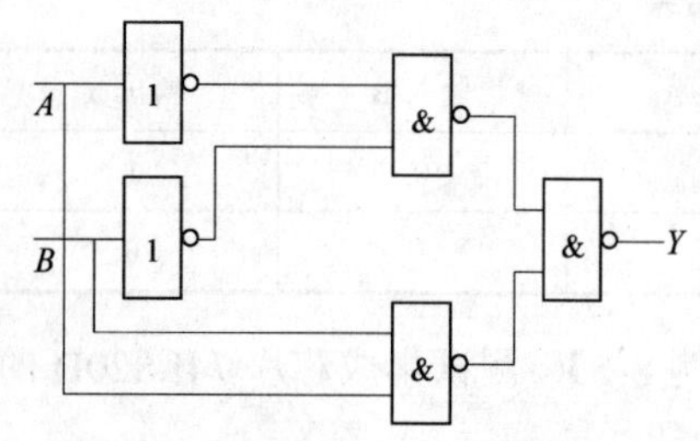

图 8-7 （a）[例 8-7] 的电路图

【例 8-7】 试分析如图 8-7（a）所示逻辑电路的功能。

解：将电路的输入端 A、B 接到逻辑转换仪的输入端，电路的输出端 Y 接到逻辑转换仪的输出端，如图 8-7（b）所示。双击逻辑转换仪，弹出逻辑转换仪控制面板，按下“电路图到真值表”按钮，得到该电路的真值表。再按下“真值表到最简表达式”按钮，结果如图 8-7（c）所示，得到最简表达式为 $Y=\overline{A}\overline{B}+AB$。

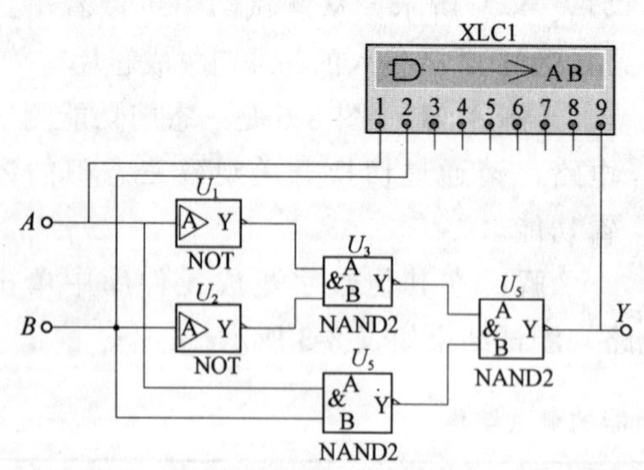

图 8-7 （b）逻辑电路与逻辑转换仪的连接

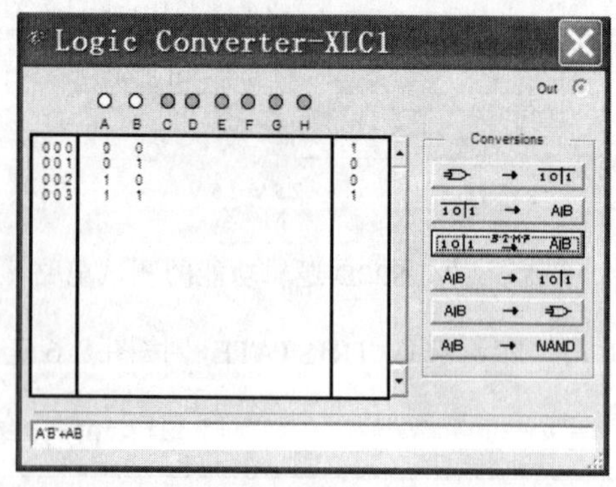

图 8-7 （c）逻辑转换仪的测量结果

由真值表或表达式可知，当 $A=B$ 时，$Y=1$，当 $A\neq B$ 时，$Y=0$，所以该电路实现的是同或逻辑关系。

【例 8-8】 图 8-8（a）为安装在三个不同位置开关控制一个楼道电灯的电路，其中任何一个开关都可控制电灯是否亮。试列出真值表。

解：将电路的输入端 A、B、C 接到逻辑转换仪的输入端，输出端接到逻辑转换仪的输出端，如图 8-8（b）所示。双击逻辑转换仪，弹出逻辑转换仪控制面板，按下“电路图

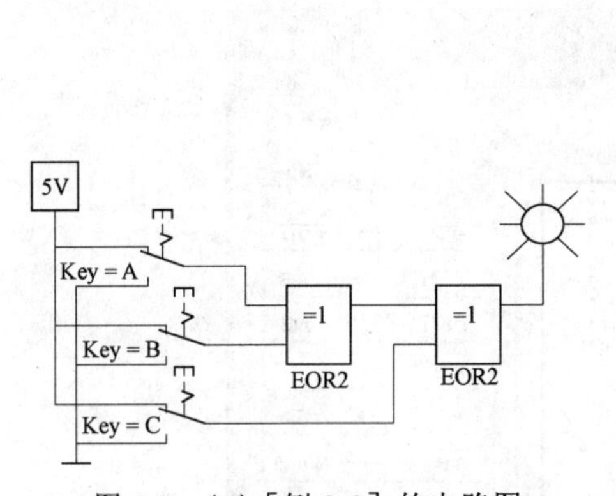

图 8-8 （a）［例 8-8］的电路图　　　　图 8-8 （b）逻辑电路与逻辑转换仪的连接

到真值表”按钮 ，得到该电路的真值表，如图 8-8（c）所示。

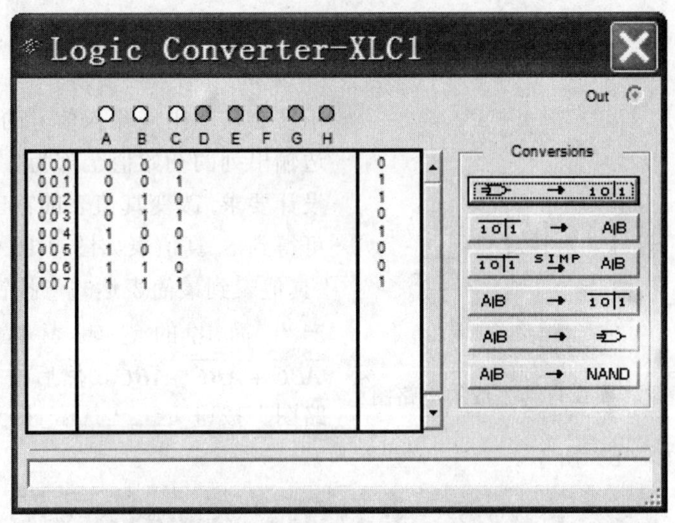

图 8-8（c） 逻辑电路到真值表的转换

【例 8-9】 试设计逻辑电路供三人（*A*、*B*、*C*）表决使用。每人有一电键，如果赞成，就按电键，表示“1”；如果不赞成，不按电键，表示“0”。表决结果用指示灯来表示，如果多数赞成，则指示灯亮，*Y*=1；反之灯不亮，*Y*=0。试用与非门实现该设计电路。

解：从逻辑转换仪的顶部选择需要的输入端（*A*、*B*、*C*），此时真值表区会自动出现输入信号的所有组合，而右边输出列的初始值全部为“？”。假定输入端为 1 表示赞成，输出端为 1 表示指示灯亮。根据设计要求，改变真值表的输出值（1、0 或 X），可得到真值表如图 8-9（a）所示。按下“真值表到最简表达式”按钮 ，产生简化的逻辑表达式 $Y = AC + AB + BC$。然后按下“表达式到与非门电路图”按钮 ，得到所要设计的电路，如图 8-9（b）所示。

【例 8-10】 试设计一个 1 位全加器，并验证逻辑关系。

解：1. 画逻辑电路

设 *A*、*B* 为两个一位二进制输入信号，*C* 表示来自于低位的进位信号，S_n 为本位和，C_n 为进位输出信号。从逻辑转换仪的顶部选择需要的输入端（*A*、*B*、*C*），此时真值表显

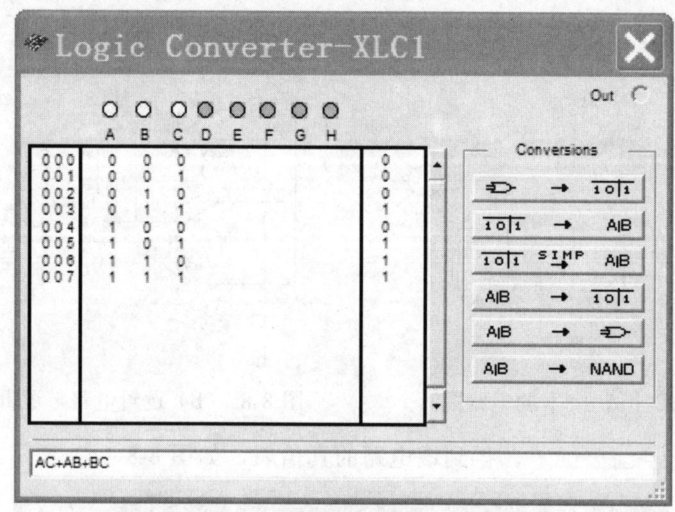

图 8-9 （a）真值表

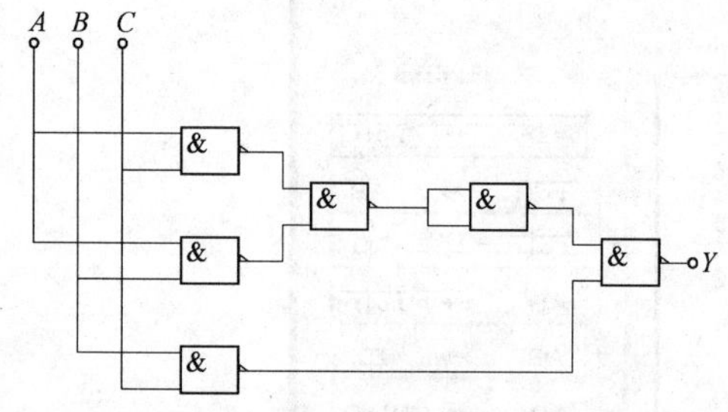

图 8-9 （b）由逻辑转换仪自动生成的电路图

示区会自动出现输入信号的所有组合，而右边输出列的初始值全部为“？”。根据全加器设计要求，改变真值表的输出值（1、0 或 X），可得到 S_n 真值表如图 8-10（a）所示。按下“真值表到最简表达式”按钮，产生简化的逻辑表达式 $S_n=\overline{A}\overline{B}C+\overline{A}B\overline{C}+A\overline{B}\overline{C}+ABC$。然后按下“表达式到电路图”按钮，得到实现 S_n 表达式的电路，如图 8-10（b）所示。

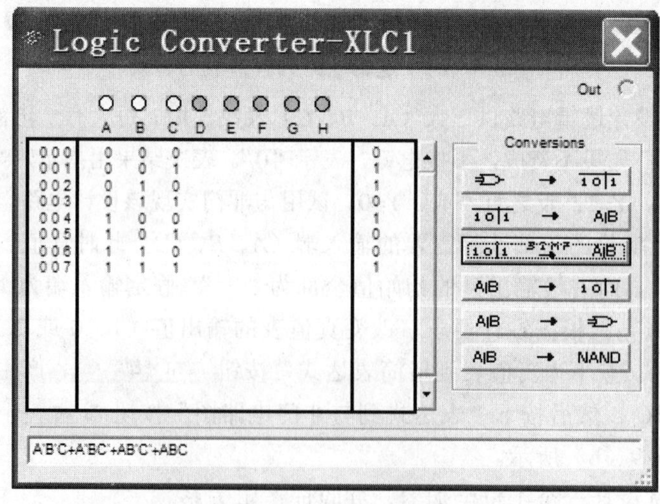

图 8-10 （a）S_n 真值表

用同样的方法可获得 C_n 的逻辑表达式 $C_n=AB+BC+AC$，实现 C_n 表达式的电路如图 8-10（c）所示。

2. 验证逻辑关系

以图 8-10（c）所示全加器 C_n 的电路为例，将其输入端 A、B、C 改接为单刀双掷开关分别接+5V 和“⊥”，输出端 C_n 改接为电平指示器，如图 8-10（d）所示。通过开关切换三个输入信号，可以验证输出的逻辑关系。

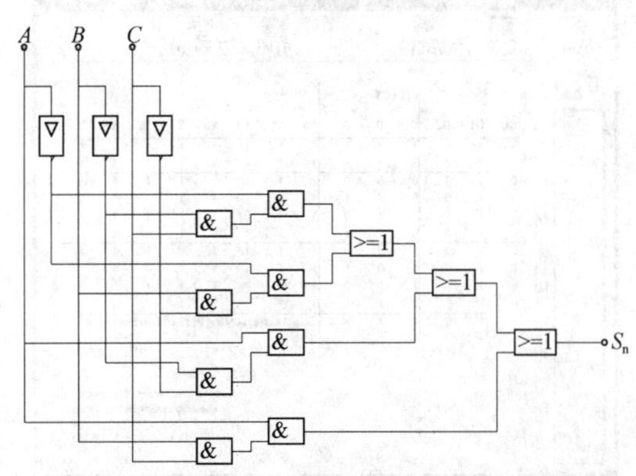

图 8-10 （b）实现 S_n 表达式的电路图

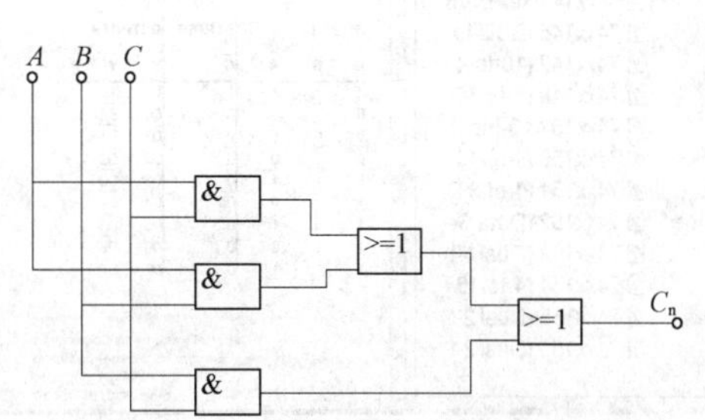

图 8-10 （c）实现 C_n 表达式的电路图

3. 子电路的应用

从图 8-10（b）、图 8-10（c）中可以看出，如果将 S_n 和 C_n 的电路合并，电路将很复杂，此时可以通过子电路的形式简化电路。再以图 8-10（c）所示电路为例说明子电路的应用。将与门用 74LS08 替换，或门用 74LS32 替换，在输入端和输出端将连接器替换为 I/O 端口，选中图 8-10（c）所示电路，点击 Place/ Replace by Subcircuit 命令，弹出输入子电路名对话框，输入子电路名 C_n 后单击“OK”按钮，显示子电路如图 8-10（e）所示。

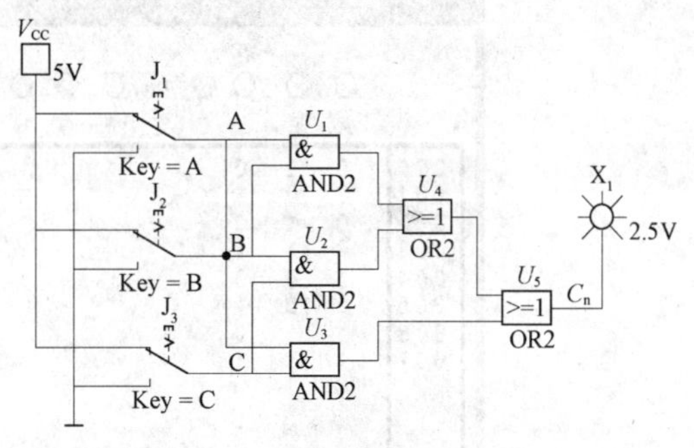

图 8-10 （d）验证 C_n 逻辑关系的电路图

【例 8-11】 分别画出用集成芯片 74LS151D、74LS138D（可加适当的门电路）实现函数 $F(A,B,C)=\overline{A}\,\overline{B}+B\overline{C}$ 的逻辑图，并加以验证。

解：（1）从 TTL 元件库中选取集成芯片 74LS151D，按功能键 F1 查看元件的功能表如图 8-11（a）所示，可知 74LS151D 为 8 选 1 数据选择器。

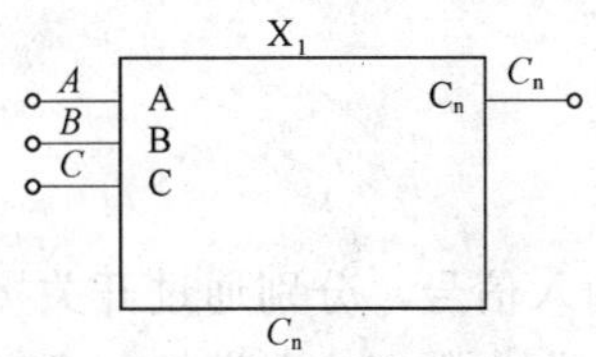

图 8-10 （e）C_n 的子电路

同样可知，74LS138D 为 3 线-8 线译码器，功能表如图 8-11（b）所示。

（2）在逻辑转换仪 XLC1 中输入逻辑函数表达式，点击 A|B → 1011 按钮，得到真值表，如图 8-11（c）所示，最小项表达式为 $F(A,B,C)=\Sigma m(0,1,2,6)$。据此可画出用 74LS151D 实现函数的逻辑电路，如图 8-11（d）所示。用 74LS138D 加 4 输入与非门 74LS20D 也可以实现同样逻辑函数，电路如图 8-11（e）所

示。其中，接入逻辑转换仪是用于验证电路的正确性。双击逻辑转换仪，按下 [→ 1011] 按钮，得到真值表，再按下 [1011 SIMP→ A|B] 按钮，得到最简表达式，其结果与图 8-11（c）完全相同，则说明所画电路正确。

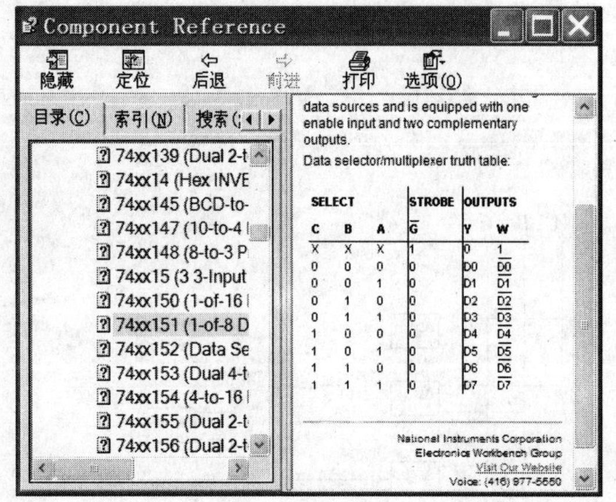

SELECT			STROBE	OUTPUTS	
C	B	A	$\overline{G}$	Y	W
X	X	X	1	0	1
0	0	0	0	D0	$\overline{D0}$
0	0	1	0	D1	$\overline{D1}$
0	1	0	0	D2	$\overline{D2}$
0	1	1	0	D3	$\overline{D3}$
1	0	0	0	D4	$\overline{D4}$
1	0	1	0	D5	$\overline{D5}$
1	1	0	0	D6	$\overline{D6}$
1	1	1	0	D7	$\overline{D7}$

图 8-11 （a）74LS151D 功能表

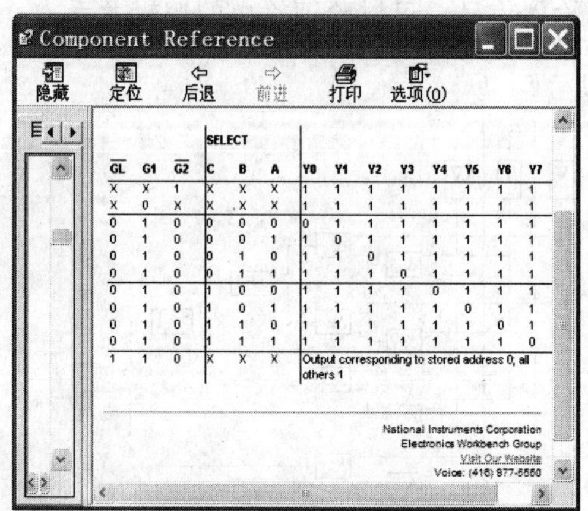

$\overline{GL}$	G1	$\overline{G2}$	SELECT C	B	A	Y0	Y1	Y2	Y3	Y4	Y5	Y6	Y7
X	X	1	X	X	X	1	1	1	1	1	1	1	1
X	0	X	X	X	X	1	1	1	1	1	1	1	1
0	1	0	0	0	0	0	1	1	1	1	1	1	1
0	1	0	0	0	1	1	0	1	1	1	1	1	1
0	1	0	0	1	0	1	1	0	1	1	1	1	1
0	1	0	0	1	1	1	1	1	0	1	1	1	1
0	1	0	1	0	0	1	1	1	1	0	1	1	1
0	1	0	1	0	1	1	1	1	1	1	0	1	1
0	1	0	1	1	0	1	1	1	1	1	1	0	1
0	1	0	1	1	1	1	1	1	1	1	1	1	0
1	1	0	X	X	X	Output corresponding to stored address 0; all others 1							

图 8-11 （b）74LS138D 功能表

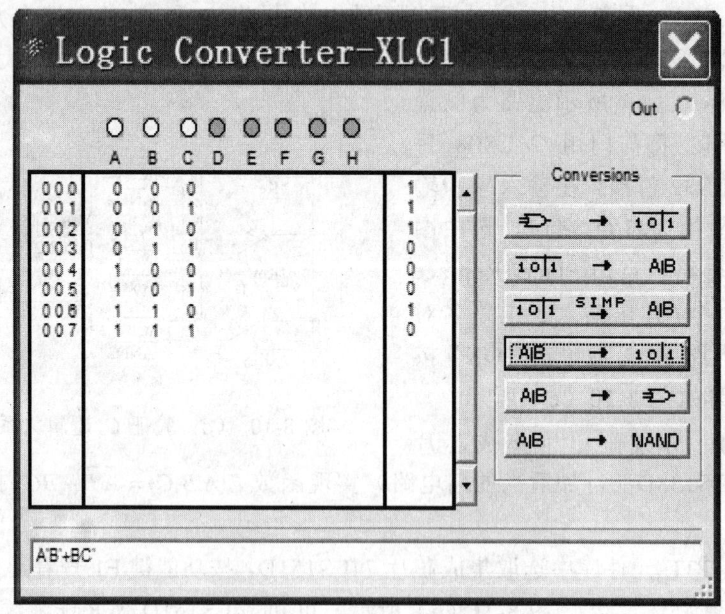

图 8-11 （c）由表达式得出真值表

【例 8-12】 试用 74LS138N 实现数据分配的逻辑功能。

解：（1）建立如图 8-12 所示电路，其中 A、B、C 为地址输入信号，分别通过开关接到+5V 或“⊥”端，并由电平指示器 A、B、C 监视；控制端 $\overline{G}_{2A}$ 作为数据输入端接到频率为 100Hz 的时钟信号源上，由电平指示器 D 监视；其余控制端 G_1 接高电平，$\overline{G}_{2B}$ 接低电平；输出信号的状态由电平指示器 Y_0～Y_7 监视。

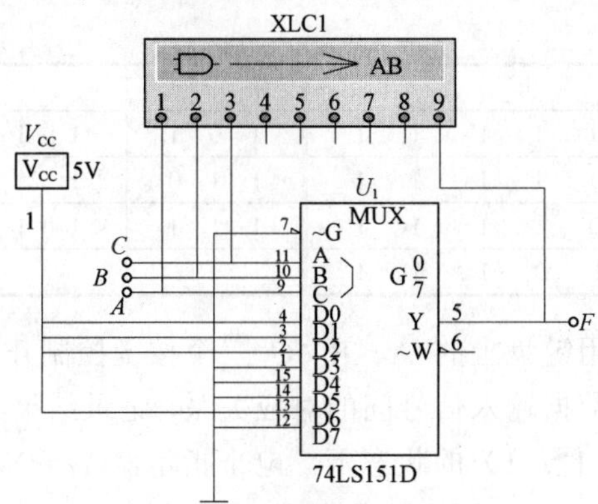

图 8-11 （d）用 74LS151D 实现函数的电路

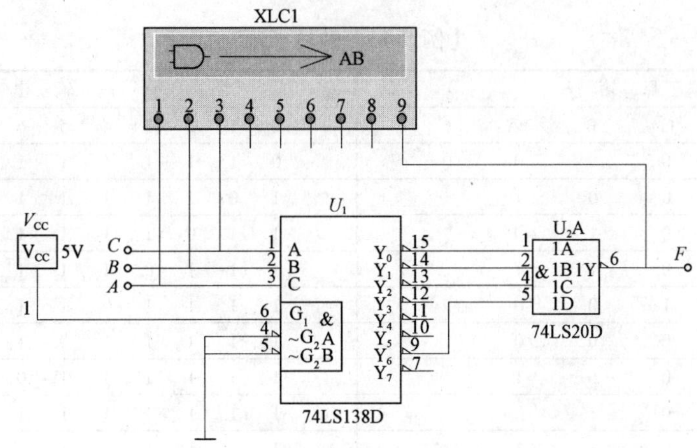

图 8-11 （e）用 74LS138D 实现函数的电路

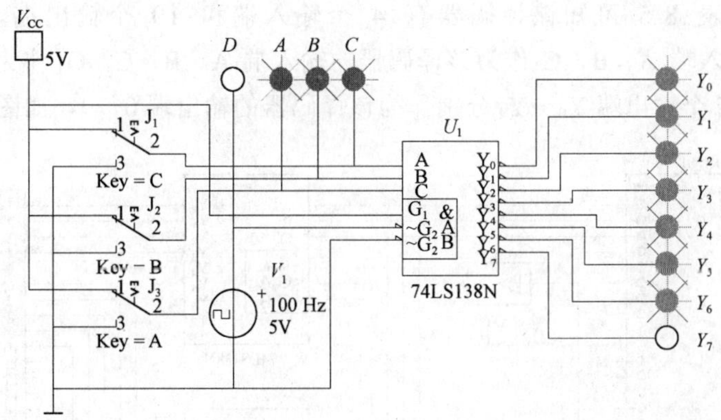

图 8-12 用译码器 74LS138N 实现数据分配的电路

表 8-4 数据分配器的记录结果

输入			输出								输入			输出							
C	B	A	Y_0	Y_1	Y_2	Y_3	Y_4	Y_5	Y_6	Y_7	0	0	0	D	1	1	1	1	1	1	1

续表

输　入	输　出	输　入	输　出
0 0 1	1 D 1 1 1 1 1 1	1 0 1	1 1 1 1 1 D 1 1
0 1 0	1 1 D 1 1 1 1 1	1 1 0	1 1 1 1 1 1 D 1
0 1 1	1 1 1 D 1 1 1 1	1 1 1	1 1 1 1 1 1 1 D
1 0 0	1 1 1 1 D 1 1 1		

（2）合上仿真开关，用键盘上的 A、B、C 三个按键控制开关以提供不同的地址，观察输出信号与地址输入及数据输入信号间的对应关系，记录结果如表 8-4 所示。可以看出，在如图 8-12 所示（输入为 1 1 1）的状态下，电平指示器 Y_0～Y_6 均亮，电平指示器 Y_7 随着 D 指示器而闪烁。

【例 8-13】 试用 74LS138N 设计一个译码器，该译码器的功能如表 8-5 所示。

表 8-5　［例 8-13］的功能表

选择输入				译码输出									
D	C	B	A	0	1	2	3	4	5	6	7	8	9
0	0	0	0	0	1	1	1	1	1	1	1	1	1
0	0	0	1	1	0	1	1	1	1	1	1	1	1
0	0	1	0	1	1	0	1	1	1	1	1	1	1
0	0	1	1	1	1	1	0	1	1	1	1	1	1
0	1	0	0	1	1	1	1	0	1	1	1	1	1
1	0	0	0	1	1	1	1	1	0	1	1	1	1
1	0	0	1	1	1	1	1	1	1	0	1	1	1
1	0	1	0	1	1	1	1	1	1	1	0	1	1
1	0	1	1	1	1	1	1	1	1	1	1	0	1
1	1	0	0	1	1	1	1	1	1	1	1	1	0

解：（1）由表 8-5 可知该译码器有 4 个输入端和 10 个输出端，所以需要两片 74LS138N。其输入端 A、B、C 作为该译码器的输入端 A、B、C，G_1 作为该译码器的输入端 D，每片的前 5 个输出端 Y_0～Y_4 分别作为该译码器的输出端 0～9，如图 8-13（a）所示。

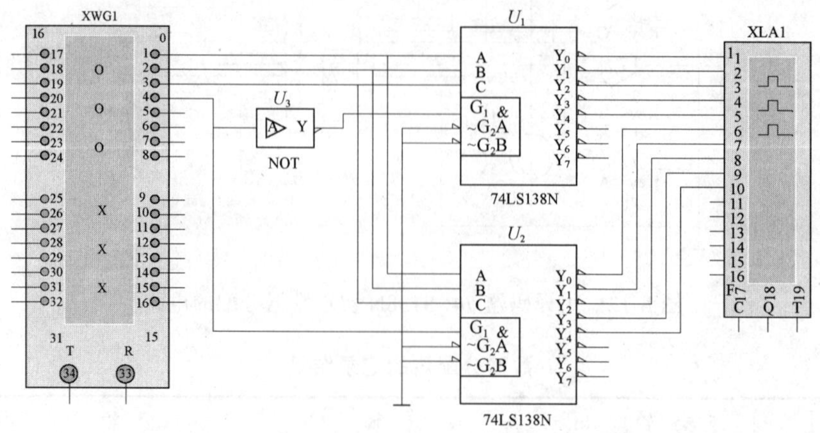

图 8-13　（a）［例 8-13］设计的译码器电路图

（2）用仪器仪表库中的字信号发生器 产生输入信号，用逻辑分析仪 记录输出波形。双击字信号发生器，弹出如图 8-13（b）所示的控制面板，点击面板上的 Set 按钮，出现如图 8-13（c）所示的对话框，选择递增编码方式 Up Counter，单击 Accept。选择二进制显示方式（Binary），在数字信号显示窗口中编辑输入状态，并设置终止位置。之后再不断单击字信号发生器面板上的单步输出按钮 Step，直到终止位置。双击逻辑分析仪，可得输出波形如图 8-13（d）所示。

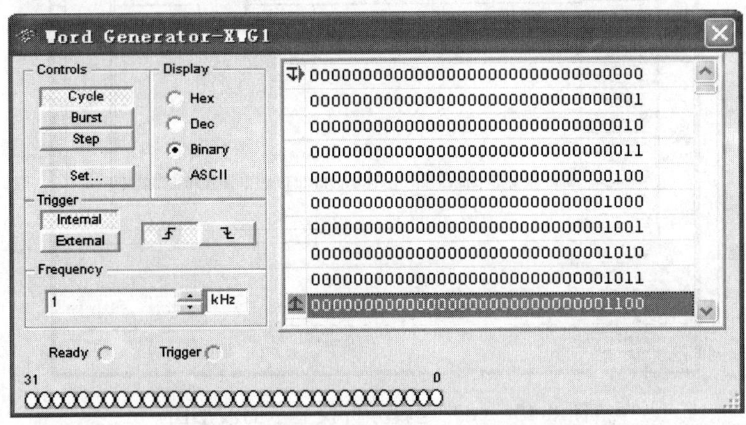

图 8-13 （b）字信号发生器控制面板图

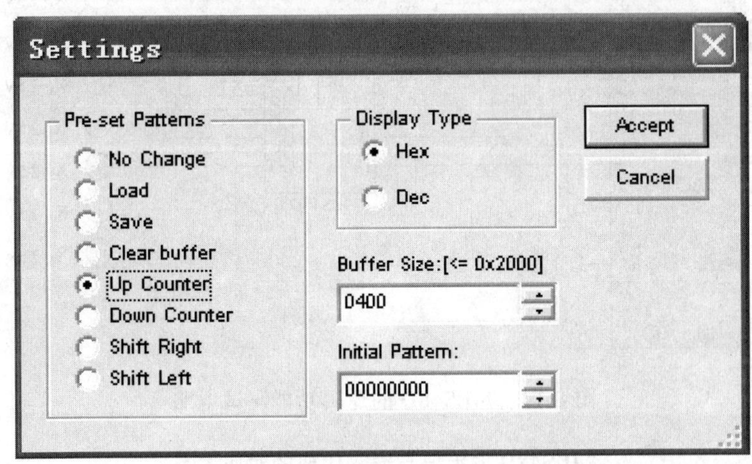

图 8-13 （c）设置 Set 按钮的对话框

【例 8-14】 试分析七段译码器 74LS48D 的逻辑功能。

解：（1）画出图 8-14 所示电路，输入信号的 4 位二进制代码由字信号发生器产生，其状态由电平指示器监视，按照使用要求，七段译码器 74LS48D 工作时应使 $\overline{LT}=\overline{BI}/RBO=\overline{RBI}=1$。

（2）接通仿真开关，双击字信号发生器，在出现的控制面板上单击 Set 按钮，选择递增编码方式 Up Counter，单击 Accept。在数字信号显示窗口设置终止位置为 9。再不断单击字信号发生器面板上的单步输出按钮 Step，记录输出值与输入代码的对应关系，记录结果如表 8-6 所示。

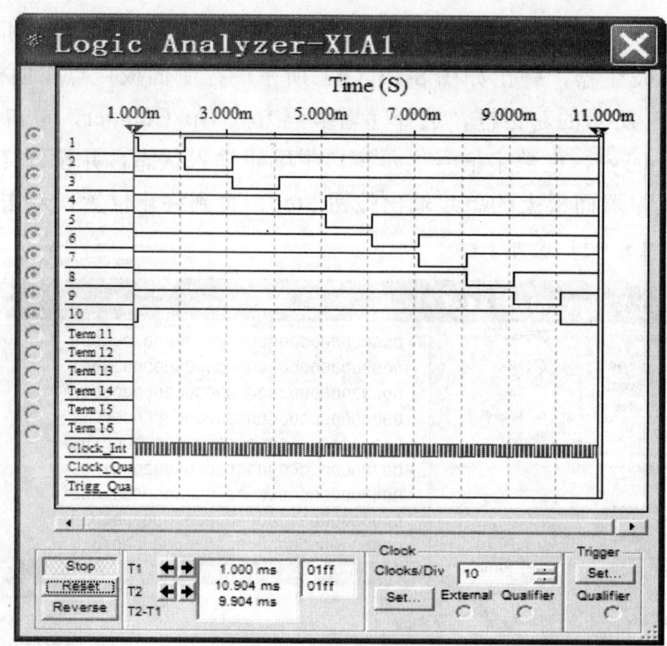

图 8-13 （d）逻辑分析仪显示的波形图

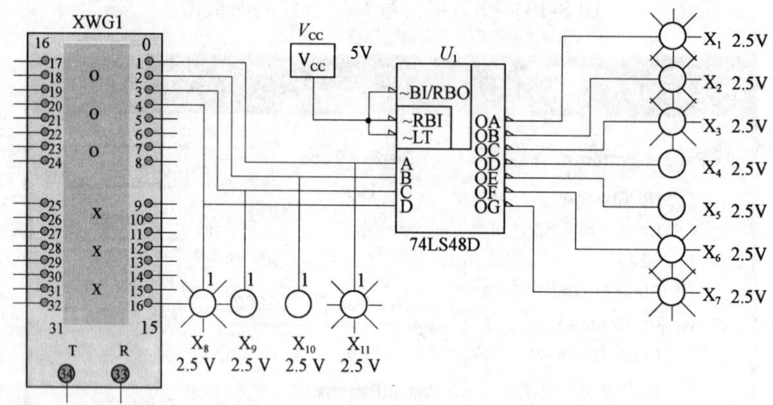

图 8-14 74LS48D 的逻辑功能测试电路

表 8-6　　74LS48D 输出值与输入代码的对应关系

输入				输出							
D	C	B	A	OA	OB	OC	OD	OE	OF	OG	十进制数
0	0	0	0	1	1	1	1	1	1	0	0
0	0	0	1	0	1	1	0	0	0	0	1
0	0	1	0	1	1	0	1	1	0	1	2
0	0	1	1	1	1	1	1	0	0	1	3
0	1	0	0	0	1	1	0	0	1	1	4
0	1	0	1	1	0	1	1	0	1	1	5
0	1	1	0	0	0	1	1	1	1	1	6

续表

输入				输出							
D	C	B	A	OA	OB	OC	OD	OE	OF	OG	十进制数
0	1	1	1	1	1	1	0	0	0	0	7
1	0	0	0	1	1	1	1	1	1	1	8
1	0	0	1	1	1	1	0	0	1	1	9

【例 8-15】 用 4 位超前进位加法器 4008BD-5V 实现两个四位二进制数的相加。

解： 建立图 8-15 所示的电路，从 CMOS 元件库中选取集成芯片 4008BD-5V。$B_3B_2B_1B_0$、$A_3A_2A_1A_0$ 分别是两个 4 位二进制加数，其值通过单刀双掷开关由+5V 或"⊥"提供，CIN 为低位进位输入，COUT 为高位进位输出，$S_3S_2S_1S_0$ 为 4 位二进制和输出，为了便于观察，其各状态均由电平指示器监视。

图 8-15 所示电路显示的是当 $B_3B_2B_1B_0$=0011，$A_3A_2A_1A_0$=1101，CIN=1 时，结果为 $S_3S_2S_1S_0$=0001，COUT=1。

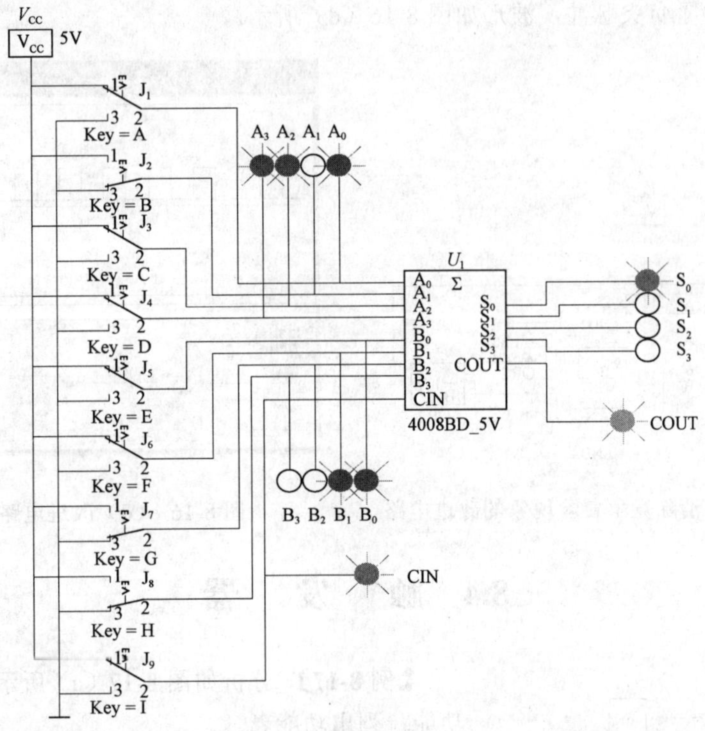

图 8-15 用 4008BD-5V 实现两个四位二进制数相加的电路

【例 8-16】 观察组合电路中的竞争冒险现象。

解：（1）建立如图 8-16（a）所示的组合逻辑电路，A、B 为输入端，均接高电平，C 为时钟脉冲输入端，时钟脉冲频率设为 1kHz，用示波器观察输入时钟脉冲波形与输出波形，如图 8-16（b）所示。从理论上讲，如图 8-16（a）所示电路中的逻辑表达式为 $F = AC + B\overline{C} = 1$，即输出应始终为高电平，但输出波形中却出现了如图 8-16（b）所示的负尖脉冲，这就是竞争冒险现象。

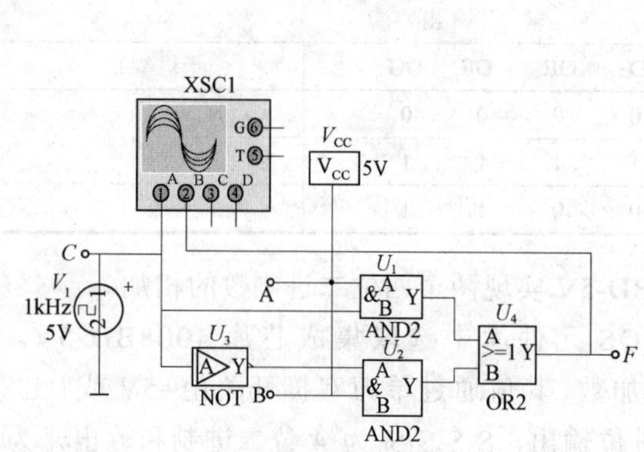

图 8-16 （a）有竞争冒险现象的组合逻辑电路

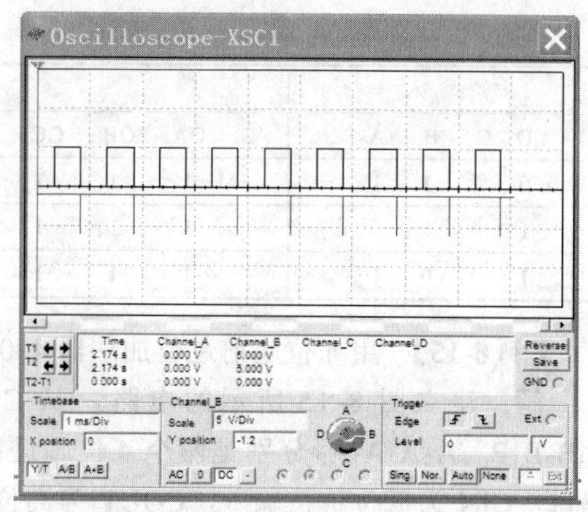

图 8-16 （b）观察到的竞争冒险现象

（2）为消除竞争冒险现象所产生的负尖脉冲，在图 8-16（a）的电路中增加冗余项 AB，如图 8-16（c）所示，这样 $F = AC + B\overline{C} + AB$，当 $A = B = 1$ 时，无论 C 如何变化，F 始终为 1，从而消除了负尖脉冲，波形如图 8-16（d）所示。

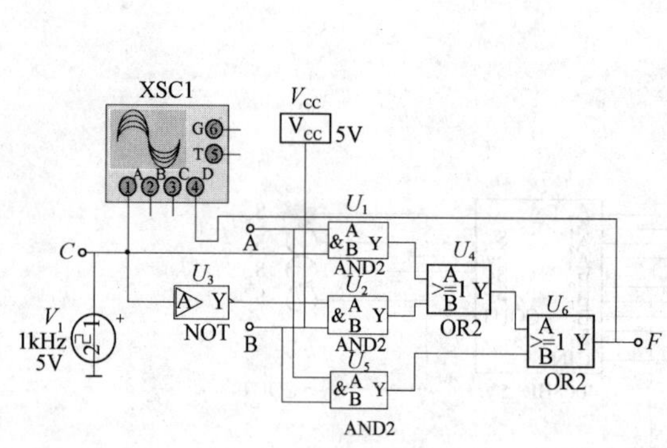

图 8-16 （c）消除竞争冒险现象的改进电路

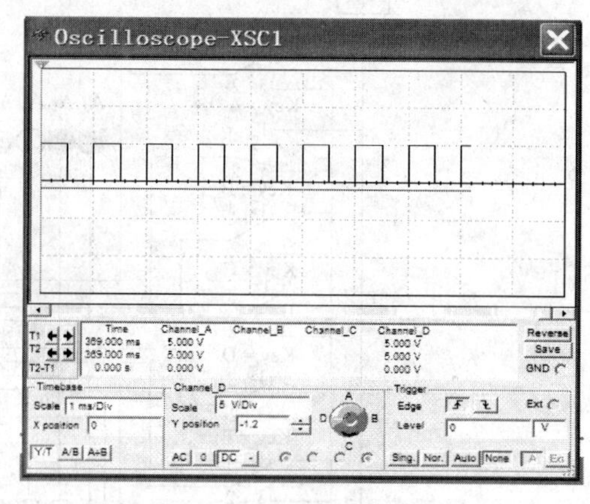

图 8-16 （d）改进电路的波形

8.4 触　发　器

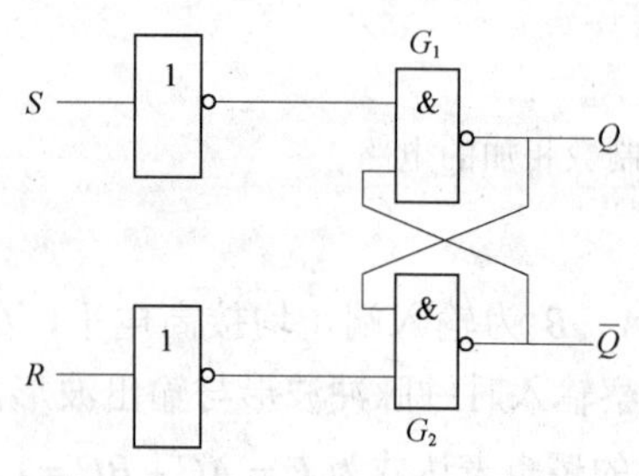

图 8-17 （a）［例 8-17］电路图

【例 8-17】 分析如图 8-17（a）所示 RS 触发器的功能，列出功能表。

解：R、S 的状态通过单刀双掷开关由“+5V”或“⊥”提供，Q 和 $\overline{Q}$ 的状态由电平指示器监视，如图 8-17（b）所示。当 R=1，S=0 时，使触发器置 0；当 R=0，S=1 时，使触发器置 1；当 R=S=0 时，触发器保持原状态不变；当 R=S=1 时，触发器两个输出端 Q 和 $\overline{Q}$ 均为 1，两输入信号同时撤去后，触发器状态不定，此时可以看到电平指示器闪烁，记录结果如表 8-7 所示。

表 8-7　　RS 触发器逻辑功能测试结果

R	S	Q	R	S	Q
1	0	0	0	0	不变
0	1	1	1	1	不定

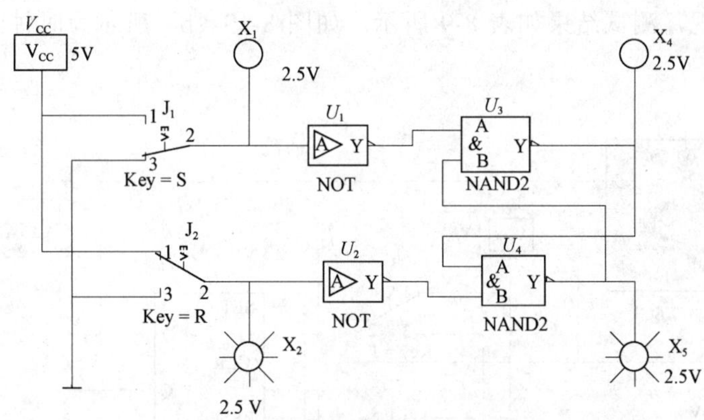

图 8-17 （b）RS 触发器逻辑功能测试电路

【例 8-18】 测试 74LS74D 触发器的逻辑功能。

解：从 TTL 元件库中选取 74LS74D 集成芯片，搭建如图 8-18 所示的测试电路，各输入端的状态通过单刀双掷开关由“+5V”或“⊥”提供，各输入和输出的状态由电平指示器监视，测试结果如表 8-8 所示。

表 8-8　　74LS74D 逻辑功能测试结果

~PR	~CLR	CLK	D	Q	~Q
0	1	X	X	1	0
1	0	X	X	0	1
0	0	X	X	不定	
1	1	↑	1	1	0
1	1	↑	0	0	1
1	1	0	X	不变	

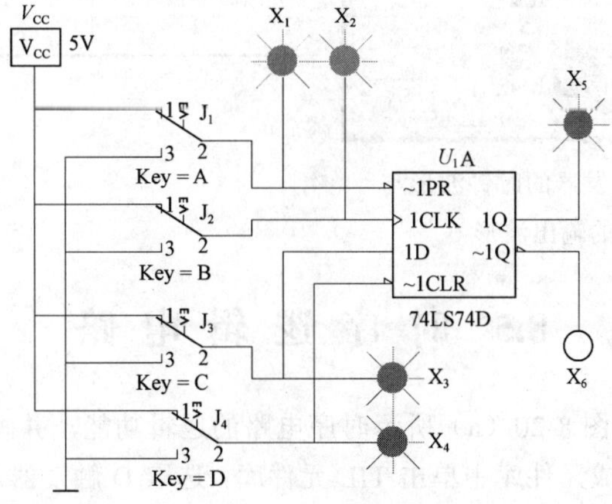

图 8-18　74LS74D 逻辑功能测试电路

【例 8-19】　测试 JK 触发器的逻辑功能。

解：在其他数字集成元件库中单击 TIL 元件库，选取 JK 触发器，测试电路如图 8-19（a）所示。J、K 的状态通过单刀双掷开关由“+5V”或“⊥”提供，直接置位端 SET 和直接复位端 RESET 均接低电平，时钟信号 CLK 由时钟脉冲电源提供，各输入和输出的状态由电平指示器监视，测试结果如表 8-9 所示。如图 8-19（b）所示为时钟波形与 J=K=1 时的输出波形。

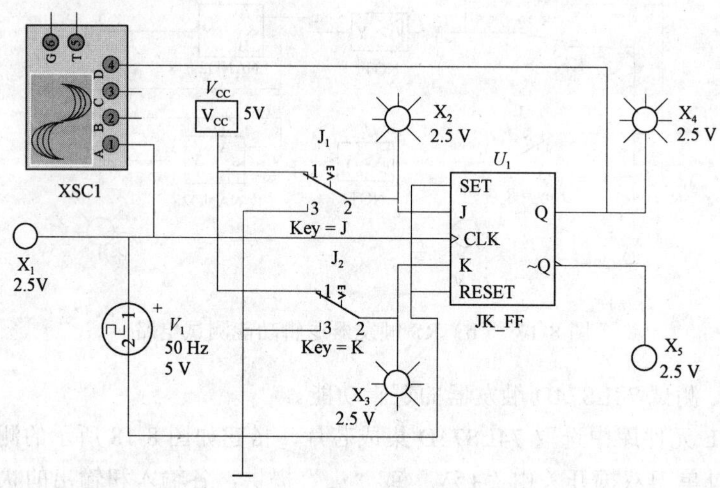

图 8-19　（a）JK 触发器逻辑功能测试电路

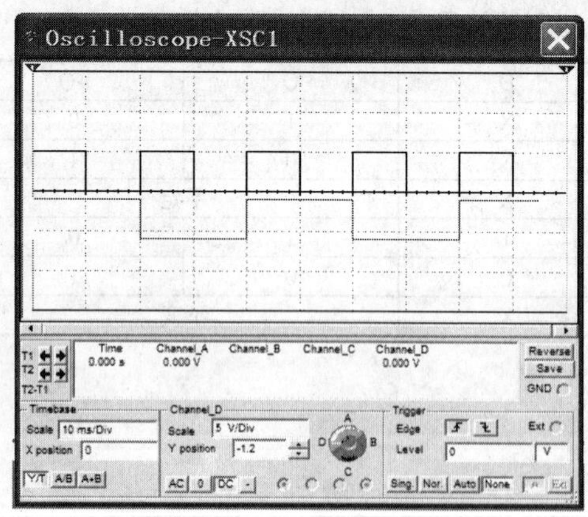

图 8-19　（b）JK 触发器的时钟波形与 $J=K=1$ 时的输出波形

表 8-9　JK 触发器逻辑功能测试结果

J	K	输出 Q
0	0	保持
0	1	0
1	0	1
1	1	翻转

8.5　时序逻辑电路

【例 8-20】　试分析图 8-20（a）所示时序电路的逻辑功能，并画出状态转换表。

解：在其他数字集成元件库中单击 TIL 元件库，选取 D 触发器。使用时 D 触发器的直接置位端 SET 和直接复位端 RESET 均接低电平，时钟信号由时钟脉冲电源提供，在电路的输出端，用电平指示器和带译码的 8421 数码管来显示电路的状态，如图 8-20（b）所示。状态转换表如表 8-10 所示。可见，该时序逻辑电路是同步五进制计数器。

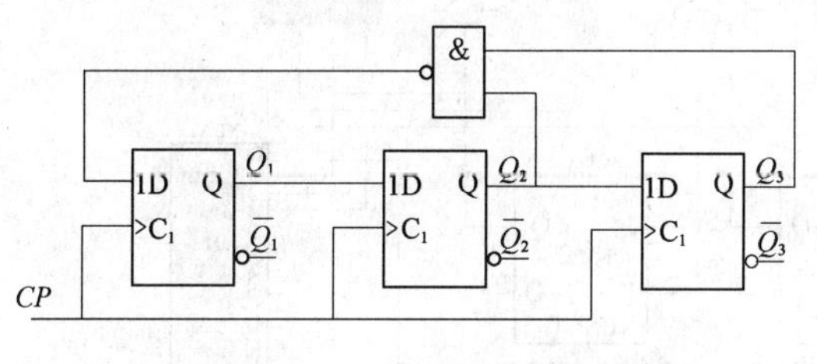

图 8-20 （a）［例 8-20］电路图

表 8-10 计数器的状态转换表

CP	Q_3	Q_2	Q_1
0	0	0	1
1	0	1	1
2	1	1	1
3	1	1	0
4	1	0	0
5	0	0	1

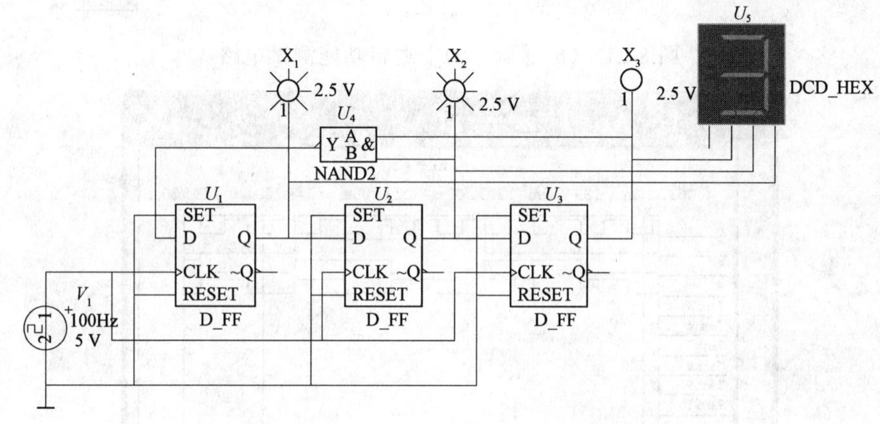

图 8-20 （b）［例 8-20］逻辑功能测试电路

【例 8-21】 试分析图 8-21（a）所示时序电路的逻辑功能，并画出状态转换图。

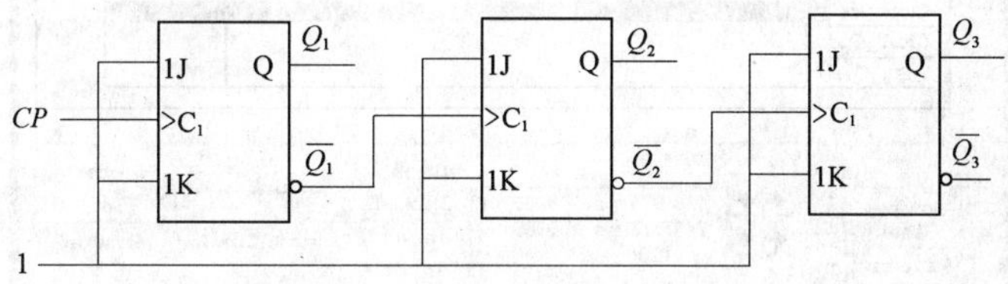

图 8-21 （a）［例 8-21］电路图

解：（1）在其他数字集成元件库中单击 TIL 元件库，选取 JK 触发器。使用时 JK 触发器的直接置位端 SET 和直接复位端 RESET 均接高电平，时钟脉冲电源提供时钟信号，用电平指示器和带译码的 8421 数码管来显示电路输出端的状态，用逻辑分析仪测量输出波形，测试电路如图 8-21（b）所示。

（2）仿真时，双击逻辑分析仪，出现如图 8-21（c）所示的控制面板，单击 Reset 按钮，并将 Clocks/Div 设置为 100，便可观察到如图 8-21（c）所示的时钟脉冲及各触发器的输出波形以及如图 8-21（d）所示的状态图。可见，该时序逻辑电路是上升沿触发的异步八进制加法计数器。

【例 8-22】 在图 8-22（a）所示电路中，若 X=00111100，触发器初始状态 $Q_1=1$，$Q_2=0$。试画出 Q_1、Q_2、J_1、K_1、J_2、K_2 及 Z 的时序图。

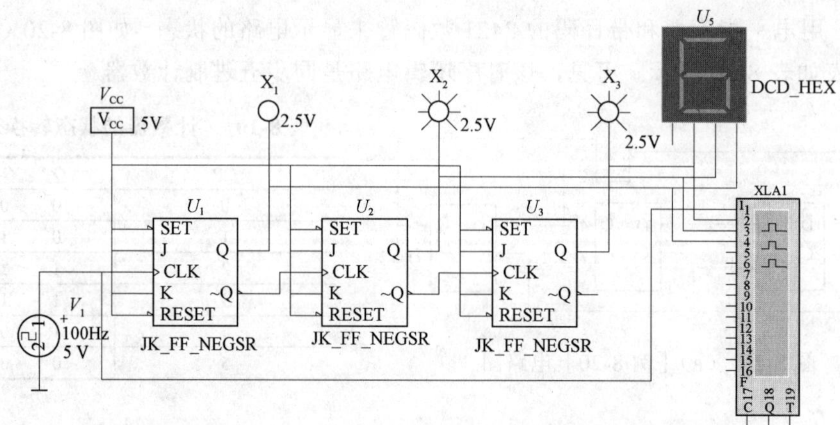

图 8-21　(b)［例 8-21］逻辑功能测试电路

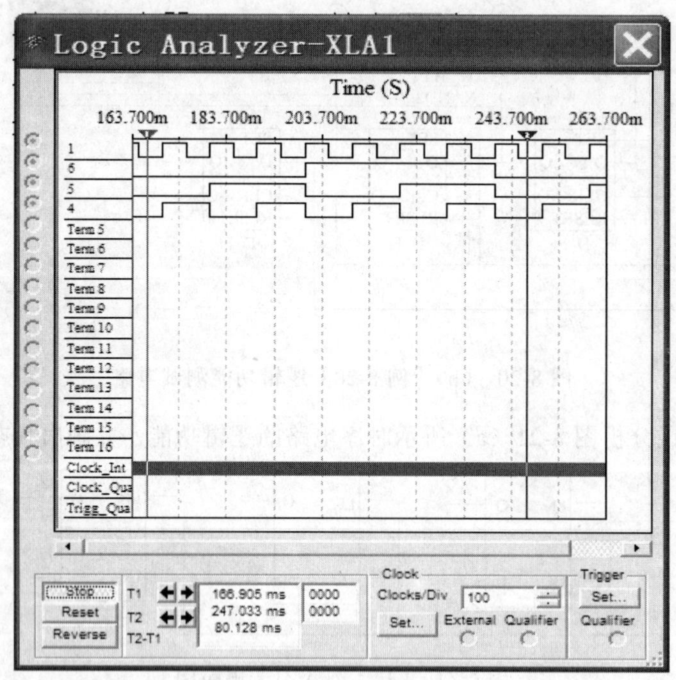

图 8-21　(c) 逻辑分析仪显示的时钟脉冲及输出波形

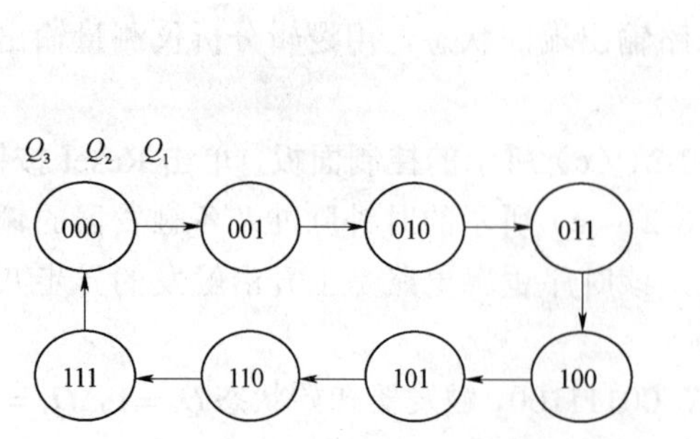

图 8-21　(d) 计数器的状态转换图

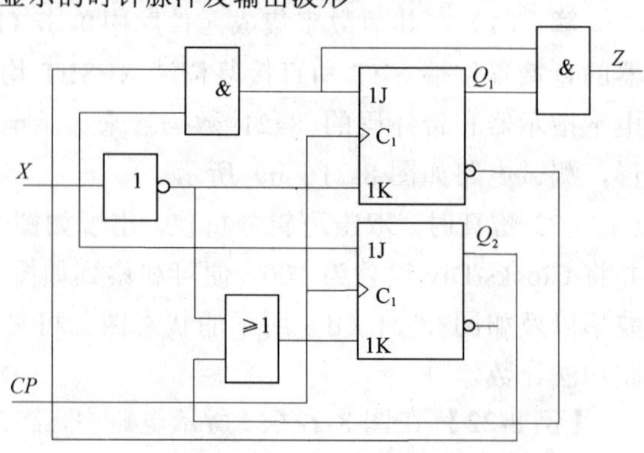

图 8-22　(a)［例 8-22］电路

解：（1）用字信号发生器提供 CP 脉冲和 X 信号，用逻辑分析仪测量输出波形，测试电路如图 8-22（b）所示。

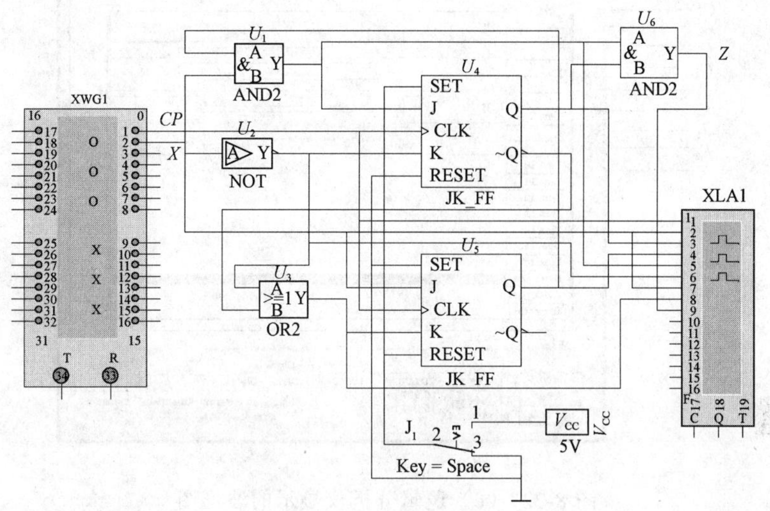

图 8-22 （b）测量电路

为了使字信号发生器按照题目要求提供信号，必须在其输出信号编辑窗口中编辑信号。首先在纸上画出时钟脉冲 CP 和信号 X 的时序图，然后以 CP 脉冲为低位，以 X 信号为高位，写出每个脉冲 1/2 个周期时间段的所有信号的十六进制或二进制数值，如图 8-22（c）所示。最后将这些数值按照地址输入到字信号发生器中输出信号编辑窗口内。编辑完成的信号如图 8-22（d）所示。

（2）仿真时，先用空格键将图 8-22（b）开关切换到高电平，使其满足 Q_1=1，Q_2=0 的初始条件，然后闭合电源开关，按空格键将开关切换到低电平，使触发器正常工作，接着单击字信号发生器控制面板上的 Step 或 Burst 按钮，使其从地址 0000～000F 中以单步运行或单扫描方式输出数字信号，将逻辑分析仪上的 Clocks/Div 设置为 16，就可以得到要求各量的时序图，如图 8-22（e）所示。

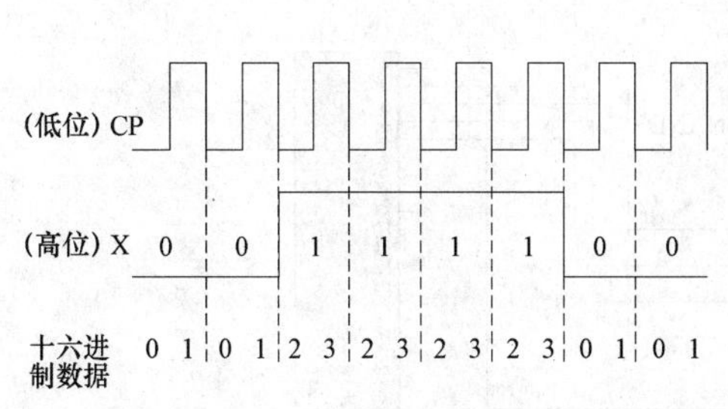

图 8-22 （c）信号时序转换成十六进制数据

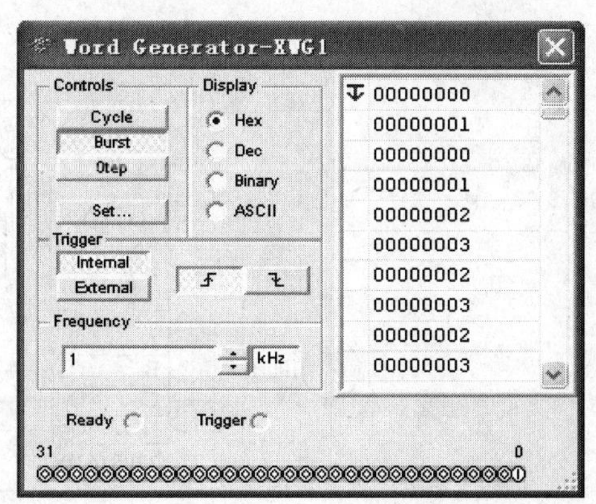

图 8-22 （d）在字信号发生器中设置信号

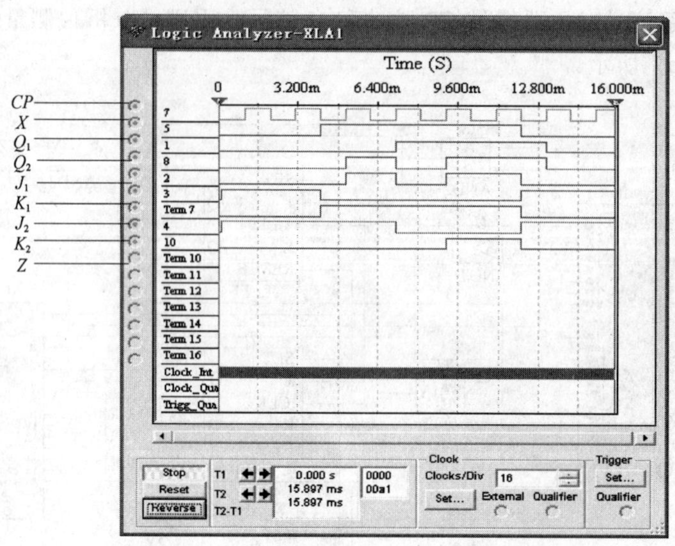

图 8-22 （e）逻辑分析仪显示的波形图

【例 8-23】 用集成芯片 74LS163D 构成十二进制计数器（采用置数法）。

解：首先从 TTL 元件库中选取集成芯片 74LS163D，按功能键 F1 查看元件的功能表，可知 74LS163D 为 4 位同步二进制加法计数器。

方法一：电路如图 8-23（a）所示，令 ENP=ENT=$\overline{\text{CLR}}$=1，时钟脉冲端 CLK 接时钟信号源，同步置数端 $\overline{LOAD}$ 接 Q_D、Q_B、Q_A 的与非门输出端，进位输出端 RCO 接电平指示器，输出端 Q_D、Q_C、Q_B、Q_A 接带译码的 8421 数码管用以观察计数状态，接逻辑分析仪用以观察时序波形。时序图如图 8-23（b）所示，状态图如图 8-23（c）所示。

方法二：电路如图 8-23（d）所示，与方法一不同的是同步置数端 $\overline{LOAD}$ 接进位输出端 RCO 的反。时序图如图 8-23（e）所示，状态图如图 8-23（f）所示。

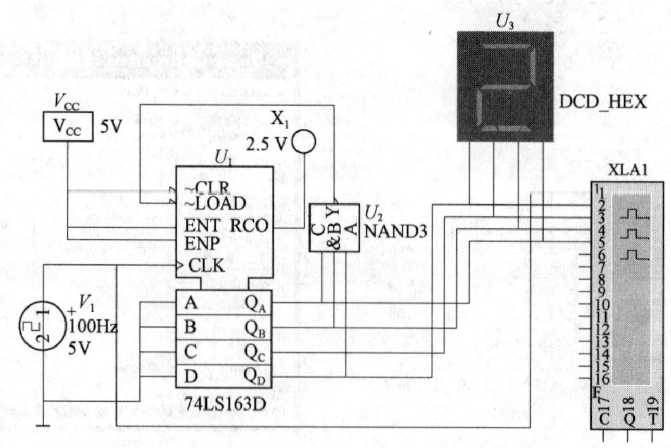

图 8-23 （a）用方法一构成的十二进制计数器

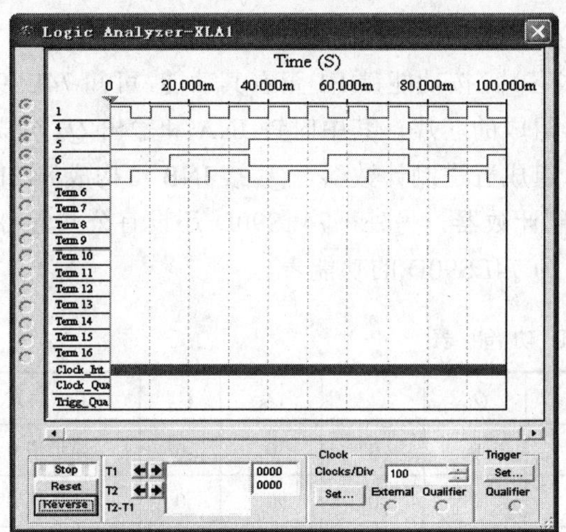

图 8-23 （b）用方法一构成的十二进制计数器的时序图

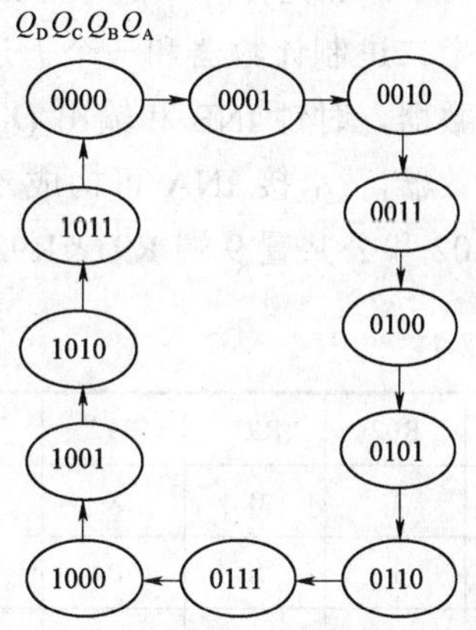

图 8-23 （c）方法一的状态转换图

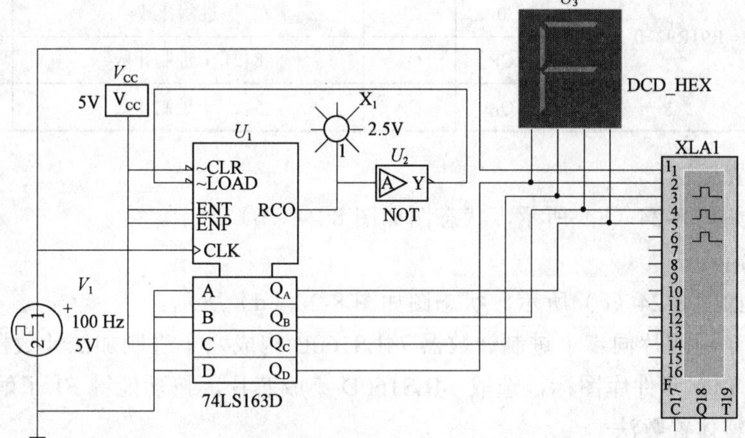

图 8-23 （d）用方法二构成的十二进制计数器

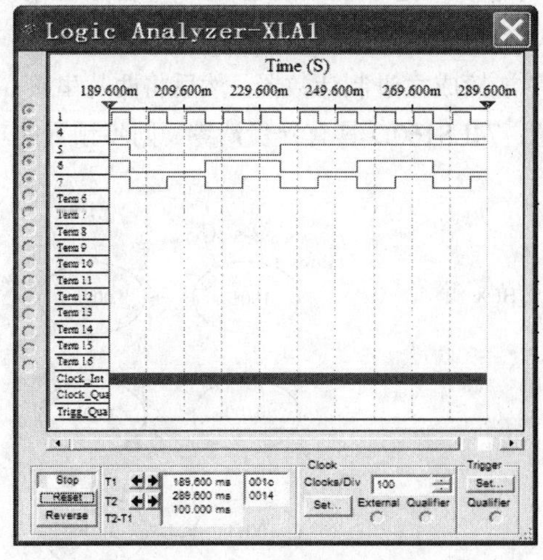

图 8-23 （e）用方法二构成的十二进制计数器的时序图

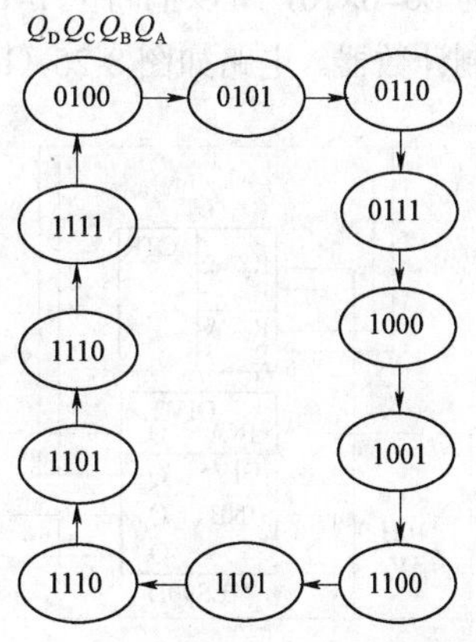

图 8-23 （f）方法二的状态转换图

【例 8-24】 不附加逻辑门由集成芯片 74LS90D 构成六进制加法计数器。

解: 从 TTL 元件库中选取 74LS90D 集成芯片，按功能键 F1 查看其功能，可知 74LS90D 是由一个二进制计数器和一个五进制计数器组成的芯片，其中时钟 INA 和输出 Q_A 组成二进制计数器，时钟 INB 和输出 Q_D、Q_C、Q_B 组成五进制计数器，Q_A 接 INB 可构成 8421 十进制计数器，Q_D 接 INA 可构成 5421 十进制计数器。另外，74LS90D 还设有公共置 0 端 R01&R02 和公共置 9 端 R91&R92。表 8-11 为 74LS90D 的功能表。

表 8-11　　　　74LS90D 功 能 表

R01	R02	R91	R92	INA	INB	Q_D	Q_C	Q_B	Q_A	工作模式
1	1	0	X	X	X	0	0	0	0	异步清 0
1	1	X	0	X	X	0	0	0	0	异步清 0
X	X	1	1	X	X	1	0	0	1	异步置 9
R01 R02= R91R92=0				CP	0	二进制计数				加法计数
				0	CP	五进制计数				加法计数
				CP	Q_A	8421 十进制计数				加法计数
				Q_D	CP	5421 十进制计数				加法计数

方法一：置数法

连接电路如图 8-24（a）所示，状态图如图 8-24（b）所示。

方法二：清零法

连接电路如图 8-24（c）所示，状态图如图 8-24（d）所示。

【例 8-25】 用两片同步十进制计数器 74LS160D 构成六十进制加法计数器。

解：单击 TTL 元件库图标，选取 74LS160D 集成芯片，按功能键 F1 了解其功能。

方法一：整体置数法

电路如图 8-25（a）所示。应注意：为接线方便，把个位放在左边，十位放在右边。

方法二：级联法

因为 60=6×10，所以把高位 74LS160D 用清零法接成六进制计数器，然后将两片串接，形成六十进制计数器。电路如图 8-25（b）所示。注意：74LS160D 具有异步清零、同步预置的功能。

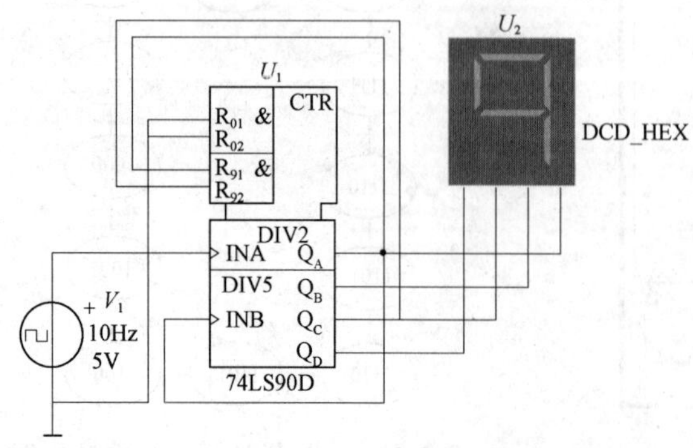

图 8-24 （a）用方法一构成的六进制计数器

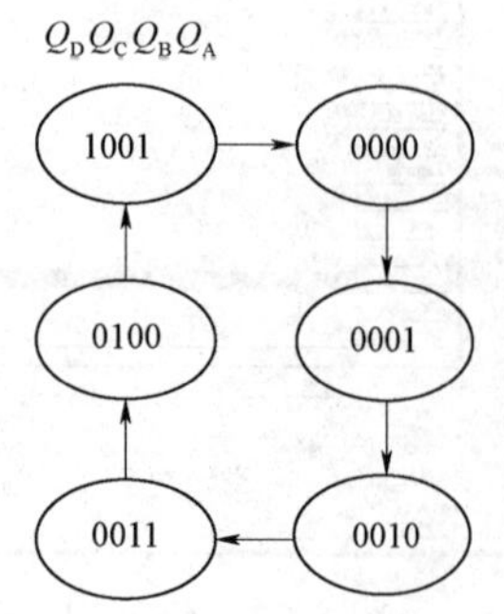

图 8-24 （b）方法一状态图

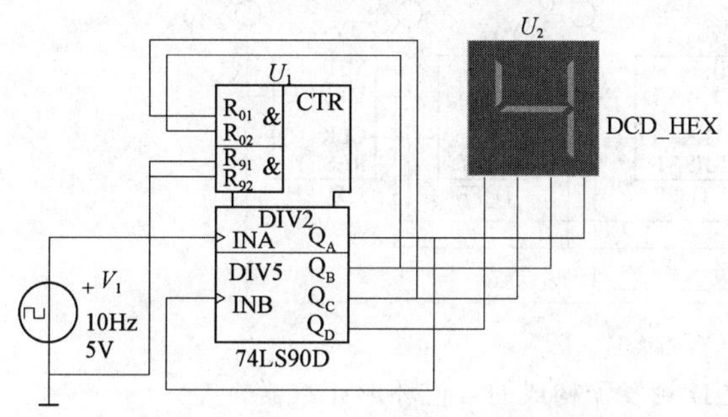

图 8-24 （c）用方法二构成的六进制计数器

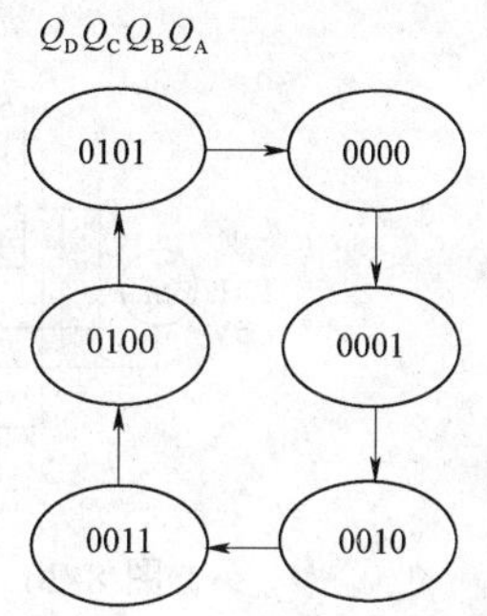

图 8-24 （d）方法二状态图

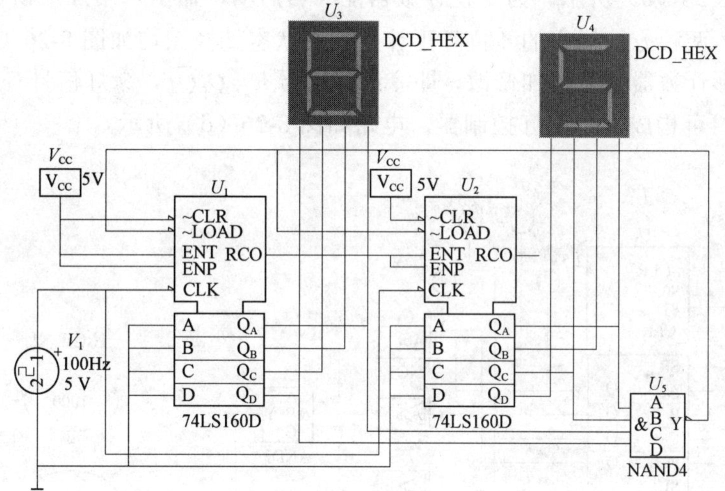

图 8-25 （a）整体置数法构成的六十进制计数器

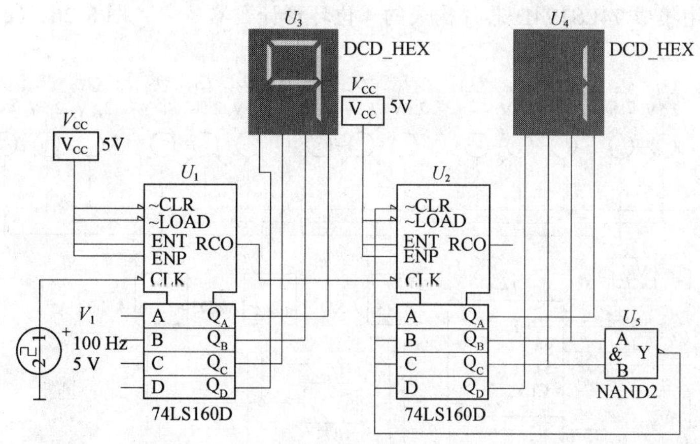

图 8-25 （b）级联法构成的六十进制计数器

【例 8-26】 设计一个能自启动的 4 位环形计数器。

解：方法一：用 4 位 D 触发器构成

电路如图 8-26（a）所示。若令 $D_A=Q_C$，构成的 4 位环形计数器不能自启动，若令 $D_A=\overline{Q}_C\overline{Q}_B\overline{Q}_A$，则能够自启动。

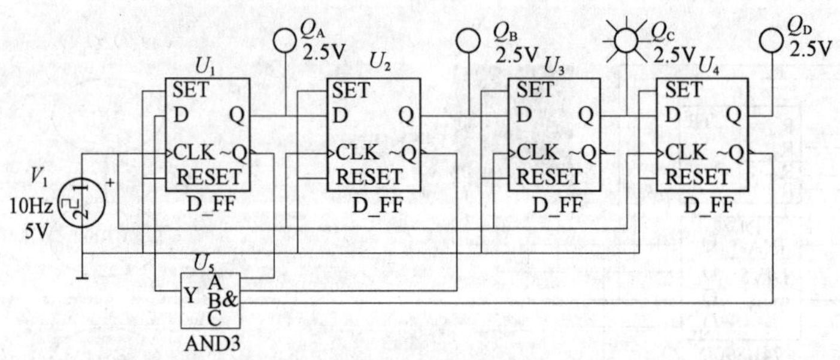

图 8-26　(a) 用 4 位 D 触发器构成的 4 位环形计数器

方法二：用集成 74LS194D 芯片构成

电路如图 8-26 (b) 所示。为了使计数器能够自启动，需引入附加反馈 $SR=\bar{Q}_C\bar{Q}_B\bar{Q}_A$。

结果表明，两种方法构成的 4 位环形计数器的状态转换图均如图 8-26 (c) 所示。

将上述环形计数器电路稍加修改，即令红灯信号 $R=\bar{Q}_B\bar{Q}_A$，绿灯信号 $G=\bar{Q}_BQ_A$，蓝灯信号 $B=Q_B\bar{Q}_A$，可构成一个彩灯控制器，电路如图 8-26 (d) 所示。

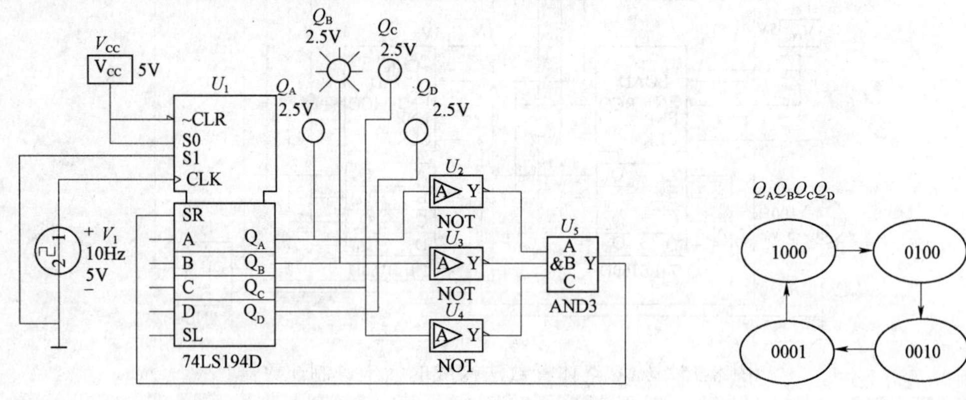

图 8-26　(b) 用集成 74LS194D 芯片构成的 4 位环形计数器　　　图 8-26　(c) 状态转换图

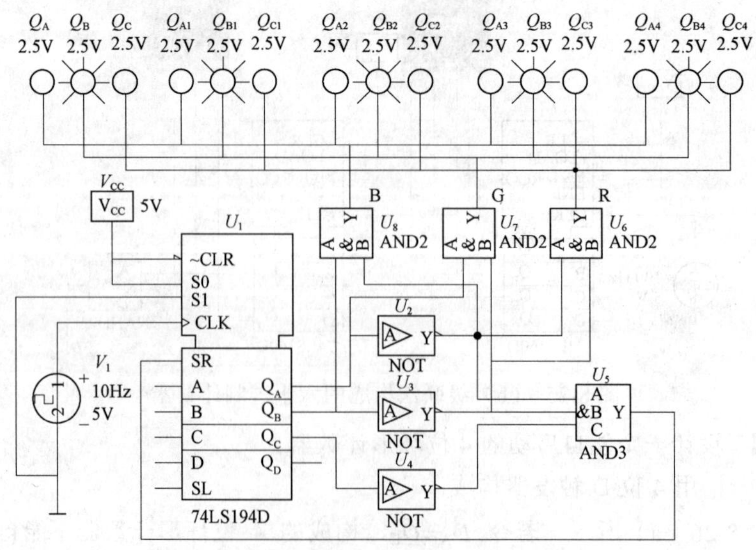

图 8-26　(d) 彩灯控制器电路

【例 8-27】 设计一个供 4 个参赛人（A、B、C、D）使用的智力竞赛抢答器。

解：设计的智力竞赛抢答器如图 8-27 所示。该电路由 4 个 JK 触发器组成。开始工作前，先按下复位开关 S，FF1～FF4 都被置 0，电平指示器 A、B、C、D 均不发光。竞赛抢答时，主持人松开复位开关 S，若参赛人 A 先抢答，电平指示器 A 发光，这时其余参赛人再抢答，电平指示器 B、C、D 也不会发光。

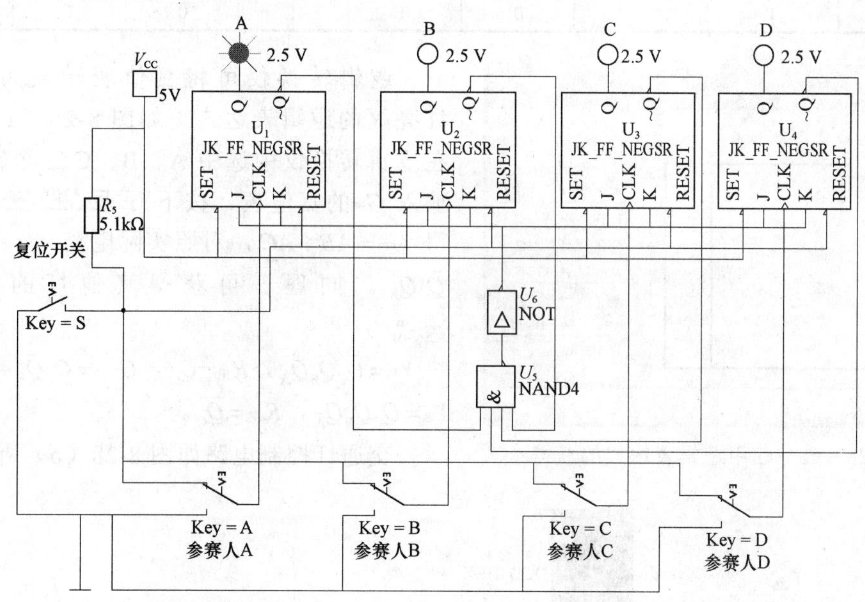

图 8-27 智力竞赛抢答器设计电路

【例 8-28】 试设计一个交通灯控制器。某十字路口，有甲、乙两条交叉道路。要求：当甲街道绿灯亮（3s）、黄灯亮（1s）时，乙街道为红灯亮（4s）；而当甲街道为红灯亮（4s）时，乙街道绿灯亮（3s）、黄灯亮（1s）；如此循环。

解：由于交通灯控制的一个循环时间为 8s，所以可以将一片同步十进制计数器 74LS160D 用清零法接成一个八进制计数器，即输出 0000～0111，1000 信号作为清零信号反馈至清零端。

设甲、乙街道的绿、黄、红灯分别用 $G_甲$、$Y_甲$、$R_甲$和 $G_乙$、$Y_乙$、$R_乙$表示，则交通灯控制电路的真值表如表 8-12 所示。

表 8-12　　交通灯控制电路的真值表

输入			输出					
Q_C	Q_B	Q_A	$G_甲$	$Y_甲$	$R_甲$	$G_乙$	$Y_乙$	$R_乙$
0	0	0	1	0	0	0	0	1
0	0	1	1	0	0	0	0	1
0	1	0	1	0	0	0	0	1
0	1	1	0	1	0	0	0	1

续表

输　入			输　出					
Q_C	Q_B	Q_A	$G_甲$	$Y_甲$	$R_甲$	$G_乙$	$Y_乙$	$R_乙$
1	0	0	0	0	1	1	0	0
1	0	1	0	0	1	1	0	0
1	1	0	0	0	1	1	0	0
1	1	1	0	0	1	0	1	0

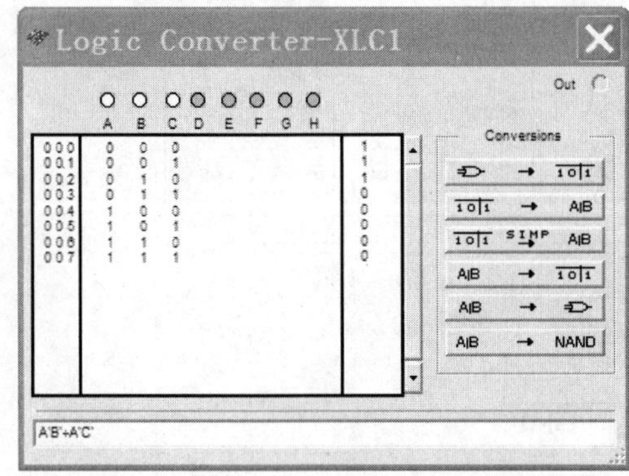

图 8-28 （a）G 甲逻辑表达式的获得

逻辑转换仪可将真值表转换为反映各灯亮灭的逻辑表达式。如图 8-28（a）所示，在逻辑转换仪中选中 A、B、C 三个输入端，输入 $G_甲$的真值表，按下 [10|1 SIMP→ A|B] 按钮，得 $G_甲=\bar{A}\bar{B}+\bar{A}\bar{C}$，对照实际电路 $G_甲=\bar{Q}_C\bar{Q}_B+\bar{Q}_C\bar{Q}_A$。同理，可获得其他灯的逻辑表达式

$Y_甲=\bar{Q}_CQ_BQ_A$，$R_甲=Q_C$，$G_乙=Q_C\bar{Q}_B+Q_C\bar{Q}_A$，$Y_乙=Q_CQ_BQ_A$，$R_乙=\bar{Q}_C$。

交通灯控制电路如图 8-28（b）所示。

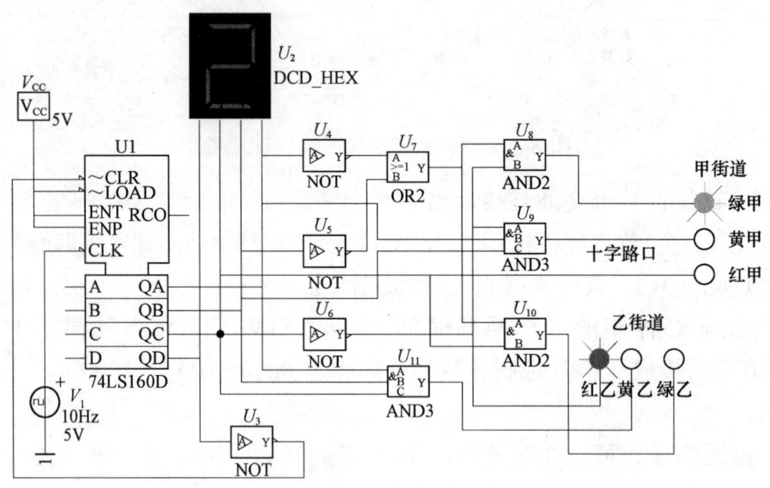

图 8-28 （b）交通灯控制电路

8.6　脉冲波形的产生与整形

【例 8-29】 如图 8-29（a）所示为由 74HC04D 芯片构成的施密特触发器。试观察其输入、输出波形及电压传输特性。

解：单击 CMOS 元件库图标，在 74HC-4V 系列中选择 74HC04D-4V 芯片。连接电路，用示波器观察波形。将示波器显示方式设置为 Y/T，得电路的输入、输出波形，将显示方式设置为 B/A，得电路的电压传输特性，如图 8-29（b）所示。

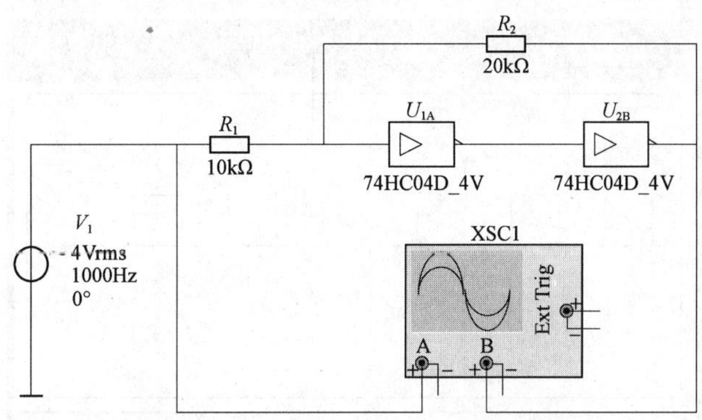

图 8-29 （a）施密特触发器电路

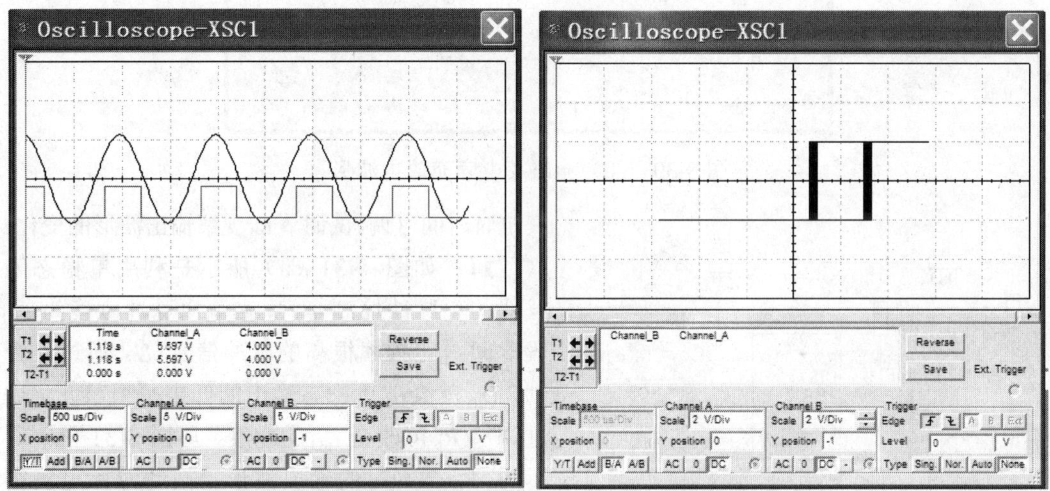

图 8-29 （b）输入、输出波形及电压传输特性

【例 8-30】 图 8-30（a）为 555 定时器组成的门铃电路。试画出其输出波形，并求其振荡频率与占空比。

解：在 Mixed 元件库中选择 MIXED VIRTUAL，拉出 555 VIRTUAL，构成如图 8-30（a）所示的多谐振荡器。当按下 SB 时，接通电源，振荡器工作，门铃响。松开 SB，停振，门铃停止发声。

多谐振荡器的输出及电容充放电波形如图 8-30（b）所示。拖动游标可以读出振荡器的周期为 T=1.444ms，其中电容充电时间为 0.733ms，所以振荡器的频率为

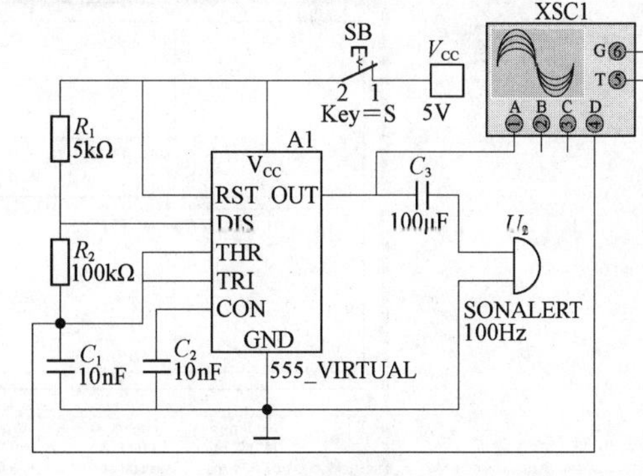

图 8-30 （a）［例 8-30］电路

$f=\dfrac{1}{T}=\dfrac{1}{0.001444}=692.5\text{Hz}$，脉冲波形的占空比为 $q=\dfrac{0.733}{1.444}=50.76\%$。

【例 8-31】 如图 8-31（a）所示为由 555 定时器构成的单稳态触发器，用于定时控制，

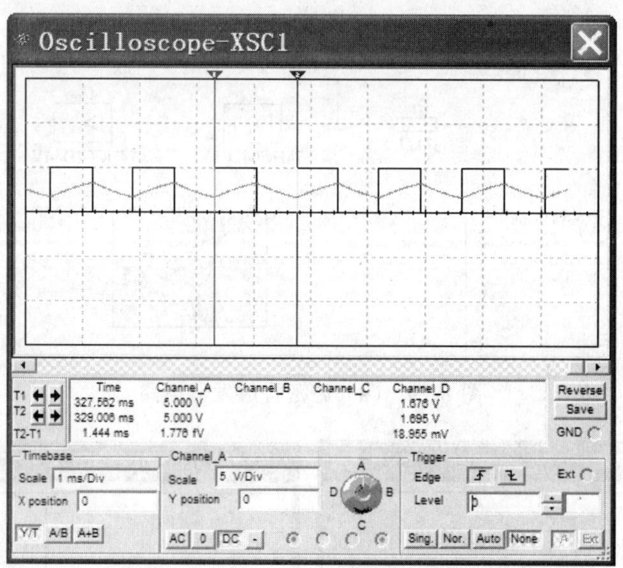

图 8-30 （b）输出及电容充放电波形

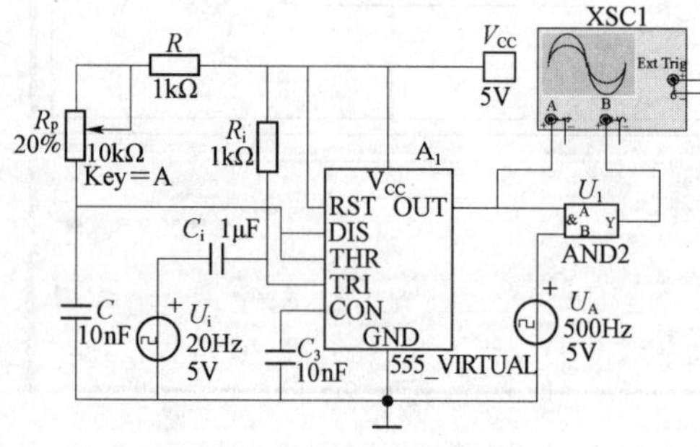

图 8-31 （a）[例 8-31] 电路

其定时时间可调。试调节 R_p 观察输出波形的变化。

解：如图 8-31（a）所示是利用单稳态触发器的正脉冲控制与门，在输出脉冲宽度为 t_{pO} 段时间内让频率很高的脉冲信号 U_A 通过。否则，U_A 就会被单稳态输出的低电平所禁止。通过调节 R_p 可改变 t_{pO} 的宽度，如图 8-31（b）所示为 R_p=2kΩ时的输出波形。拖动游标可测得 t_{pO}=32.574ms，测量结果与由公式 $t_{pO}=(R+R_p)C\ln 3\approx 33\text{ms}$ 计算结果相同。

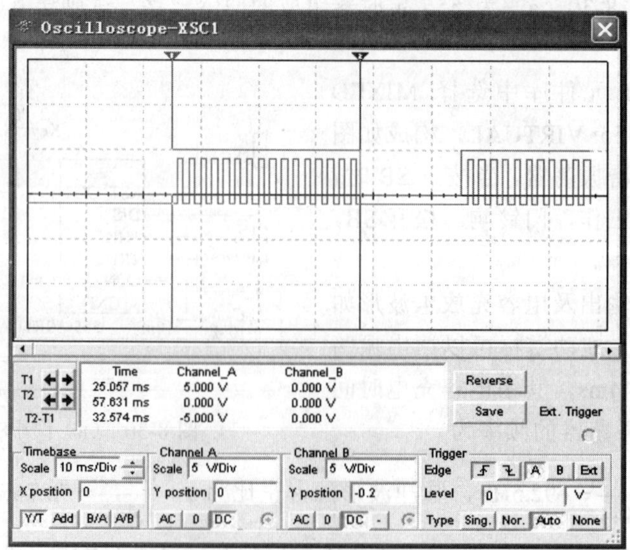

图 8-31 （b）输出波形

8.7 数模与模数转换技术

【例 8-32】 如图 8-32（a）所示为权电阻 D/A 转换器，输入信号 D_i 的电压幅值为 5V，试用电压表测量输出电压 U_o 在 D_0=5V，D_1=0V，D_2=5V，D_3=5V 时的值。用电流表观察各个电流之间的关系。

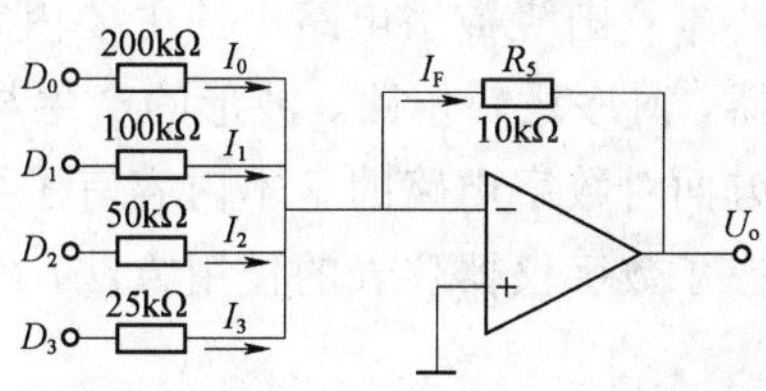

图 8-32 （a）［例 8-32］电路

解：测量电路如图 8-32（b）所示。由测量结果可知

$$U_o = -3.248\text{V},\ I_F \approx I_0 + I_1 + I_2 + I_3$$

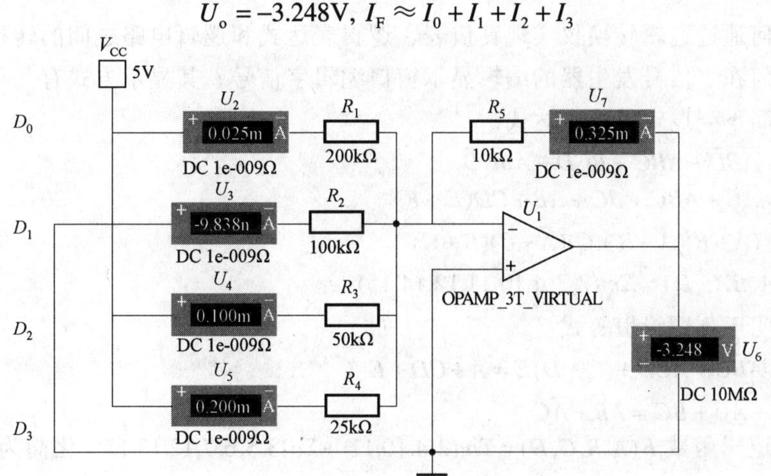

图 8-32 （b）测量电路

【例 8-33】 用 VDAC 设计一个 D/A 转换电路。

解：在 Mixed 元件库中选择 ADC-DAC/VDAC 型转换器。VDAC 是一种电压输出型 D/A 转换器，其输出模拟量与数字量之间的关系为 $U_O = \dfrac{U_{REF}}{2^n} \times \sum_{i=0}^{n-1} D_i 2^i$。设参考电压 U_{REF}=12V，输入的数字量为 10010011，电路如图 8-33 所示，则输出的模拟电压为 $U_O = \dfrac{12}{2^8}(2^0 + 2^1 + 2^4 + 2^7) = \dfrac{12}{256} \times 147 = 6.89\text{V}$，与所测结果 6.938V 基本吻合。

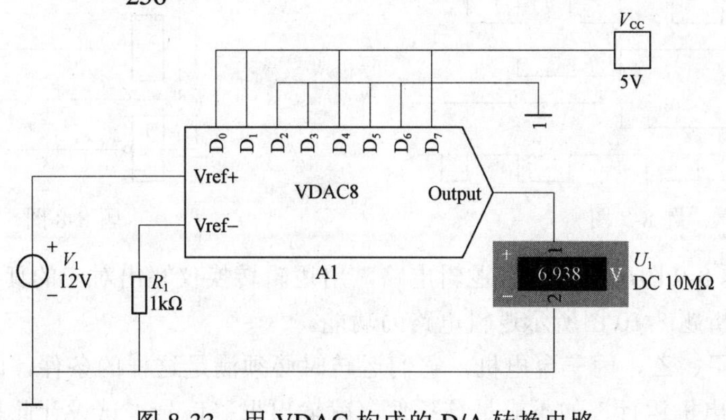

图 8-33 用 VDAC 构成的 D/A 转换电路

本 章 小 结

本章围绕数字电路中的主要内容，通过实例对逻辑转换、门电路、组合逻辑电路、触发器、时序逻辑电路、波形的产生与整形、模数与数模转换技术等进行了仿真。通过仿真，一方面对数字电路的基本内容有了更深刻的理解;另一方面进一步了解了电路元件的性质，掌握了数字仪器仪表的使用方法，为新型数字电路的使用和开发打下良好的基础。

练 习 与 思 考

8-1　如何通过逻辑转换仪实现真值表、逻辑表达式和逻辑电路之间的转换？

8-2　如何在字信号发生器的编辑显示窗口编辑字信号？其显示方式有几种？

8-3　化简下列逻辑关系表达式：

（1）$F=\overline{A}B\overline{D}+AB\overline{C}+\overline{B}C\overline{D}+ABC\overline{D}$

（2）$F=\overline{A}C+\overline{A}BC+\overline{B}C+AB+CD(E+F)$

（3）$F=(A+B)(\overline{A}+\overline{B}+C)(\overline{A}+C)(B+\overline{C})$

（4）$F(A,B,C,D)=\Sigma m(2,3,4,10,11,12,14,15)$

8-4　证明下列逻辑恒等式：

（1）$A+A\overline{B}\overline{C}+\overline{A}CD+(\overline{C}+\overline{D})E=A+CD+E$

（2）$AB+\overline{A}C+BC=AB+\overline{A}C$

8-5　将逻辑函数 $F(A,B,C,D)=\Sigma m(2,4,10,11)+\Sigma d(3,5,6,7,12,13,15)$ 化简为最简与或表达式，并用与非门实现化简后的逻辑函数。

8-6　测试集成芯片 74LS54D 的逻辑功能。

8-7　组合逻辑电路的输入（A、B、C、D）波形和输出（Y）波形如题 8-7 图所示，试写出最简逻辑表达式。

8-8　试分析题 8-8 图所示逻辑电路的功能。

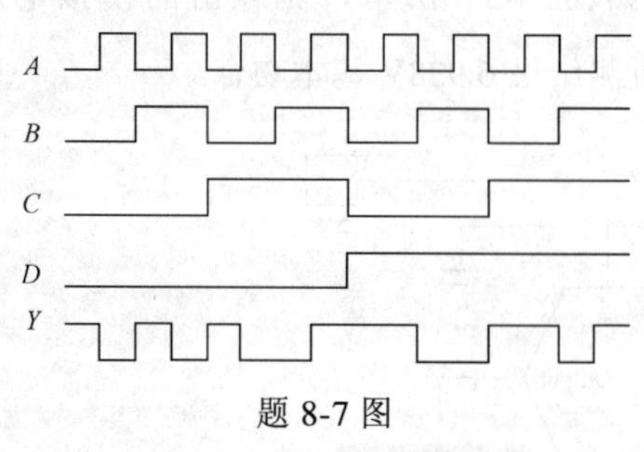

题 8-7 图

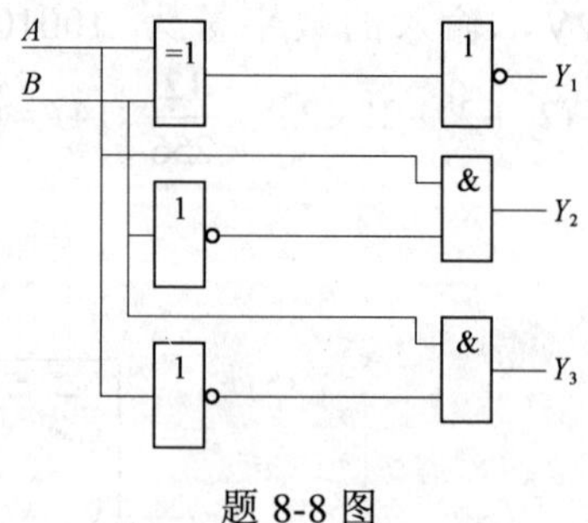

题 8-8 图

8-9　搭接题 8-9 图所示的组合逻辑电路，用逻辑转换仪写出对应的真值表。

8-10　试分析题 8-10 图所示逻辑电路的功能。

8-11　设有甲、乙、丙三台电机，它们运转时必须满足这样的条件，即任何时间必须有而且仅有一台电机运行，如不满足该条件，就输出报警信号。试设计此报警电路。

8-12 试用 2 输入与非门设计一个 3 位的奇偶校验器，即当 3 位数中有奇数个 1 时输出为 0，否则输出为 1。

8-13 设计一个 4 人表决电路，要求当 3 人或 3 人以上通过时指示灯亮，否则指示灯不亮。

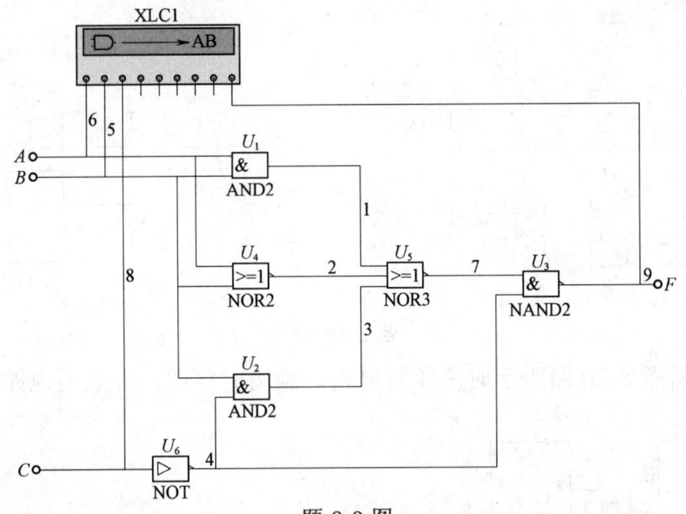

题 8-9 图

8-14 试分析 8 线-3 线编码器 74LS148N 的逻辑功能。

8-15 用译码器 74LS138N 和适当的门电路实现逻辑函数：

$$F=\overline{A}\overline{B}\overline{C}+A\overline{B}\overline{C}+AB\overline{C}+ABC$$

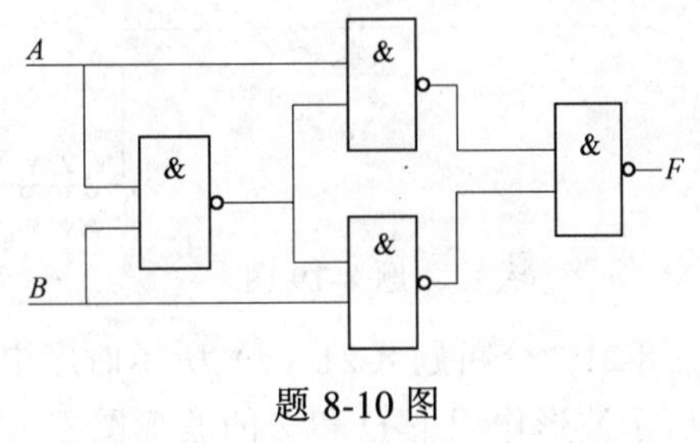

题 8-10 图

8-16 数据选择器如题 8-16 图所示，并行输入数据 $I_3I_2I_1I_0=1010$，控制端 X=0，A_1A_0 的状态顺序为 00、01、10、11，试画出输出端 L 的波形。

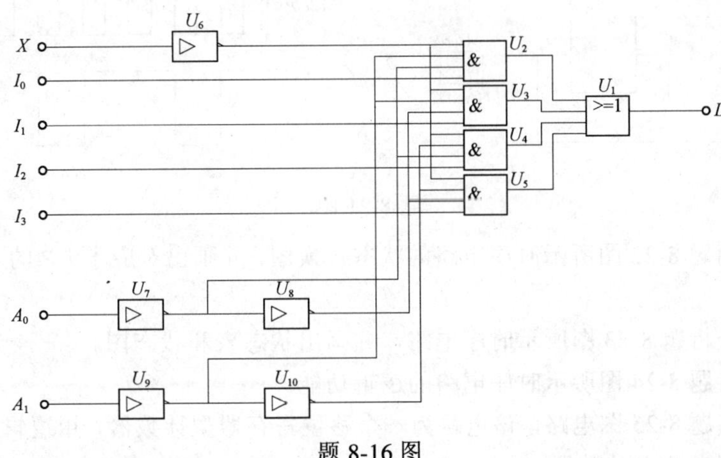

题 8-16 图

8-17 用 8 选 1 选择器 74LS151D 实现逻辑功能 $Y=A\overline{B}\overline{C}+A\overline{B}C+\overline{A}\overline{B}C$。

8-18 设题 8-18（a）图所示电路的初始状态为 Q=1，R、S 和 CP 端的输入信号如题

8-18（b）图所示，试画出该同步 RS 触发器相应的 Q 和 $\overline{Q}$ 端的波形。

8-19　两相脉冲产生电路如题 8-19 图所示，试画出在 CP 作用下 φ_1、φ_2 的波形，并说明 φ_1、φ_2 的相位差。设各触发器的初始状态为 0。

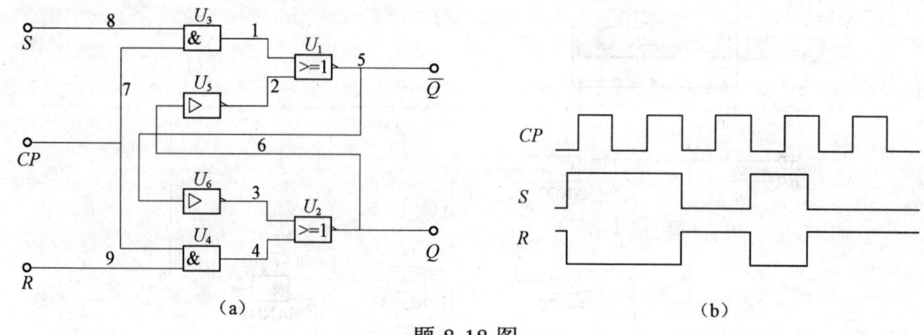

题 8-18 图

8-20　试分析题 8-20 图所示时序逻辑电路，画出时序图，并说明电路的逻辑功能。

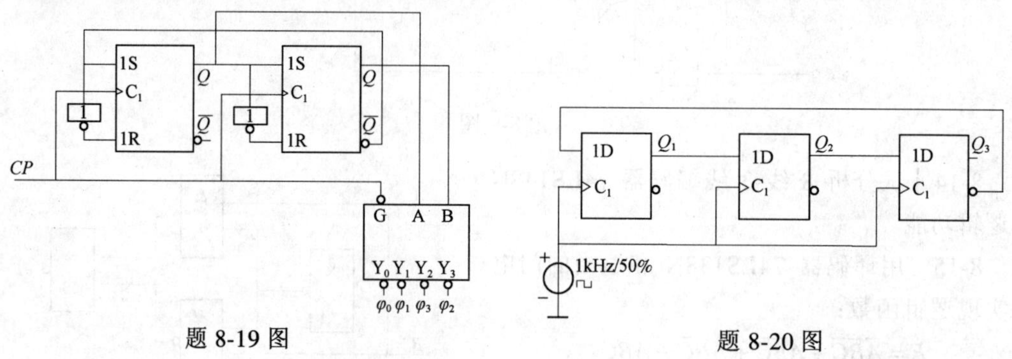

题 8-19 图　　题 8-20 图

8-21　分析题 8-21（a）所示时序电路，画出状态表和状态图。并画出在题 8-21（b）图所示波形作用下 Q 和 Z 的波形图。

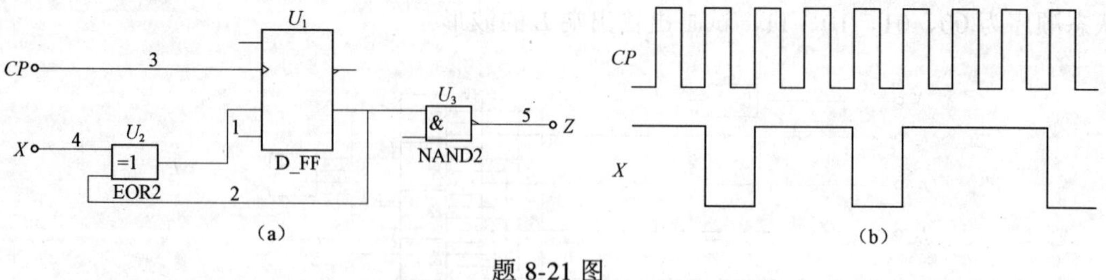

题 8-21 图

8-22　画出题 8-22 图所示时序电路的状态转换图，并画出对应于 CP 的 Q_2、Q_1 和输出 Z 的波形。

8-23　试分析题 8-23 图所示时序电路，并画出状态表和状态图。

8-24　分析题 8-24 图所示时序电路的逻辑功能。

8-25　搭接题 8-25 图电路，该电路为一个移位寄存器型计数器，用逻辑分析仪观察各波形，并说明是几进制计数器。

8-26　试用 JK 触发器组成 4 位二进制异步减法计数器，画出逻辑图。

8-27　试用 D 触发器及门电路组成 3 位二进制同步加法计数器，画出逻辑图。

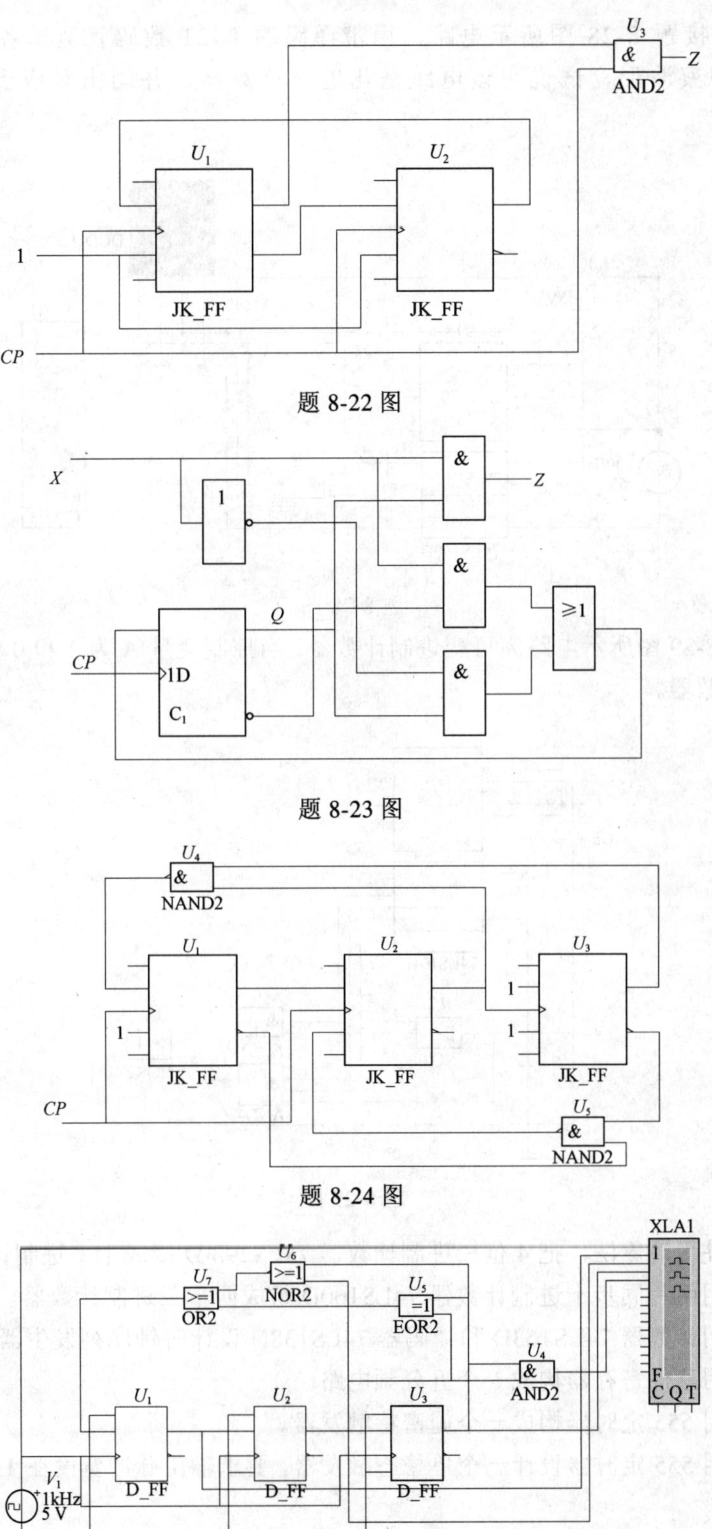

题 8-22 图

题 8-23 图

题 8-24 图

题 8-25 图

8-28　搭接题 8-28 图所示电路，用带译码的 8421 数码管测试各输出状态，用逻辑分析仪观察波形，试说明该电路是几进制计数器，并画出对应于 CP 的各输出波形。

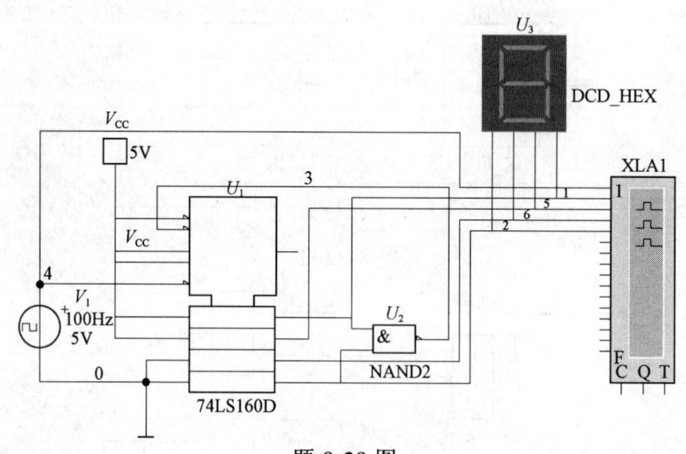

题 8-28 图

8-29　题 8-29 图所示电路为可变进制计数器。当控制变量 A 为 1 和 0 时，试分析电路各为几进制计数器。

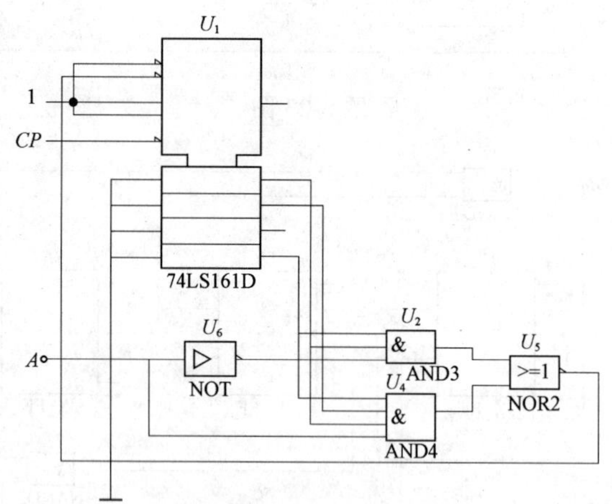

题 8-29 图

8-30　试使用清零法，把 4 位二进制计数器 74LS293 D 接成十二进制计数器。

8-31　试用两片同步十进制计数器 74LS160D 组成四十三进制计数器。

8-32　采用计数器 74LS163D 和译码器 74LS138N 设计时钟序列发生器。

8-33　试用移位寄存器构成一个五分频电路。

8-34　试用 555 定时器构成一个施密特触发器。

8-35　试用 555 定时器设计一个单稳态触发器，要求输出脉冲宽度在 1～10s 的范围内可手动调节。

8-36　如题 8-36 图所示是用 555 定时器组成的开机延时电路。若给定 $C=910\text{nF}$，$R=91\text{k}\Omega$，试求常闭开关 S 断开后经过多长的延迟时间输出才跳变为高电平。

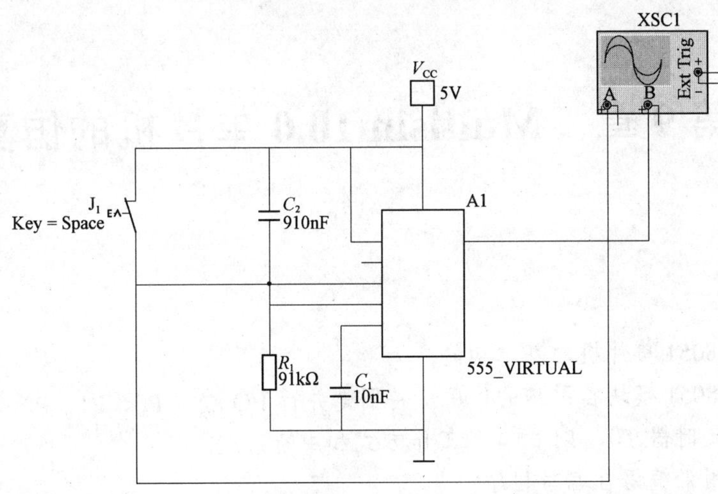

题 8-36 图

8-37 电路如题 8-37 图所示，已知 R=1kΩ，参考电压为 5V。若输入 D_0、D_1、D_2、D_3 的值为 1 相当于接通运放反相输入端，为 0 则连接运放同相输入端。试用电压表测量输出电压 U_o 在 D_0=1、D_1=0、D_2=1、D_3=0 的值，并用电流表观察各个电流之间的关系。

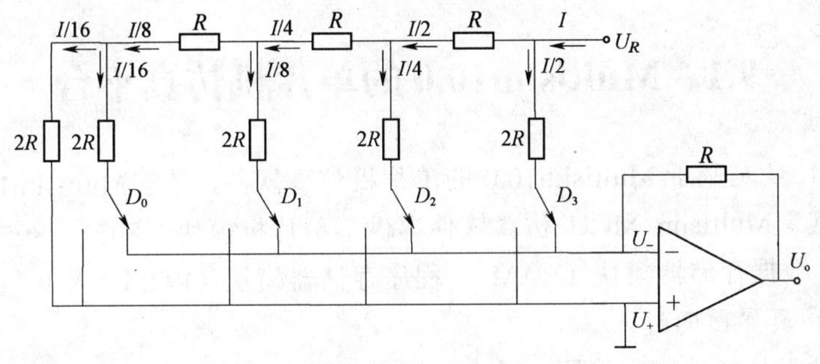

题 8-37 图

8-38 用 ADC 设计 A/D 转换电路。

8-39 试用电阻、比较器、8 线-3 线优先编码器和译码器显示电路设计一个 3 位并行 A/D 转换器。

第 9 章　Multisim10.0 单片机的仿真

基本要求

（1）了解 8051 单片机的基本功能。

（2）掌握 8051 模块各引脚的作用，特别是并行 I/O 端口 P0、P1、P2、P3 的使用。

（3）熟悉定时器 T0、T1 的 4 种工作方式和中断系统。

（4）会使用汇编语言编写程序。

仿真注意事项

（1）保证电路图正确连接。

（2）单片机要可靠接地。

（3）电源为+5V。

9.1　Multisim10.0 的单片机仿真平台

Multisim MCU 是基于 Multisim10.0 的单片机仿真软件，它是 Multisim10.0 仿真软件选配的一个软件包。Multisim MCU 仿真软件提供了单片机模块（8051、8052、PIC16F84、PIC16F841A）、数据存储器模块（RAM）、程序存储器模块（ROM）及其他许多外围设备。

1. 单片机仿真界面的进入

单击元器件工具栏的按钮，弹出如图 9-1 所示的元器件库选择窗口。

在此窗口中选择所要仿真的单片机型号。例如，选择 8051 单片机，先选中 8051，再单击 OK 按钮，将出现以下三步 MCU Wizard（MCU 导向）：

（1）第 1 步对话框如图 9-2 所示，指定 MCU 工作区信息。其中：

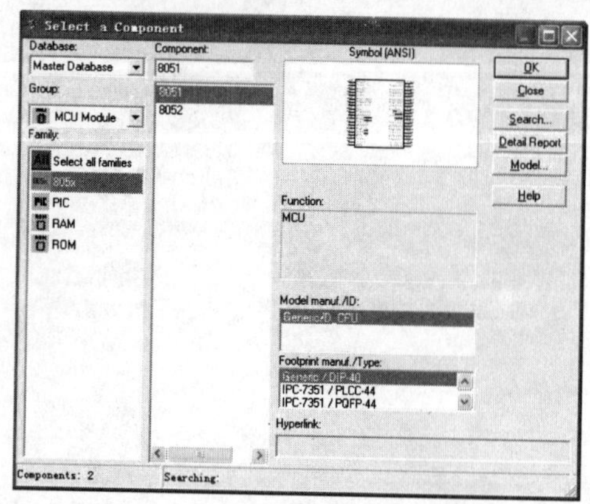

图 9-1　单片机元器件库选择窗口

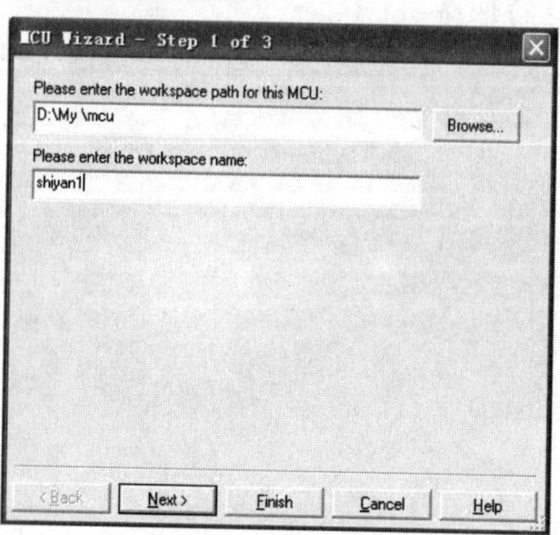

图 9-2　MCU 导向一

Please enter the workspace path for this MCU（MCU 工作区路径）：为创建的工作区文件夹指定保存位置，或者点击 Browse 选择文件夹新的保存位置。

Please enter the workspace name（工作区名称）：指定在工作区文件夹里 MCU 工作区和文件夹的名称。

（2）指定 MCU 工作区信息后，点 Next 显示 MCU Wizard 第 2 步对话框如图 9-3 所示，指定项目类型和编程语言等相关信息。其中：

Project type（项目类型选择）：Standard（标准）和 Load External Hex File（装载外部文件）。其中 Standard 指包含仿真开始时创建机器代码（intel hex）文件装载入 MCU 而需要建立的源码文件，Load External Hex File 是指不包含文件也不需要创建文件。

Programming language（编程语言）：只在建立标准类型项目时激活，选择 C 或 Assembly 汇编语言。

Assembler/compile tool（汇编程序/编译器工具）：只在建立标准类型项目时激活。

Project name（项目名称）：将项目计划文件和项目文件夹的名字创建在 MCU 工作区文件夹里面，例如，项目名称为“shiyan1”。

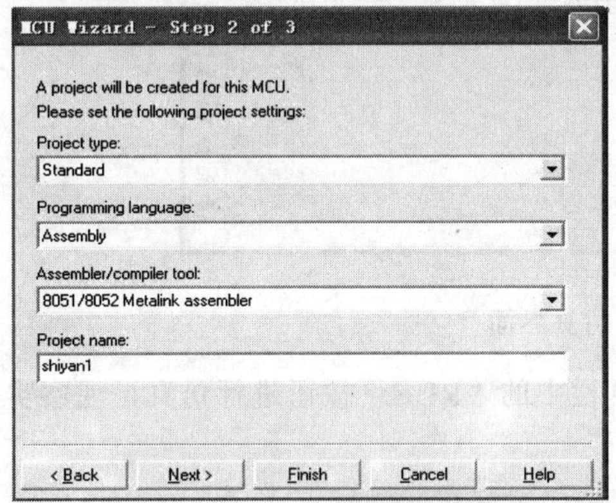

图 9-3 MCU 导向二

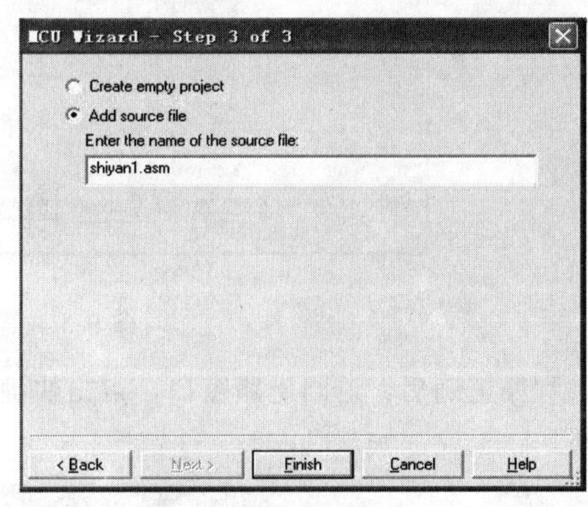

图 9-4 MCU 导向三

（3）指定项目类型和编程语言等相关信息后，点击 Next，显示 MCU Wizard 第 3 步对话框如图 9-4 所示，指定要为项目创造的源文件。其中：

Create empty project（创造空项目）：不需要创建源文件时选中。

Add source file（增加源文件）：需要创建源文件时选中，Enter the name of the source file 输入源文件名。当 Add source file 被激活时，可以是汇编语言或 C 语言文件。

完成上述三步，点击“Finish”，结束 MCU Wizard，便可把 8051 元件放入电路窗口，如图 9-5 所示。

2. 仿真的汇编界面

在设计电路后，双击设计工具箱中的“*.asm”代码文件或者单击主窗口下的“*.asm”进入汇编窗口，如图 9-6 所示。

在汇编窗口中“$MOD51”和“END”之间编写程序。程序编辑完成后，选择 MCUMCU8051U1Build 命令，就会在窗口的最下方 Spreedsheet View 栏（汇编信息栏）中显示编程信息。若程序正确将在汇编信息栏中给出“Assembler results: 0-Errors， 0 –

Warnings”的提示；若程序中有错误，则会给出错误提示，通过双击出错的提示信息，光标会自动跳到程序出错的地方，也可以在汇编窗口右键单击并选择“Show Line Numbers”显示行数，对应改正程序。

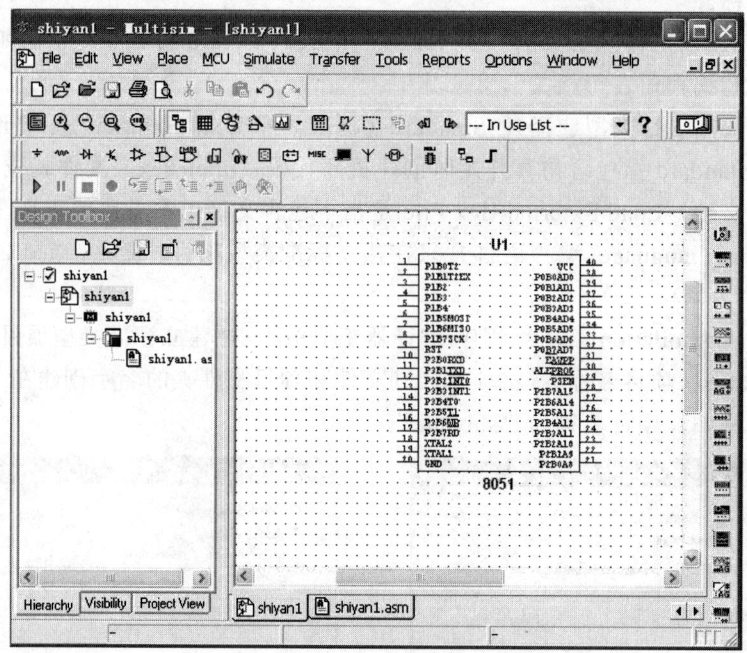

图 9-5　单片机仿真界面

程序正确后，返回电路窗口，点击快捷工具栏中的“RUN”按钮进行仿真，观察实验结果。

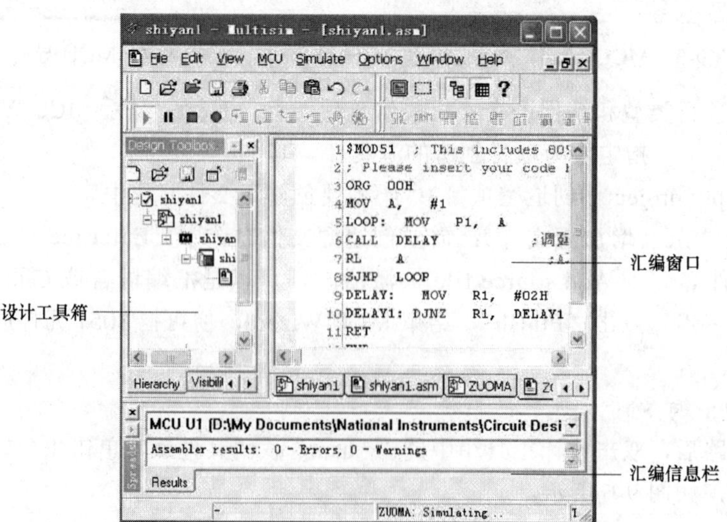

图 9-6　单片机仿真的汇编界面

9.2 单片机端口 I/O 仿真

8051 单片机有 4 个 8 位的并行 I/O 端口：P0、P1、P2、P3，在不扩展存储器、不使用定时器、中断和串行口时，4 个端口的每一位都可以作为双向通用 I/O 端口来使用。其中，4 个端口中只有 P0 口是一个真正的双向口，P1～P3 口都是准双向口。P0 口和 P2 口除了可以进行数据的输入、输出外，通常用来构建系统的数据总线和地址总线；而 P3 口则具有第二功能，为系统提供一些控制信号。

4 个端口作为输出时，除 P0 口要加上拉电阻外，其余端口与一般的并行输出接口用法相同，但作为输入端口时，必须先向该端口写“1”。

【例 9-1】 用 8051 单片机的 P0 口作为输入端接逻辑电平开关，P1 口作为输出接发光二极管显示电路，将逻辑电平开关输入的数据传送给发光二极管并显示电路。

解：（1）在 Multisim10.0 中建立如图 9-7 所示的电路，给单片机接入+5V 电源和 GND 地线。

（2）程序编写，程序代码如下：

```
        ORG     00H
MAIN:   MOV     P0,     #0FFH     ; 向 P0 口锁存器写 0FFH，准备输入
        MOV     A,      P0        ; 从 P0 口输入数据
        MOV     P1,     A         ; 将数据传输至 P1 口
        SJMP    MAIN
        END
```

（3）进行加载仿真，通过鼠标左键单击 J1 开关或者在键盘上输入相应的数字来控制开关，使 P0 口输入数据。例如，J1 最左边开关向上接通时，LED1 最右边的二极管发光。此时，P0 和 P1 口对应数据为 0FEH。可见，P1.0～P1.7 为低电平时发光二极管发光。

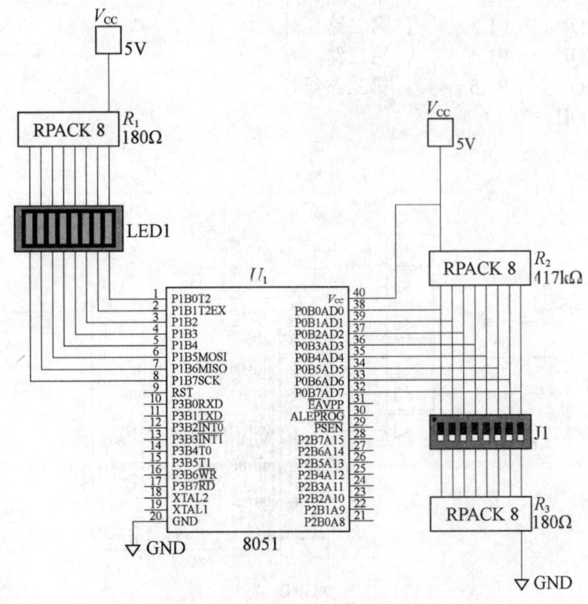

图 9-7 端口 I/O 电路图

【例 9-2】 设计一个简易的流水灯装置，要求 P1 口接 8 个发光二极管，且使 8 个发光二极管从左至右顺序发光。

解：(1) 流水灯的电路如图 9-7 所示相似，此时不需 P0 口。

(2) 由于 P1.0～P1.7 为低电平时二极管发光，要是 8 个发光二极管从左到右顺序发光，初始值应为 EFH。程序代码如下：

```
        ORG     00H
        MOV     A,      #0EFH
MAIN:   MOV     P1,     A           ；将 A 的内容通过 P1 口输出
        CALL    DELAY               ；调延时子程序
        RR      A                   ；A 右移一位
        SJMP    MAIN
DELAY:  MOV     R0,  #0FH           ；延时子程序
DELAY1：DJNZ    R0,  DELAY1
        RET
        END
```

(3) 进行加载仿真，可观察到发光二极管的从左到右顺序发光。可调整延时子程序的时间来观察仿真结果的变化。

【例 9-3】 用单片机 8051 控制发光灯泡实现符合两路交通规则的信号灯的运行。

解：(1) 交通灯的电路如图 9-8 所示，由 8051、BUFFER 元器件、发光二极管（红黄绿）、+5V 电源和 GND 组成。其中 BUFFER 是驱动器件，SR、SY、SG 分别代表第一路的红灯、黄灯、绿灯，ER、EY、EG 分别代表第二路的红灯、黄灯、绿灯。

(2) 程序的编写。程序代码如下：

```
        SR      EQU     P1.0    ；第一路红灯
        SY      EQU     P1.1    ；第一路黄灯
        SG      EQU     P1.2    ；第一路绿灯
        ER      EQU     P1.3    ；第二路红灯
        EY      EQU     P1.4    ；第二路黄灯
        EG      EQU     P1.5    ；第二路绿灯
        ORG     00H
```

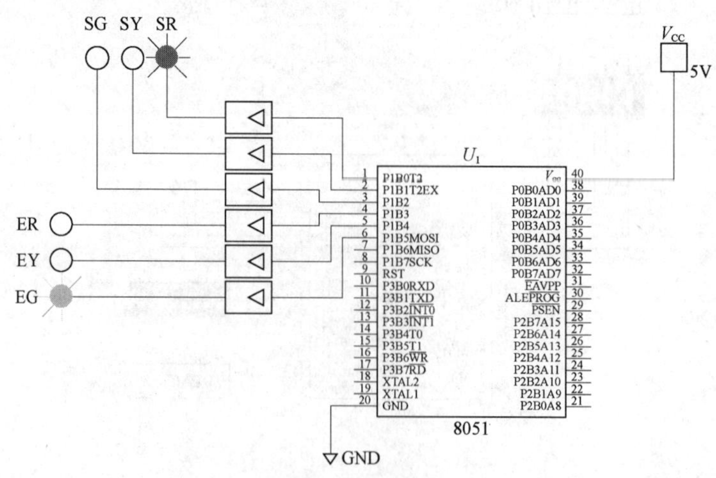

图 9-8　交通灯电路

```
START1：SETB    SG              ；第一路绿灯亮
        CLR     SY
        CLR     SR
        CLR     EG
        CLR     EY
        SETB    ER              ；第二路红灯亮
        MOV     R0，   #7FH     ；长延时
        CALL    DELAY
        MOV     R2，   #10H     ；第一路绿灯闪亮
START2：CPL     SG
        MOV     R0，   #4       ；短延时
        CALL    DELAY
        DJNZ    R2，   START 2
        CLR     SG              ；第一路绿灯灭
        SETB    SY              ；第一路黄灯亮
        MOV     R0，   #20H     ；延时
        CALL    DELAY
START3：CLR     SY              ；第一路黄灯灭
        SETB    SR              ；第一路红灯亮
        CLR     ER              ；第二路红灯灭
        SETB    EG              ；第二路绿灯亮
        MOV     R0，   #7FH     ；长延时
        CALL    DELAY
        MOV     R2，   #10H     ；第二路绿灯闪亮
START4：CPL     EG
        MOV     R0，   #4H      ；短延时
        CALL    DELAY
        DJNZ    R2，   START 4
        CLR     EG              ；第二路绿灯灭
        SETB    EY              ；第二路黄灯亮
        MOV     R0，   #20H     ；延时
        CALL    DELAY
        SJMP    START 1         ；转 START 1
DELAY：MOV      R1，   #8H      ；延时子程序
DELAY2：DJNZ    R1，   DELAY2
        DJNZ    R0，   DELAY
        RET
        END
```

（3）进行加载仿真，可观察到两组信号灯按实际的交通规则交替变换：第一路在绿灯转黄灯，黄灯转红灯的同时；第二路由红灯转绿灯。其中，可调整长延时、延时和短延时的时间，观察仿真结果的变化。

9.3　单片机定时器的应用

8051 单片机内部设有 2 个 16 位的可编程定时器/计数器：定时器 0（T0）和定时器 1（T1）。定时器可选择 4 种工作方式：方式 0、方式 1、方式 2 和方式 3。其中：方式 0 是一

个 13 位的定时器/计数器；方式 1 是一个 16 位的定时器/计数器；方式 2 是能重置初值的 8 位定时器/计数器；方式 3 只适用于定时器 T0，并将 T0 拆成两个独立的计数器 TL0 和 TH0。

【例 9-4】 选择 T1 的方式 0 和方式 1 用于定时，在 P1.0 输出周期为 1ms 的方波，设单片机的晶振 *f*=12MHz。

解：（1）电路如图 9-9 所示。由题意可知，只要使 P1.0 每隔 500μs 取反一次可以得到 1ms 方波。

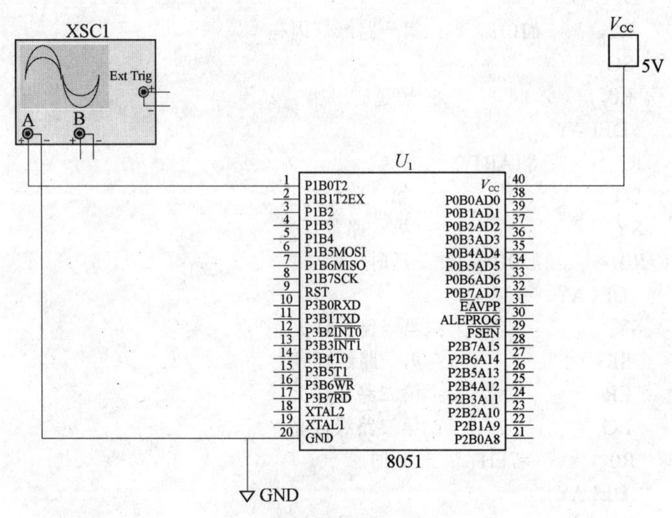

图 9-9　方波定时输出

（2）采用方式 0 定位，计算 500μs 定时器 T1 的初始值：

机器周期　$T=12/f=\frac{12}{12\times10^{6}}=1\mu s$

设初始值为 *X*，则　$(2^{13}-X)\times1\times10^{-6}s=500\times10^{-6}s$

得　*X*=7692=1111000001100B=1E0CH

方式 0 作为 13 位定时器用时，TL1 的高 3 位未用，应填写 0，TH1 占高 8 位，所以 *X* 的实际填写值应为：*X*=1111000000001100B=F00CH，即 TH1=F0H，TL1=0CH。程序代码如下：

```
        ORG     00H
        MOV     P1,       #00H
        MOV     TMOD,     #00H     ; 设定时器 1 为方式 0
        MOV     TL1,      #0CH     ; 给 TL1 置初值
        MOV     TH1,      #0F0H    ; 给 TH1 置初值
        SETB    TR1                ; 启动 T1
LOOP1:  JBC     TF1,      LOOP2    ; 查询计数益处否
        AJMP    LOOP1
LOOP2:  MOV     TL1 ,     #0CH     ; 重新设置计数初值
        MOV     TH1,      #0F0H
        CPL     P1.0               ; P1.0 取反
        AJMP    LOOP1              ; 重复循环
        END
```

采用方式 1 定位，由公式　$(2^{16}-X)\times 1\times 10^{-6}\text{s}=500\times 10^{-6}\text{s}$

得　$X=65036=\text{FE0CH}$

方式 1 作为 16 位定时器，是以全 16 位二进制数参与操作，即 TH1=FEH，TL1=0CH。程序代码如下：

```
        ORG     00H
        MOV     P1,      #00H
        MOV     TMOD,    #10H      ；设定时器 1 为方式 1
        MOV     TL1,     #0CH      ；给 TL1 置初值
        MOV     TH1,     #0FEH     ；给 TH1 置初值
        SETB    TR1                ；启动 T1
LOOP1： JBC     TF1,     LOOP2     ；查询计数益处否
        AJMP    LOOP1
LOOP2： MOV     TL1 ，   #0CH      ；重新设置计数初值
        MOV     TH1,     #0FEH
        CPL     P1.0               ；P1.0 取反
        AJMP    LOOP1              ；重复循环
        END
```

（3）进行加载仿真，可观察到如图 9-10 所示的 1ms 的方波波形图。

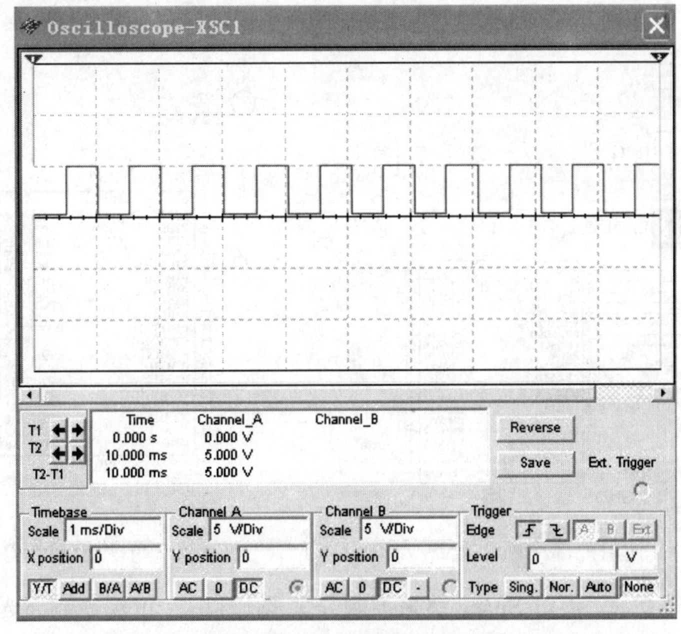

图 9-10　1ms 的方波波形图

9.4　单片机中断系统的应用

中断技术是计算机中的重要技术之一，它既和硬件有关，也和软件有关。所谓的中断就是通过硬件来改变 CPU 程序运行的方向。

8051 的中断系统有 5 个中断源，2 个优先级，可实现二级中断服务嵌套。其中，5 个

中断源为：$\overline{\text{INT0}}$（P3.2）外部中断 0 请求信号；$\overline{\text{INT1}}$（P3.3）外部中断 1 请求信号；TF0 定时器 T0 溢出中断请求；TF1 定时器 T1 溢出中断请求；R1 或 T1 串行口中断请求。

【例 9-5】 手动向 8051 单片机的$\overline{\text{INT1}}$输入单脉冲，申请中断。每中断一次，一次使 8051 单片机向 P1 口输出 55H、AAH，通过发光二极管显示结果。

解：（1）电路如图 9-11 所示。采用外部中断 1，需要接 P3.3 口，由开关 J1 来控制。

（2）编写程序。程序代码如下：

```
        ORG     0000H
        AJMP    MAIN                ；跳转到主程序
        ORG     0013H               ；外部中断 1 的入口地址
        MOV     P1,      A          ；将 A 的数据送到 P1 口显示
        CPL     A                   ；对 A 的数据取反
        RETI                        ；中断返回
        ORG     0040H               ；主程序地址
MAIN：  SETB    EA                  ；开中断
        SETB    IT1                 ；设置外部中断 1 为边沿触发
        SETB    EX1                 ；开外部中断 1
        MOV     A,       #55H       ；送数据到 A 中
        SJMP    $                   ；等待中断信号
        END
```

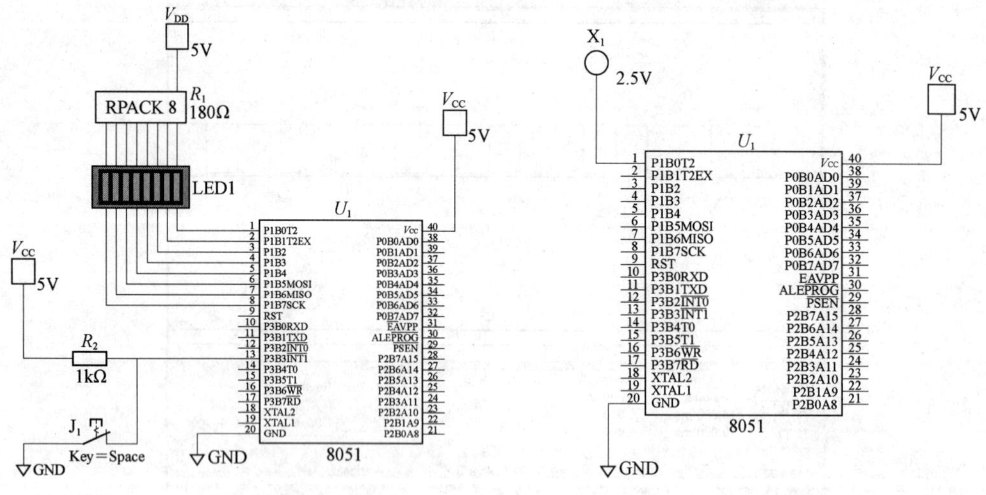

图 9-11　使用外部中断 1 电路　　　　图 9-12　单片机控制灯泡发光电路

（3）进行加载仿真，通过 Space 键来控制开关的开和关，可观察到发光二极管的变化。开关每关断一次对应二极管发光（由左至右）先为 1、3、5、7 亮，再次为 2、4、6、8 亮。

【例 9-6】 用 8051 单片机定时器 T0 定时，控制灯泡发光，使之发光 1s，停止 1s，重复循环。设单片机的晶振 f=12MHz。

解：（1）电路如图 9-12 所示。在 9.3 节中已用查询的方法做过相似的题目，现在采用中断的方法来实现。

（2）在方式 1 下，最大的定时时间 $T_{max}=12M/f=\dfrac{65536\times12}{12\times10^6}=65.536\text{ms}$。不满足本题要

求，因此来用 R_0 作为计数单元。要求 T_0 定时为 50ms，此时 T_0 的初值为 X=15536=3CB0H，设定 R_0=20，即可以满足题目的要求。

注意：在仿真环境下每一步运行时间被大大延伸，因此定时时间如果按理论计算设置不合理，为了更好的观察结果现设定 X=65531=FFFBH，R0=20 进行仿真。程序代码如下：

```
        ORG     0000H
        AJMP    MAIN
        ORG     000BH                  ；定时器 T0 的入口地址
        DJNZ    R0，        EXIT       ；未中断 20 次，中断返回
        CPL     P1.0                   ；将 P1.0 取反
        MOV     R0，        #20        ；重设中断次数计数器
EXIT：  MOV     TL0，       #0FBH      ；重赋初值
        MOV     TH0，       #0FFH
        RETI
        ORG     0040H
MAIN：  MOV     TMOD，      #01H       ；选用定时器 0 方式 1
        MOV     TL0，       #0FBH      ；给定时器赋初值
        MOV     TH0，       #0FFH
        SETB    EA                     ；开中断
        SETB    ET0                    ；允许 T0 中断
        SETB    P1.0                   ；灯泡亮
        MOV     R0，        #20        ；R0 中断次数计数器
        SETB    TR0                    ；启动定时器 T0
        SJMP    $                      ；循环等待定时
        END
```

（3）加载仿真可观察到灯泡定时发光。

单片机定时器控制蜂鸣器发声的仿真实验与本实验相似，故在此不再介绍。

9.5 单片机接口技术的应用

【例 9-7】 将单片机与 LCD 显示电路连接，要求在 LCD16×2 上一次显示：第一行显示“Hello Everyone！”第二行中间显示“^_^”并循环显示。

解：（1）电路图如图 9-13 所示。采用 8051 单片机进行控制 LCD。

LCD 的引脚说明：

VCC 接电源+5V。

CV 接电源+5V 调节显示屏灰度的，调节该端的电压，可改变显示屏字符颜色的深浅。

GND 电源地，接地。

E 信号使能，E 由 1 到 0 的下降沿有效，LCD 对 RS 和 DATA 进行取样和执行操作。

RS 数据/命令选择端，1 为数据，0 为指令。

RW 读写选择，1 为读，0 为写。如果 LCD 只用到写指令，可以直接接地。

D7～D0 Data I/O，接单片机的 I/O 口，用于输入数据或者指令。

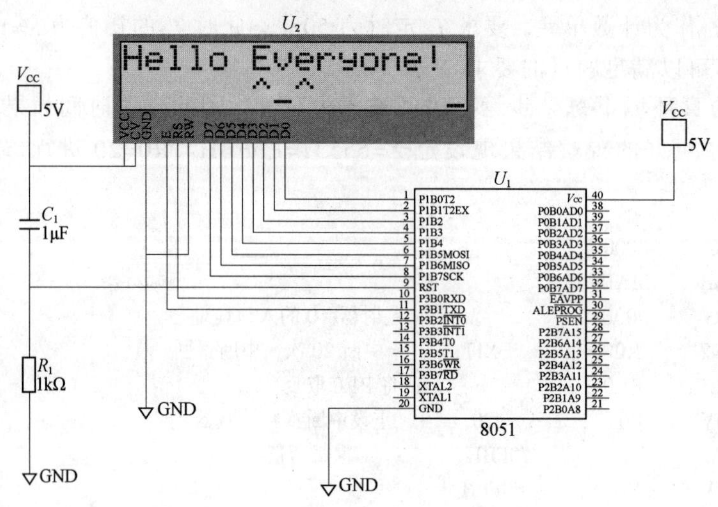

图 9-13　单片机控制液晶显示

（2）编写程序。程序代码如下：

```
        ORG     0000H
START:  CLR     P3.0
        MOV     P1,     #01H        ；清屏指令 01H
        SETB    P3.1
        CLR     P3.1
        MOV     R0,     #20H        ；R1 作字符计数器
        MOV     DPTR,   #TABLE      ；从数据表中取数
        MOV     R1,     #0
MAIN:   MOV     A,      R1
        MOVC    A,      @A+DPTR     ；从数据表中取数
        SETB    P3.0                ；向 LCD 写数
        MOV     P1,     A
        SETB    P3.1
        CLR     P3.1
        INC     R1
        DJNZ    R0,     MAIN
        LJMP    START               ；循环程序
TABLE:  DB 'Hello Everyone !'
            DB 20H，20H，20H,，20H，20H，20H，'^_^'，20H，20H，20H，20H，20H，
              20H，20H；20H 对应为“空格”
        END
```

（3）加载仿真可观察到 LCD16×2 上一次显示：第一行“Hello Everyone !”第二行中间显示“^_^”。

【例 9-8】 利用单片机实现三角波和正弦波发生器。

解：（1）电路如图 9-14 所示。向 P1 口写相应的输出值，输出经过一个 8 位的数模转换器，把相应的数字信号转换成模拟信号。通过示波器显示波形。

注意：将数模转换器的 Digital“1”Input Threshold 参数设置为 5V。

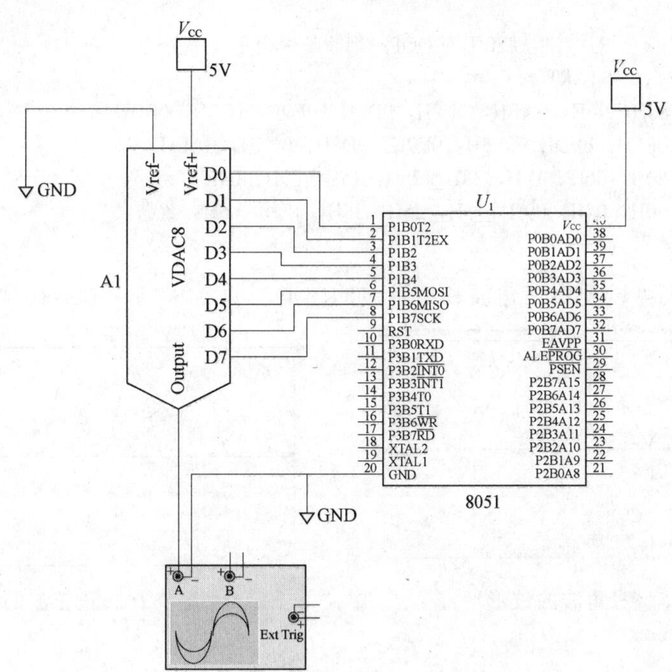

图 9-14 三角波和正弦波发生器

（2）对于三角波发生器，可通过增加累加器 A 的值来实现。当 A 的值由 0 增加到最大值（FFH）时，赋给 P1 口实现三角波的上升段，然后再减 1 使 A 的值由最大值减到 0，从而形成三角波的下降段，如此周而复始地形成三角波。程序代码如下：

```
        ORG     0000H
START:  MOV     A,      #00H
UP:     MOV     P1,     A       ；向 P1 口送数
        INC     A
        JNZ     UP              ；上升段到 FFH
        DEC     A
DOWN:   DEC     A
        MOV     P1,     A
        JNZ     DOWN            ；下降段为 00H
        INC     A
        SJMP    UP              ；重复进行
        END
```

对于正弦波发生器，先将正弦波数据做成一个表格，然后查表。程序代码如下：

```
        ORG     0000H
START:  MOV     R1,     #0H         ；R1 为计数器
LOOP:   MOV     DPTR,   #TABLE      ；DPTR 指向数据表
        MOV     A,      R1
        MOVC    A,      @A+DPTR；从数据表中取数
```

```
        MOV     P1,     A
        INC     R1
        CJNE    R1,     #20H，LOOP；判断是否送完
        SJMP    START
TABLE:  DB  80H，96H，0AEH，0C5H，0D8H，0E9H，0F5H，0FDH
        DB  0FFH，0FDH，0F5H，0E9H，0D8H，0C5H，0AEH，96H
        DB  80H，66H，4EH，38H，25H，15H，09H，04H
        DB  00H，04H，09H，15H，25H，38H，4EH，66H；数据表
        END
```

（3）加载仿真可以观察三角波和正弦波的图形，如图 9-15、图 9-16 所示。

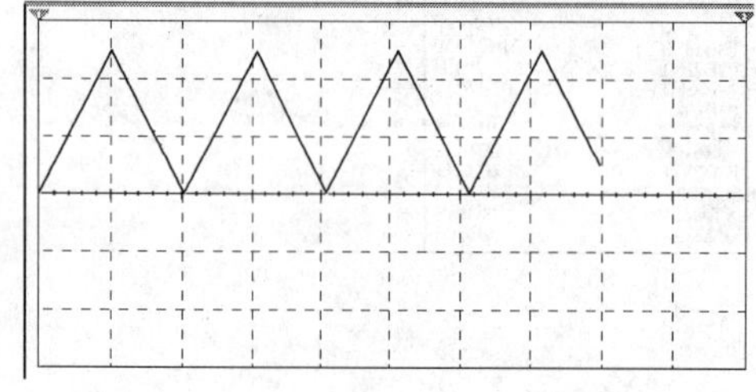

图 9-15 三角波的波形

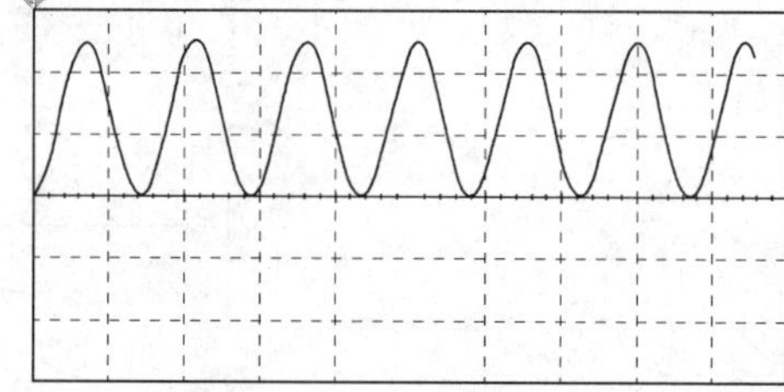

图 9-16 正弦波的波形

本 章 小 结

本章以 8051 单片机为例，主要介绍了 I/O 端口、定时器、中断和接口的 Multisim10.0 仿真实例，通过仿真，对 8051 单片机的基本功能会有更深刻的理解。

练 习 与 思 考

9-1 试设计一个简易的流水灯装置，要求 P0 口接 8 个发光二极管，且使 8 个发光二极管先从左到右顺序发光，后从右至左顺序发光并循环进行。

9-2 选择 T0 的方式 0 和方式 1 定时，要求在 P1.4 输出周期为 5ms 的方波。设单片机的晶振频率 f=12MHz。

9-3 用 8051 单片机 T1 定时，控制蜂鸣器发声，使之发声 100ms，停止 100ms，重复循环。设单片机的晶振 f=6MHz。

9-4 将 8051 单片机与 LCD 显示电路连接，要求 LCD8×1 显示器第一次显示“4321”，第二次显示“6789”，如此循环。

9-5 试用 8051 单片机产生锯齿波和梯形波。

参 考 文 献

［1］ 崔建明，陶晋宜，任鸿秋．电工电子 EDA 仿真技术［M］．北京：高等教育出版社，2004．
［2］ 渠云田．电工电子技术（第 2 版）第一～第六分册［M］．北京：高等教育出版社，2009．
［3］ 周润景，郝晓霞．Multisim & LabVIEW 虚拟仪器设计技术［M］．北京：北京航空航天大学出版社，2008．
［4］ 庄俊华．Multisim 9 入门及应用［M］．北京：机械工业出版社，2008．
［5］ 刘贵栋．电子电路的 Multisim 仿真实践［M］．哈尔滨：哈尔滨工业大学出版社，2008．
［6］ 郭勇．EDA 技术基础［M］．北京：机械工业出版社，2005．
［7］ 康华光．电子技术基础——模拟部分（第 4 版）［M］．北京：高等教育出版社，1999．
［8］ 康华光．电子技术基础——数字部分（第 4 版）［M］．北京：高等教育出版社，2000．
［9］ 华成英，童诗白．模拟电子技术基础（第 4 版）［M］．北京：高等教育出版社，2006．
［10］ 阎石．数字电子技术基础（第 4 版）［M］．北京：高等教育出版社，2003．
［11］ 华成英．模拟电子技术基础（第 4 版）习题解答［M］．北京：高等教育出版社，2007．
［12］ 史健芳．电路基础［M］．北京：人民邮电出版社，2006．
［13］ 杨志忠．数字电子技术［M］．北京：机械工业出版社，2000．
［14］ 何立民．单片机原理及应用［M］．北京： 机械工业出版社，2004．